油田企业强“三基”实战型培训系列教材

油气工程技术

钻采工艺

丛书主编　张庆生
本书主编　王　飞　李建雄

中国石化出版社
·北京·

内 容 提 要

本书为《油田企业强“三基”实战型培训系列教材》之一，立足油气藏开发钻采工艺技术实践，全面系统地介绍了钻完井技术、采油技术、采气工程技术、分注工艺技术等四大类十八项技术体系；详细介绍了钻完井及注采各项工程技术的基本理论、结构原理、工艺特点、适用范围、标准规范等方面知识。

本书可作为从事钻采工艺的技术和管理人员培训或继续教育的教材使用，也可供石油工程专业相关科研工作者、生产管理人员以及石油院校师生学习参考。

图书在版编目(CIP)数据

油气工程技术．钻采工艺／王飞，李建雄主编．北京：中国石化出版社，2025. 8. --(油田企业强“三基”实战型培训系列教材). --ISBN 978-7-5114-8067-5

Ⅰ. TE

中国国家版本馆 CIP 数据核字第 20259ZH581 号

中国石化出版社出版发行

地址:北京市东城区安定门外大街 58 号

邮编:100011　电话:(010)57512500

发行部电话:(010)57512575

http://www. sinopec-press. com

E-mail:press@ sinopec. com

北京科信印刷有限公司印刷

全国各地新华书店经销

*

787 毫米×1092 毫米 16 开本 17. 75 印张 380 千字

2025 年 8 月第 1 版　2025 年 8 月第 1 次印刷

定价：88. 00 元

序　言

习近平总书记指出，“能源的饭碗必须端在自己手里”。中国石化牢记殷切嘱托，大力实施人才强企战略，聚焦人才布局与业务发展，加快打造能源化工领域重要人才集聚中心和创新高地，以人才大发展支撑引领公司建设世界领先企业。

中原油田作为国有特大型能源企业，自 1975 年发现以来，始终胸怀“国之大者”，坚定扛起保障国家能源安全核心职责，加大油气勘探和增储上产力度，加强复杂断块油田及高含硫气田开发技术研究和难题攻关，形成一批关键核心技术和创新成果。为系统总结各专业领域的核心技术和实践经验，推动技术转化与经验传承，在油田发现 50 周年之际，中原油田组织编写了这套《油田企业强“三基”实战型培训系列教材》。谨以本套丛书向油田献礼！

本套丛书集中了中原油田各专业技术领域多年来的研究成果，是历代专业技术技能人员智慧的结晶，内容涉及油田地质勘探、油藏开发、工程技术，以及高含硫气田开发等领域，围绕科研、生产实际业务和操作项目设置，涵盖技术规范和操作规程，大量引用实例分析，写我所干、干我所写，体现了实战化特点，具有鲜明的中原特色。本套丛书既可以作为岗位工作人员的工具书和操作规范，也可以用作青年人才提升实际工作能力的培训教材。

国以才立、企以才兴。本套丛书是推动产业链、人才链、培训链“三链”融合的重要载体，是人才培养和人才梯队建设的重要基础，是聚力建设“人才支撑型”油田的重要抓手。希望广大读者能够借助本丛书深入掌握油田技术精髓，传承实践经验，在学习与实践中不断探索创新，助力油田在奋进 50 载，取得辉煌成果的基础上，百尺竿头更进一步，启航新征程，推动油田高质量发展行稳致远。

沉淀镌刻匠心，精工擘画宏图。本套丛书要根据油田发展需要在实践中不断丰富完善，为人才职业成长与行业技术发展赋能，为端牢能源饭碗与保障能源安全再立新功、再创佳绩。

张庆生

2025 年 5 月

前　言

中原油田是以在构造背景控制下的断块油气藏为主，多套含油层系、多种油气藏类型叠加连片的复杂油气田，具有一小（断块小）、一深（埋藏深）、三低（低渗透率、低黏度、低含硫）、四高（气油比高、地层温度高、原始地层压力高、地层水矿化度高）的地质特点和油气藏特征，给油田开发工程技术配套带来了巨大挑战。投入开发以来，广大工程技术人员，围绕高速开发、高效开发、高质量开发，接续奋斗，勠力攻关，持续开展油气工程技术研究，推进技术迭代升级，取得了大量研究成果，形成了适应中原油田油藏特点的工程技术体系，为油田高质量发展提供了可靠的技术支撑和保障。特别是进入21世纪以来，油田在提高采收率、非常规油气资源开发、智能化油田建设等方面取得了显著成就。

恰逢中原油田发现50周年之际，油田组织编写《油田企业强“三基”实战型培训系列教材》，旨在固化成果，传承经验，培养人才，推动创新。本书基于中原油田石油工程技术实践的成果和技术集成所得首次进行编写，从基础理论到应用实践、从计算公式到技术方法，对中原油田多年来在油气工程技术领域取得的成果进行了系统全面的梳理总结。

希望通过本书，能够为技术人员在学习和工作中提供理论指导和实践借鉴，使技术人员掌握油田各项工程技术的基本理论、结构原理、工艺特点、适用范围、标准规范等方面的知识，了解各项技术的缺点和局限，面对复杂的开发对象和变化的工程技术条件，能够对症下药，精准选择最优工程配套技术，确保油田效益。面对日益提高的开发要求和新的技术挑战，能够借鉴历史，明确攻关方向、思路和举措，不断攻克技术瓶颈，推进工程技术保障能力进一步提高，从而实现中原油田工程技术的传承与发展，为油田高质量可持续发展提供技术支撑。

本书可作为石油工程专业技术人员培训或继续教育的教材使用，也可供相关科研工作者、生产管理人员以及石油院校师生学习参考。由于编写人员水平有限，书中或存错漏，望读者多提意见以完善。

本书编写委员会

2025年5月

目　录

第一章　钻完井技术

钻井是利用钻机、钻头、钻杆等设备工具在地下钻出具有一定深度的井眼，并通过下套管、固井等工艺形成一个从地下到地面的完整油气勘探开发通道的工艺技术。钻完井技术体系涵盖了钻井、录井、测井和固井等相关专业技术。中原油田东濮凹陷由于其异常复杂的工程地质特征，在长期的勘探开发过程中形成了一系列具有中原特色的钻完井技术，有力支撑了中原油田的勘探开发，为推动油田高质量发展提供助力。

第一节　钻井技术

钻井是油气勘探与开发的关键环节之一，是实现地质目的和产能建设的必要手段。对于勘探来说，钻井最先与油气层直接接触，直接影响油气的发现与评价；对于开发来说，钻井不仅关系建立油气产出通道，为油气开采作业创造条件，还对开发效果产生重大影响。钻井成本占勘探开发成本的50%以上，钻井成本的高低、质量的好坏直接关系油气勘探与开发的效果与效益，钻井技术在一定程度上影响着油气勘探与开发的进程。

一、井身结构

中原油田地质情况比较明晰，开发井一般采用自下而上设计方法。

(一) 设计原则

根据中原油田区块地质特点，结合井身结构设计相关标准，新钻井井身结构设计遵循以下原则：

①满足安全、环境与健康体系的要求；

②科学有效地保护和发现油气层；

③避免喷、漏、塌、卡等复杂情况发生；

④钻头、套管及主要工具易于配套，有利于生产组织运行；

⑤钻井成本经济合理；

⑥适用于中原油田的钻井工艺、工具；

⑦满足套管安全下入与合理环空间隙的要求；

⑧其他原则应符合 SY/T 5431《井身结构设计方法》的规定。

(二) 设计依据

井身结构设计主要依据相关法律法规及行业标准、钻井地质设计要求、邻井实钻资料、钻井工艺技术现状及完井要求等。

(三)必封点选择

必封点选择主要考虑以下因素：

①井位附近河流河床底部深度、生产生活用水水源的地下水底部深度；

②易坍塌地层、塑性蠕变地层、盐岩层、盐膏层；

③裂缝溶洞型、破裂带、不整合交界面型漏失地层；

④丛式井组相邻两井的表层和技术套管下深应错开 10m 以上；

⑤水平井、大位移井、欠平衡压力钻井等特殊工艺井的要求；

⑥断层的深度、走向；

⑦单井或区块地层三压力剖面。

(四)套管选型及下入深度

在套管层次和下入深度设计时，所选择的裸眼井段的起始点以及设计顺序不同，所得到的套管层次和下入深度的设计结果也不同。

1. 套管选型

套管柱强度设计方法及安全系数执行 SY/T 5724 的规定，一般采用碳钢材质，根据介质、压力及工作环境的不同，进行不同的选择。普通天然气井、气驱井选择使用气密封扣套管；CO_2驱时套管选材考虑腐蚀问题；含 H_2S 井的套管选材执行 Q/SH 0015 的规定；盐膏层应使用高抗外挤套管，技术套管或油层套管封固盐膏层段及上下 50m。

油层套管抗内压强度除满足井口最大压力外，应同时考虑采取进一步增产措施时满足压力增加值(如压裂)及测试要求。油层套管抗外挤能力按全掏空计算，对于蠕变的盐膏层、盐岩层、塑性泥岩层的井段，抗外挤能力按上覆岩层压力梯度的平均值 0. 0231MPa/m(当量密度为 2. 31g/cm^3)计算。

2. 套管层次、下入深度的确定及水泥返深

根据中原油田地质条件、生产需求和设计原则，确定了油层套管封隔层位后，自下而上确定每层套管的下入深度。

表层套管和技术套管固井水泥均应返至地面。有技术套管的井，油层套管水泥应返至技术套管鞋以上 200m；技术套管封盐层的井，油层套管水泥应返至盐顶以上 200m；无技术套管的井，油层套管水泥应返至地面；尾管固井时水泥返至悬挂器位置；有特殊要求的井，水泥返深应满足特殊作业需要。

3. 中原油田常用井身结构

①二开井身结构用于一般油井或者邻井无复杂情况、常规地层压力、水平段较短的水平井。

一开采用 ϕ444. 5mm/ϕ346. 1mm/ϕ311. 2mm 钻头钻至合理深度，ϕ339. 7mm/ϕ273. 1mm/ϕ244. 5mm 表层套管封上部松软地层，保护地表及浅层水。

二开采用 ϕ215. 9mm 钻头钻至完钻井深，下 ϕ139. 7mm 油层套管或套管 + 筛管完井。

②三开井身结构用于区域地质条件和压力状况复杂、工艺井特殊的场合，技术套管封馆陶组、东营组、沙一、沙二段等地层。

一开采用 ϕ444. 5mm 钻头钻至井深 300m 左右，下 ϕ339. 7mm 表层套管封地表松软地层，保护地表及浅层水。

二开采用 ϕ311.2mm 钻头钻至馆陶组、东营组、沙一或沙二段底界中完井，下 ϕ244.5mm 技术套管为三开钻进创造条件。

三开采用 ϕ215.9mm 钻头钻至设计完钻深度，下 ϕ139.7mm 油层套管。

③各区块技术套管封隔层位见表 1－1－1。

二、轨迹控制技术

（一）定向井、水平井直井段井身轨迹控制技术

钻具组合及钻进参数如下：

1. 钻具组合

①ϕ311.2mm 井眼采用塔式钻具组合。ϕ311.2mm 钻头 + ϕ228.6mm 钻铤 ×3 根 + ϕ203.2mm 钻铤 ×6 根 + ϕ158.8mm 钻铤 ×9 根 + ϕ127mm 钻杆。

②ϕ215.9mm 井眼通常采用光钻铤结构或钟摆钻具组合。光钻铤组合结构：ϕ215.9mm 钻头 + ϕ158.8mm 钻铤 ×9 根 + ϕ127mm 钻杆。钟摆组合结构：ϕ215.9mm 钻头 + ϕ158.8mm 钻铤 ×2 根 + ϕ215.9mm 钻柱稳定器 + ϕ158.8mm 钻铤 ×9 根 + ϕ127mm 钻杆。

2. 钻进参数

ϕ311.2mm 井眼，正常钻进钻压为 180 ~ 200kN，吊打钻压为 50 ~ 80kN；ϕ215.9mm 井眼正常钻进钻压 120 ~ 140kN，吊打钻压 30 ~ 50kN。

（二）定向井、水平井定向造斜井段井身轨迹控制技术

1. 常用的定向造斜钻具组合

（1）定向弯接头造斜钻具组合

钻具组合：钻头 + 螺杆动力钻具 + 定向弯接头 + 无磁钻铤 + 钻杆组合。其中，ϕ215.9mm 井眼常用钻具组合为 ϕ215.9mm 钻头 + ϕ165.1mm 或 ϕ171.5mm 螺杆动力钻具 + ϕ158.8mm 的 1° ~ 3°定向弯接头 + ϕ158.8mm 无磁钻铤 ×（9 ~ 18）m（根据实际情况选择）+ ϕ127mm 钻杆。

钻进参数：钻压为 30 ~ 50kN，排量根据选用螺杆动力钻具参数确定。适用于造斜率要求不高的定向井（造斜率在 5°/100m ~ 10°/100m）。

优点是钻具结构简单，可以通过更换不同弯曲角度定向弯接头来改变钻具的造斜率，以达到设计要求。但存在造斜率较弯壳体螺杆动力钻具低，钻头偏离位移大，下钻困难等缺点。

（2）单弯螺杆动力钻具定向造斜钻具组合

钻具组合采用钻头 + 单弯螺杆动力钻具 + 定向头 + 无磁钻铤 + 钻杆。

常用组合：ϕ215.9mm 钻头 + ϕ165.1mm 或 ϕ171.5mm 的 1° ~ 2°单弯螺杆动力钻具 + ϕ158.8mm 定向接头 + ϕ158.8mm 无磁钻铤 ×（9 ~ 18）m（根据实际情况选择）+ ϕ127mm 钻杆。

钻进参数：钻压为 30 ~ 50kN，排量根据选用螺杆动力钻具参数确定。

适用于造斜率要求高的定向井、水平井的定向造斜或普通定向井的救急（造斜率 15°/100m ~ 25°/100m）。

优点是造斜率高、钻头偏离小、下钻容易。

表 1－1－1 各区块技术套管封隔层位推荐表

序号	区块	目的层位	技术套管封隔层位	序号	区块	目的层位	技术套管封隔层位
1	白庙构造各区块	沙三下	东营～沙一	19	卫 49 块	沙三中～沙三下	
2	濮 158 块		馆陶～东营	20	卫 360 块	沙三中～沙三下	
3	胡状集构造各区块	沙二上～沙三下		21	马寨构造卫 95 块	沙三下	
4	户部寨构造各区块	沙四～三叠系	东营～沙一	22	卫 305 块	沙三中～沙三下	
5	刘庄油田各区块	沙一		23	卫 334 块	沙三中～沙三下	
6	马厂构造各区块	沙三中～沙四上		24	卫 349 块	沙三中～沙三下	明化镇
7	濮 85 块、濮 92 块	沙三中	馆陶～沙一	25	古云集构造云 2 块	沙一中～沙二下	
8	濮 98 块	沙三下	东营	26	云 3 块	沙一中～沙三中	
9	濮城沙二上	沙二上		27	云 12 块	沙三中	馆陶～东营
10	濮城沙二下	沙二下	无/明化镇	28	卫 355 块	沙三上～沙三中	明化镇
11	濮城沙三上	沙三上	明化镇	29	卫 42 块、卫 43 块	沙三中	馆陶～东营
12	濮城沙三中	沙三中	馆陶～沙一	30	卫 68 块	沙三中	馆陶
13	桥口构造各区块	沙二下～沙三中		31	卫 79 块	沙三下	明化镇
14	庆祖集构造各区块	沙三上～沙四上		32	文 101 块、文 115 块	沙二下	
15	三春集构造各区块	沙三下～沙四下		33	文 10 块	沙三中	
16	卫 317 块	沙二上		34	文 123 块	沙三上～沙三中^2	明化镇
17	文明寨构造各区块	沙一中～三叠系		35	文 138 块	沙二下	明化镇
18	卫城构造各区块	沙一中～三叠系		36	文 13 块	沙三中	沙三上

续表

序号	区块	目的层位	技术套管封隔层位	序号	区块	目的层位	技术套管封隔层位
37	文 14 块、文 15 块	沙三上		53	文 297 块、文 299 块	沙二下～沙三上^{1}	
38	文 153 块	沙三中$^{4\sim6}$	馆陶	54	文 33 块	沙二下～沙三上	无/明化镇
39	文 179 块、文 181 块	沙三上～沙三中^{2}	明化镇	55	文 38 块	沙一下	
40	文 184 块	沙二下	明化镇	56	文 48 块	沙三中～沙三下	
41	文 188 块	沙二下	馆陶	57	文 51 块	沙二下	
42	文 19 块	沙三上		58	文 69 块	沙四	馆陶～东营
43	文 203 块	沙三中	沙三上	59	文 72 块	沙三上～沙三中	馆陶～沙一
44	文 209 块	沙二下		60	文 79 块	沙二下～沙三上	无/明化镇
45	文 25 块	沙二下		61	文 88 块	沙三中～沙三下	沙一～沙二上
46	文 213 块	沙三上～沙三下	馆陶～沙一	62	文 90 块	沙三中	明化镇
47	文 220 块	沙三上～沙三中	沙二上	63	文 92 块	沙三上～沙三中	
48	文 234 块	沙三中		64	文 95 块	沙三中～沙三下	明化镇
49	文 266 块	沙二下^{1}～沙三上^{3}		65	文 95 块	沙三上	
50	文 269 块	沙三上、沙三中^{2}	馆陶～东营	66	文 98 块	沙二下	馆陶
51	文 269 块	沙三中$^{5\sim10}$	沙一	67	文 99 块	沙二下$^{2\sim5}$	
52	文 273 块、文 274 块、文 276 块	沙二下					

(3)双弯螺杆动力钻具定向造斜钻具组合(同单弯螺杆动力钻具定向造斜钻具组合)适用造斜率更高的定向井或水平井，通过改变上下弯度的大小，使造斜率可在25°/100m～65°/100m 之间调整。

2. 常用的定向造斜方法

随着定向井钻井技术的发展和测量仪器更新换代，定向造斜的方法也不断向着更科学更精确的方向发展变化，从最早使用的转盘钻井定向钻进，发展到目前的井底动力钻具定向钻进，从地面定向法，经过氢氟酸井底定向法、磁力测斜仪井底定向法、有线随钻测斜仪定向法发展到今天的随钻测斜仪(MWD)配合动力钻具的导向钻井系统。

(1)SST 有线随钻测斜仪定向法

通过使用有线随钻测斜仪可以在地面直接读出工具面所在方位，转动转盘就会很方便地将弯接头弯曲方向转到所要求的方位上，该方法同样有磁力和高边两种方式，它和磁力单点测斜仪相比具有精度高、准确、不用估算反扭角(可以测量出反扭角的大小)等优点。

(2)MWD 无线随钻测斜仪定向法

该法和 SST 有线随钻测斜仪定向法一样，操作使用方便，只是井下信号不通过电缆传送，而是通过泥浆脉冲传送至地面的。正脉冲无线随钻测斜仪工作原理如图 1－1－1 所示。

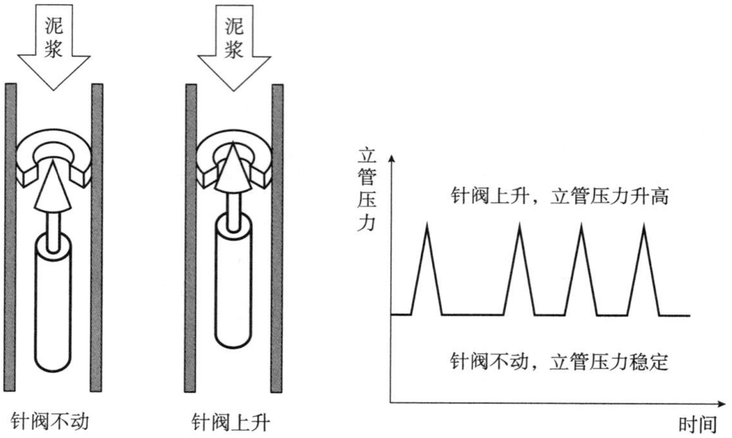

图 1－1－1　正脉冲无线随钻测斜仪工作原理示意图

(三)定向井、丛式井方位调整井段井身轨迹控制技术

1. 井身轨迹调整的钻具组合的选择

根据井眼轨迹调整需要的造斜率 K 选择相应的钻具组合，一般来说需要按造斜率的大小选择钻具组合。

①造斜率 K 在 10°/100m～15°/100m 可以下入弯接头组合来完成；

②造斜率 K 在 15°/100m～25°/100m 可以下入单弯动力钻具完成；

③造斜率 K 在 25°/100m～45°/100m 可以下入双弯动力钻具完成。

2. 造斜组合装置角的确定

根据井眼轨迹的需要，利用沙尼金图解法确定工具装置角的方法：

①选择一定长度的线段，代表角度值。

②选原点 O，作 N、E 坐标，根据 $\Phi1$ 作井斜方位线 OQ。量 $OA=\alpha_1$(长度代表角度)，

以 A 点为圆心，以 γ 为半径画圆。

③作线段 OB，使 $\angle AOB = \Delta X$，交圆于 B、B' 两点，连接 AB 和 AB'。注意，ΔX 有正负之分。ΔX 为正时是方位增加，以 OA 为始边顺时针旋转作出 OB 线。

④用量角器量得 $\angle QAB$ 和 $\angle QAB'$ 两角，即得增斜扭方位的装置角 $\omega = \angle QAB$，减斜扭方位的装置角 $\omega' = \angle QAB'$。

⑤用直尺量 OB 和 OB' 的长度，换算成角度，则是增斜扭方位的井斜角 $\alpha_2 = OB$，减斜扭方位的井斜角 $\alpha_2 = OB'$。

动力钻具反扭角的确定采用经验数据法，钻具反扭角经验数据见表 1－1－2，直井段中的反扭角数据见表 1－1－3。

表 1－1－2　钻具反扭角经验数据表(用于方位调整)

装置角/(°)	井斜角/(°) \ 井深/m	2～5	10	15	20	25	30	35	>35
95	<1000	45	40	35	30	25	20	15	10
95	<2000	60	45	40	35	30	25	20	15
95	>2000	85	75	70	50	30	25	20	15
265	<1000	55	65	80	85	90	95	100	100
265	<2000	65	75	85	90	95	100	100	105
265	>2000	70	80	90	95	100	100	100	105

表 1－1－3　直井段中的反扭角(井斜角<2°定向时使用)

造斜点深度/m	0～150	150～300	300～450	450～1500	>1500
反扭角/(°)	20	25	35	50	10°/300m

(四)水平井井眼轨迹控制技术

实践证明，中半径水平井在钻进过程中的摩阻、扭矩远小于长半径水平井，更有利于安全钻井和钻成更长的水平井段。而且通过提高造斜率、缩短靶前位移、缩短斜井段长度，有利于进一步缩短水平井的钻井周期，降低钻井成本，提高经济效益，使用各种弯套的动力钻具组合可以实现高造斜率的稳定控制。

以动力钻具组合钻进为主，以转盘钻具组合进行通井、调整造斜率为辅，既可以克服动力钻具循环排量小的不足，通过通井和大排量循环清除岩屑床，调整动力钻具造斜率的偏差和调整井眼垂深，又可以加大钻压钻掉可钻性差的地层，是水平井安全钻井的有效措施。

1. 主要技术思路

①直井段充分利用高压喷射和防斜打直技术，严格将造斜点前的直井段井眼轨迹控制在允许范围之内，快速优质地钻完该井段。

②对入靶前地层较稳定的水平井，造斜段的施工以弯壳体动力钻具为主要工具，以转盘钻具组合通井铲除岩屑床和修整井眼，并完成稳斜段或造斜率较低的调整段，以二至三套钻具组合在二至三趟钻内钻完 0°～90°造斜段。

③对入靶前地层稳定性较差的水平井，造斜段的施工以弯套动力钻具与转盘钻具组合相结合，用动力钻具在易造斜井段按设计先打出高造斜率，再用转盘钻具组合钻掉可钻性差的井段(即后打出低造斜率)。对设计造斜率较低的疏松地层，在采用动力钻具或转盘钻具组合时，应当使用比正常井段造斜率高一级的钻具组合来完成。

④对地质设计靶区靶半高要求在 5～10m，而靶半宽大于 5m 的水平探井和水平开发井，以转盘钻钻具组合为主要钻进工具，可采用大排量来提高携岩能力，以两套转盘钻钻具组合用二至三趟钻钻完 500m 左右的水平井段。应备用一套导向钻具或 1°左右的单弯动力钻具，以弥补转盘钻钻具组合的意外失控。

⑤对地质设计靶区垂深误差要求在 5m 之内，而平面误差也小于 5m 的水平穿巷道井，采用导向钻具或 1°左右的单弯动力钻具与转盘钻钻具组合相结合的钻具组合方式钻水平段。

2. 增斜井段的井眼轨迹控制工艺技术

采用动力钻具钻增斜井段能获得高造斜率，采用有线随钻或无线 MWD 严格监控井眼轨迹，通过调整和控制动力钻具的工具面，可以获得较稳定的井眼全角变化率，几乎不会存在出现方位漂移的问题。因此，造斜井段井眼轨迹控制工艺技术研究的重点是在不同的井眼条件下，如何选择不同角度的弯套动力钻具来获得需要的造斜率，并研究相关因素的影响规律。井眼轨迹控制的对象是控制稳定的井眼全角变化率，得到与设计的井眼轨道相符合的连续的轨迹点位置和矢量方向。

(五)无线随钻测井仪

无线随钻测井仪英文缩写为 LWD(Logging While Drilling)，除包括随钻测斜仪的测量参数外，还必须包括全部或部分的地质参数(如随钻电阻率、随钻伽马、随钻密度、随钻孔隙度等)和钻井工程参数(如随钻钻具扭矩、随钻振动、随钻钻压等)，可以说 LWD 是 MWD 的升级产品，在功能方面一般具备几何参数、自然伽马、电阻率和钻铤振动等几个基本参数。

20 世纪 90 年代，中原油田引进有线仪器；2000 年初，钻井院引进第一套 MWD 无线仪器，2009 年，引进哈里伯顿的 FEWD 电阻率 LWD 仪器。2018 年技术公司引进近钻头仪器，在 2024 年内蒙古工区祥 16 井第一次使用旋转导向工具。

(六)近钻头测量仪

1. 结构

近钻头测量仪器是由 MWD 或 LWD 加近钻头测量短节构成。系统关键参数测量点距钻头最近可达 0.6m，实现了地层快速识别和井眼轨迹快速跟踪。测量参数通过短传技术实现与 MWD(LWD)的通信，MWD 实时将近钻头参数与其他参数一起上传到地面系统。

近钻头短节有两种结构形式：一种是安装在螺杆钻具上的近钻头测量短节；另一种是独立的可安装在螺杆旋转头前面的测量短节。

2. 工作原理

近钻头工具中的井斜传感器和伽马传感器安装在距钻头附近动力钻具扶正器里，传感器采用三个重力加速度计和一个温度传感器测量井斜和温度。通过时序电路选通，形成脉冲波，供处理电路采集处理计算出实时井斜，考虑动力钻具几何特征，对实测井斜进行修正得到井眼轴线的井斜角。同时考虑到井斜传感器自身特点，在井下动态测量中会出现的误差，通过监测井下振动，在对实时井斜数据修正中给予考虑，形成了非居中条件下的近钻头测斜修正技术。近钻头伽马传感器利用伽马射线探测器实时测量的地层自然伽马放射性强度，以划分岩性和储集层(界面)，计算地层泥质含量，近钻头工具主轴总成结构如图1－1－2所示。

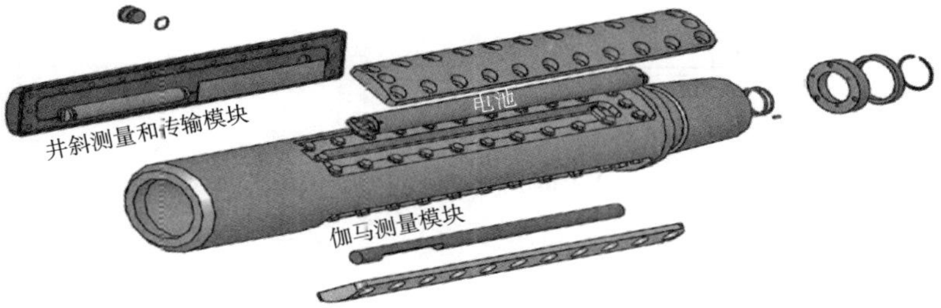

图1－1－2　近钻头工具主轴总成结构

近钻头地质导向系统将井斜、伽马测量集成到离钻头较近的扶正器处，如图1－1－3所示，测量参数通过短传技术实现与电阻率、MWD的通信，MWD以钻井液脉冲的方式实时将近钻头参数、地质参数、几何参数、井温、振动等上传到地面系统。

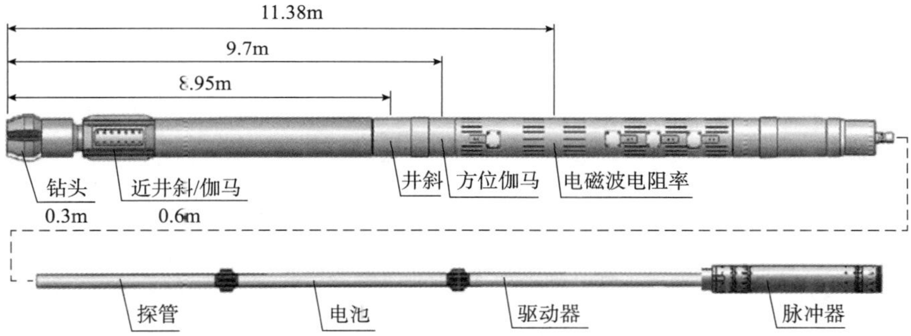

图1－1－3　近钻头地质导向系统结构示意图

三、钻井液技术

(一)常用钻井液体系及维护措施

1. 膨润土浆钻井液

(1)适用范围

膨润土浆钻井液适用于一开施工时。

(2)体系配方(见表1－1－4)

表1－1－4　膨润土浆钻井液体系配方

原材料和处理剂	加量/(kg/m³)
钠膨润土	40～100
工业碳酸钠	2.0～5.0
羧甲基纤维素钠盐 HV－CMC	1.0～3.0

(3)钻井液性能指标(见表1-1-5)

表1-1-5　钻井液性能指标

项目	指标
密度/(g/cm^3)	1.05~1.25
漏斗黏度/s	40~80

(4)配制工艺

在循环罐中，按要求加入所需清水，经混合漏斗将纯碱、膨润土加入清水中，搅拌、水化24h以上。

(5)维护处理

①钻进过程中，保持黏度为35~45s，视返砂情况，加入Na_2CO_3或HV-CMC调整钻井液黏度和切力，保证钻井液具有良好的携带和悬浮钻屑的能力。

②一开施工，振动筛目数120目，除砂除泥器运转率为100%。

③钻完一开进尺后，循环洗井不低于两周，保证井眼循环干净。起钻前可加入HV-CMC配制稠塞(80~100s)垫底，防止钻屑下沉，保证下套管顺利。

2. 低固相聚合物钻井液

(1)适用范围

适用于东营组以上地层。

(2)体系配方(见表1-1-6)

表1-1-6　低固相聚合物钻井液体系配方

原材料和处理剂	加量/(kg/m^3)
钠膨润土	40~50
工业碳酸钠	1.0~3.0
工业氢氧化钠	2.0~4.0
水解聚丙烯腈铵盐	1.0~3.0
包被剂	3.0~5.0

(3)钻井液性能指标(见表1-1-7)

表1-1-7　钻井液性能指标

项目	指标
密度/(g/cm^3)	1.05~1.25
漏斗黏度/s	30~45
塑性黏度/mPa·s	7~15
动切力/Pa	3~7
静切力(初切/终切)/Pa	1~3/2~5
低密度固相含量/%	≤8

续表

项目	指标
API 滤失量/mL	≤10～15
pH 值	8～9
膨润土含量/(g/L)	30～50

(4)配制工艺

①在循环罐中，按要求加入所需清水，经混合漏斗将纯碱、膨润土加入清水中，搅拌、水化 24h 以上。

②经混合漏斗加入所需护胶剂量，搅拌使其充分溶解，用氢氧化钠调节 pH 值，充分循环，检测钻井液性能，根据需要加入处理剂调整性能至符合设计要求。

(5)维护处理

①钻进期间，用 3%～5% 的包被剂、1%～3% 的铵盐配制成胶液按循环周均匀混入钻井液中，以满足抑制地层造浆和钻井液流变性要求。

②施工中严格控制膨润土含量，如果含量上升可增大包被剂用量，预防钻井液黏切上升，同时配合使用铵盐胶液降低钻井液黏度，改善流变性。

③及时补充清水，维护钻井液消耗，保持钻井液低黏切，保证钻井液对井壁的冲刷能力，预防虚厚泥饼沉积缩径。

3. 聚合物钻井液

(1)适用范围

适用于东营组以下无盐膏层地层及沙一、沙二地层。

(2)体系配方(见表 1－1－8)

表 1－1－8 聚合物钻井液体系配方

原材料和处理剂	加量/(kg/m³)
钠膨润土	30～40
工业碳酸钠	1.20～2.0
工业氢氧化钠或氢氧化钾	2.0～5.0
羧甲基纤维素钠盐 LV－CMC 或 聚阴离子纤维素 LV－PAC	5～10
乳液聚合物	5～10
抗高温树脂	20～40
褐煤树脂	20～40
沥青粉	20～40
包被剂	1～3
聚胺	3～5

(3)钻井液性能指标(见表1-1-9)

表1-1-9　钻井液性能指标

项目	指标
密度/(g/cm^3)	1.2~1.5
漏斗黏度/s	45~80
塑性黏度/mPa·s	10~32
动切力/Pa	5~15
静切力(初切/终切)/Pa	2~5/4~15
低密度固相含量/%	≤12
API滤失量/mL	≤4
HTHP滤失量/mL	≤15
pH值	9~10
膨润土含量/(g/L)	25~45

(4)配制工艺

①配制:

在循环罐中按要求加入所需量的清水，清水中 Cl^- 含量应不高于500mg/L; Ca^{2+} 和 Mg^{2+} 含量应低于150mg/L。经混合漏斗将纯碱、膨润土加入清水中，搅拌、水化24h以上。加入所需量护胶剂，搅拌使其充分溶解。

②井浆转换:

测定原井浆膨润土含量，确定转换配方。将预留的原钻井液与胶液混合均匀，检测钻井液性能，根据需要加入处理剂，调整性能至符合设计要求。

(5)维护处理

①根据钻井液性能变化，用1种或几种处理剂配成胶液，维护钻井液性能，满足施工需要。

②根据井深温度每12h检测两次加温全套性能，确保钻井液性能满足井下要求。

③严格控制滤失量<5mL，HTHP滤失量小于15mL，如果滤失量增大，可增大聚合物降滤失剂、抗高温树脂等用量。

④根据井下情况，可加入液体(固体)润滑剂3%~5%，提高钻井液润滑性。

⑤钻井施工中加入超细目碳酸钙2%~3%、石墨粉1%~2%、随钻堵漏剂1%~2%、沥青粉3%~5%，改善泥饼质量，预防井漏和井壁失稳。

4. 盐水聚合物钻井液

(1)适用范围

盐水聚合物钻井液适用于井深≤3050m，存在盐层、盐膏层、含膏泥岩层和出水严重造成污染的地层。

(2)体系配方(见表1-1-10)

表1-1-10　盐水聚合物钻井液体系配方

原材料和处理剂	加量/(kg/m^3)
钠膨润土	40~60

续表

原材料和处理剂	加量/(kg/m³)
工业碳酸钠	1.0~3.0
工业氢氧化钠或氢氧化钾	3.0~8.0
羧甲基纤维素钠盐 LV-CMC 或聚阴离子纤维素 LV-PAC	5~15
乳液聚合物 150	5~15
包被剂	2~3
沥青粉	20~40
工业盐	200~300

(3)钻井液性能指标(见表1-1-11)

表1-1-11　钻井液性能指标

项目	指标
马氏密度/(g/cm^3)	1.20~1.50
漏斗黏度/s	40~80
塑性黏度/mPa·s	12~32
动切力/Pa	5~15
静切力(初切/终切)/Pa	2~5/3~10
低密度固相含量/%	≤3
API 滤失量/mL	≤4
pH 值	9~10
膨润土含量/(g/L)	40~55
Cl^- 含量/(mg/L)	≥12×10^4

(4)配制工艺

①配制：

在循环罐中按要求加入所需清水。经混合漏斗将纯碱、膨润土加入清水中，搅拌、水化24h以上。加入所需量护胶剂，搅拌使其充分溶解，加入工业盐，用氢氧化钠调节pH值。充分循环，检测钻井液性能，根据需要加入处理剂调整性能至符合设计要求。

②井浆转换：

如果采用边钻进边转换的方式，距东营组底前50~100m，处理钻井液控制膨润土含量，先按配方加入护胶剂，充分循环溶解，然后均匀加入所需要的工业盐，同时将氢氧化钠配成溶液混入钻井液中调整pH值。转换完毕后检测钻井液性能，适当加入降滤失剂，保证性能满足施工需要。如果采用地面转换方式，先测定原钻井液膨润土含量，确定原井浆与新配胶液的比例，进行小型试验确定转换配方。

经混合漏斗加入所需量护胶剂配制胶液，将预留的原钻井液与胶液混合均匀后加入工业盐，用氢氧化钠调节pH值。下钻至井底充分循环，检测钻井液性能，根据需要加入处理剂调整性能至符合设计要求。

(5)维护处理

①钻进中用降滤失剂配制胶液，控制滤失量，调整钻井液流变性，满足施工需要。

②每日检测一次滤液中 Cl^- 含量，并按钻井液补充量补加 NaCl，保持钻井液 Cl^- 含量符合设计要求。

③如果需要提高钻井液黏度、切力，可混入膨润土浆或加入 HV－CMC、HV－PAC 等大分子降滤失剂；如果需要降低黏度、切力，可混入小分子降滤失剂胶液。

④根据情况加入液体(固体)润滑剂 3%～5%，提高钻井液润滑性能。

⑤进入低压层之前加强体系封堵，钻井液体系中超细目碳酸钙含量不低于 3%，石墨粉不低于 2%，随钻堵漏剂不低于 2%。

5. KCl 聚合物钻井液体系

(1)适用范围

KCl 聚合物钻井液体系适用于地层存在盐膏层或水敏性较强的泥页岩、含膏泥岩的地层。

(2)体系配方(见表 1－1－12 及表 1－1－13)

表 1－1－12 KCl 聚合物钻井液体系配方(井深 <3050m)

原材料和处理剂	加量/(kg/m^3)
钠膨润土	40～50
工业碳酸钠	1.0～3.0
工业氢氧化钠或氢氧化钾	5.0～10.0
羧甲基纤维素钠盐 LV－CMC 或聚阴离子纤维素 LV－PAC	5～10
乳液聚合物 150	5～15
沥青粉	20～40
QS－2	10～30
包被剂	1～3
支化聚醚胺	5～10
氯化钾	50～70

表 1－1－13 KCl 聚合物钻井液体系配方(井深 >3050m)

原材料和处理剂	加量/(kg/m^3)
钠膨润土	35～45
工业碳酸钠	1.0～3.0
工业氢氧化钠或氢氧化钾	5.0～10.0
羧甲基纤维素钠盐 LV－CMC 或聚阴离子纤维素 LV－PAC	5～10
乳液聚合物 150	5～15

续表

原材料和处理剂	加量/(kg/m³)
抗高温树脂	20~40
褐煤树脂	20~40
沥青粉	20~40
QS-2	10~30
包被剂	1~3
支化聚醚胺	5~10
氯化钾	50~70

(3)钻井液性能指标(见表1-1-14及表1-1-15)

表1-1-14 钻井液性能指标(KCl含量50~70kg/m³)

项目	指标
密度/(g/cm³)	1.40~1.60
漏斗黏度/s	45~80
塑性黏度/mPa·s	20~45
动切力/Pa	5~15
静切力(初切/终切)/Pa	2~5/4~15
低密度固相/%	≤12
API滤失量/mL	≤4
pH值	8~9
膨润土含量/(g/L)	35~45
K^+含量/(mg/L)	≥1.5×10^4~2.5×10^4

表1-1-15 钻井液性能指标(KCl含量>90kg/m³)

项目	指标
密度/(g/cm³)	1.40~2.00
漏斗黏度/s	45~80
塑性黏度/mPa·s	20~45
动切力/Pa	5~15
静切力(初切/终切)/Pa	2~5/4~15
低密度固相/%	≤12
API滤失量/mL	≤4
HTHP滤失量/mL	≤15
pH值	9~10
膨润土含量/(g/L)	35~45
K^+含量/(mg/L)	≥2.5×10^4

(4)配制工艺

①配制:

在循环罐中按要求加入所需量的清水。经混合漏斗将碳酸钠、膨润土加入清水中，搅拌、水化24h以上，加入所需量护胶剂，搅拌使其充分溶解，加入工业盐、氯化钾、聚胺，用氢氧化钠或氢氧化钾调节pH值。充分循环，检测钻井液性能，根据需要加入处理剂调整性能至达到设计要求。

②井浆转换:

如果采用边钻进边转换的方式，处理钻井液控制膨润土含量，先按配方加入护胶剂，充分循环溶解，然后均匀加入所需要的工业盐和氯化钾，同时将氢氧化钠或氢氧化钾配成溶液混入钻井液中调整pH值。转换完毕后检测钻井液性能，适当加入降滤失剂，保证性能满足施工需要。如果采用地面转换方式，先测定原钻井液膨润土含量，确定原井浆与新配胶液的比例，进行小型试验确定转换配方。

经混合漏斗加入所需量护胶剂配制胶液，将预留的原井浆与胶液混合均匀后加入工业盐、氯化钾、聚胺，用氢氧化钠或氢氧化钾调节pH值为9~10。充分循环，检测钻井液性能，根据需要加入处理剂调整性能至符合设计要求。

(5)维护处理

①每日检测一次钻井液滤液中的K^+含量，按钻井液补充量补加KCl，保持K^+含量符合设计。

②根据钻井液性能变化，用1种或几种处理剂配成胶液，补充钻井液消耗，维护钻井液性能，满足施工需要。

③用抗高温树脂、褐煤树脂配制成3%~5%胶液按循环周混入钻井液中，控制钻井液滤失量。

④如果需要提高钻井液黏度、切力，可混入膨润土浆或加入HV-CMC、HV-PAC、XC等降滤失剂；如果需要降低黏度、切力，可混入AMPS-150等降滤失剂稀胶液。

⑤根据情况加入3%~5%液体(固体)润滑剂，提高钻井液润滑性。

⑥进入低压层之前加强体系封堵，钻井液体系中超细目碳酸钙含量不低于3%，石墨粉不低于2%，随钻堵漏剂不低于1%。

6. 复合盐聚合物钻井液体系

(1)适用范围

复合盐聚合物钻井液体系适用于地层>3050m，存在盐膏层或水敏性较强的泥页岩、含膏泥岩的地层。

(2)体系配方(见表1-1-16)

表1-1-16　复合盐聚合物钻井液体系配方

原材料和处理剂	加量/(kg/m^3)
钠膨润土	40~20
工业碳酸钠	1.0~3.0
工业氢氧化钠或氢氧化钾	5.0~10.0

续表

原材料和处理剂	加量/(kg/m³)
羧甲基纤维素钠盐 LV－CMC 或聚阴离子纤维素 LV－PAC	5～10
乳液聚合物 150	5～15
抗高温树脂	20～40
褐煤树脂	20～40
沥青粉	20～40
QS－2	10～30
包被剂	1～3
支化聚醚胺	5～10
工业盐	200～300
氯化钾	50～70

(3)钻井液性能指标(见表1－1－17)

表1－1－17　钻井液性能指标

项目	指标
密度/(g/cm³)	1.40～2.00
漏斗黏度/s	45～30
塑性黏度/mPa·s	20～45
动切力/Pa	5～15
静切力(初切/终切)/Pa	2～5/4～15
低密度固相含量/%	≤12
API 滤失量/mL	≤4
HTHP 滤失量/mL	≤15
pH 值	9～10
膨润土含量/(g/L)	40～20
Cl^- 含量/(mg/L)	$\geqslant 10\times10^4$
K^+ 含量/(mg/L)	$\geqslant 2.5\times10^4$

(4)配制工艺

①配制：

在循环罐中按要求加入所需量的清水。经混合漏斗将碳酸钠、膨润土加入清水中，搅拌、水化24h以上。经混合漏斗加入所需量护胶剂，搅拌使其充分溶解，加入工业盐、氯化钾、聚胺，用氢氧化钠或氢氧化钾调节pH值，充分循环，检测钻井液性能，根据需要加入处理剂调整性能至符合设计要求。

②井浆转换：

如果采用边钻进边转换的方式，距水敏地层前 50～100m，处理钻井液控制膨润土含量，先按配方加入护胶剂，充分循环溶解，然后均匀加入所需要的工业盐和氯化钾，同时将氢氧化钠或氢氧化钾配成溶液混入钻井液中调整 pH 值。转换完毕后检测钻井液性能，适当加入降滤失剂，保证性能满足施工需要。如果采用地面转换方式，先测定原钻井液膨润土含量，确定原井浆与新配胶液的比例，进行小型试验确定转换配方。经混合漏斗加入所需量护胶剂配制胶液，将预留的原井浆与胶液混合均匀后加入工业盐、氯化钾、聚胺，用氢氧化钠或氢氧化钾调节 pH 值为 9～10。充分循环，检测钻井液性能，根据需要加入处理剂调整性能至符合设计要求。

(5)维护处理

①每日检测一次钻井液滤液中的 K^+、Cl^- 含量，按钻井液补充量补加 NaCl、KCl，保持 K^+、Cl^- 含量符合设计。

②根据钻井液性能变化，用 1 种或几种处理剂配成胶液，补充钻井液消耗，维护钻井液性能，满足施工需要。

③用抗高温树脂、褐煤树脂配制成 3%～5% 胶液按循环周混入钻井液中，控制钻井液滤失量。

④如果需要提高钻井液黏度、切力，可混入膨润土浆或加入 HV－CMC、HV－PAC、XC 等降滤失剂。如果需要降低黏度、切力，可混入 AMPS－150 等降滤失剂稀胶液。

⑤根据情况加入 3%～5% 液体(固体)润滑剂提高钻井液润滑性。

⑥进入低压层之前加强体系封堵，钻井液体系中超细目碳酸钙含量不低于 3%，石墨粉不低于 2%，随钻堵漏剂不低于 1%。

7. 饱和盐水钻井液

(1)适用范围

饱和盐水钻井液适用于含文九盐、卫城盐、文 23 盐、沙二上盐及易失稳泥岩、泥页岩地层。

(2)体系配方(见表 1－1－18)

表 1－1－18 饱和盐水钻井液体系配方

原材料和处理剂	加量/(kg/m^3)
钠膨润土	25～55
工业碳酸钠	1.0～3.0
工业氢氧化钠或氢氧化钾	8.0～15.0
羧甲基纤维素钠盐 LV－CMC 或聚阴离子纤维素 LV－PAC	5～15
乳液聚合物	5～15
抗高温树脂	20～40
褐煤树脂	20～40

续表

原材料和处理剂	加量/(kg/m³)
沥青粉	20～40
QS－2	10～30
包被剂	1～3
聚胺	3～5
工业盐	≥350

(3)钻井液性能指标(见表1－1－19及表1－1－20)

表1－1－19　钻井液性能指标

项目	指标
密度/(g/cm³)	1.5～2.2
漏斗黏度/s	50～90
塑性黏度/mPa·s	25～50
动切力/Pa	5～15
静切力(初切/终切)/Pa	2～5/4～15
低密度固相含量/%	≤12
API滤失量/mL	≤4
HTHP滤失量/mL	≤15
pH值	9～10
Cl^-含量/(mg/L)	≥17×10^4

表1－1－20　膨润土含量

钻井液密度/(g/cm³)	1.25～1.50	1.50～1.80	1.80～2.00	2.00～2.20
膨润土含量/(g/L)	35～50	25～35	15～25	10～20

(4)配制工艺

①配制：

在循环罐中按要求加入所需量的清水。经混合漏斗将碳酸钠、膨润土加入清水中，搅拌、水化24h以上。经混合漏斗加入所需量护胶剂，搅拌使其充分溶解，加入工业盐、氯化钾、聚胺，用氢氧化钠或氢氧化钾调节pH值。充分循环，检测钻井液性能，根据需要加入处理剂调整性能至符合设计要求。

②井浆转换：

如果采用边钻进边转换的方式，距盐层前50～100m，处理钻井液控制膨润土含量，先按配方加入护胶剂，充分循环溶解，然后均匀加入所需要的工业盐，同时将氢氧化钠配成溶液混入钻井液中调整pH值。转换完毕后检测钻井液性能，适当加入降滤失剂，保证性能满足施工需要。如果采用地面转换方式，先测定原钻井液膨润土含量，确定原井浆与新配胶液的比例，进行小型试验确定转换配方。经混合漏斗加入所需量护胶剂配制胶液。

将预留的原钻井液与胶液混合均匀后加入工业盐，用氢氧化钠调节 pH 值。下钻至井底充分循环，检测钻井液性能，根据需要加入所需处理剂调整性能至符合设计要求。

(5)维护处理

①每日检测一次钻井液滤液中 Cl^- 含量，按钻井液补充量补加 NaCl，保持 Cl^- 含量符合设计要求。

②根据钻井液性能变化，用1种或几种处理剂配成胶液，补充钻井液消耗，维护钻井液性能，满足施工需要。

③用抗高温树脂、褐煤树脂配制成3% ~5%胶液按循环周混入钻井液中，控制钻井液滤失量。

④如果需要提高钻井液黏度、切力，可混入膨润土浆或加入 HV - CMC、HV - PAC、XC 等降滤失剂；如果需要降低黏度、切力，可混入 AMPS - 150 等降滤失剂稀胶液。

⑤根据情况加入3% ~5%液体(固体)润滑剂提高钻井液润滑性。

⑥进入低压层之前加强体系封堵，钻井液体系中超细目碳酸钙含量不低于3%，石墨粉不低于2%，随钻堵漏剂不低于1%。

8. 复合盐聚合醇钻井液

(1)适用范围

复合盐聚合醇钻井液适用于大斜度井及短水平段水平井。

(2)体系配方(见表1 -1 -21)

表1 -1 -21 复合盐聚合醇钻井液体系配方

原材料和处理剂	加量/(kg/m^3)
钠膨润土	20 ~40
工业碳酸钠	1.0 ~3.0
工业氢氧化钠或氢氧化钾	5.0 ~10.0
羧甲基纤维素钠盐 LV - CMC 或聚阴离子纤维素 LV - PAC	5 ~10
乳液聚合物	5 ~15
抗高温树脂	20 ~40
褐煤树脂	20 ~40
沥青粉	20 ~40
QS - 2	10 ~30
包被剂	1 ~3
支化聚醚胺	5
聚胺	5
护壁剂 FPS	20 ~30
聚合醇	20 ~30
工业盐	200 ~300
氯化钾	50 ~70

(3)钻井液性能指标(见表1－1－22及表1－1－23)

表1－1－22　钻井液性能指标

项目	指标
密度/(g/cm³)	1.5～2.2
漏斗黏度/s	50～90
塑性黏度/mPa·s	25～50
动切力/Pa	5～15
静切力(初切/终切)/Pa	2～5/4～15
低密度固相含量/%	≤12
API滤失量/mL	≤4
HTHP滤失量/mL	≤15
pH值	9～10
Cl^-含量/(mg/L)	≥17×10⁴

表1－1－23　膨润土含量

钻井液密度/(g/cm³)	1.25～1.50	1.50～1.80	1.80～2.00	2.00～2.20
膨润土含量/(g/L)	35～50	25～35	15～25	10～20

(4)配制工艺

参照复合盐聚合物钻井液体系配制及井浆转化。

(5)维护处理

①每日检测一次钻井液滤液中的K^+、Cl^-含量，按钻井液补充量补加NaCl，保持K^+、Cl^-含量符合设计要求。

②根据钻井液性能变化，用1种或几种处理剂配成胶液，补充钻井液消耗，维护钻井液性能，满足施工需要。

③用抗高温树脂、褐煤树脂配制成3%～5%胶液按循环周混入钻井液中，控制钻井液滤失量。

④如果需要提高钻井液黏度、切力，可混入膨润土浆或加入HV－CMC、HV－PAC、XC等降滤失剂。如果需要降低黏度、切力，可混入AMPS－150等降滤失剂稀胶液。

⑤根据情况加入液体(固体)润滑剂3%～5%提高钻井液润滑性。

⑥进入低压层之前加强体系封堵，钻井液体系中超细目碳酸钙含量不低于3%、石墨粉不低于2%、随钻堵漏剂不低于1%。

9. 复合盐抗高温钻井液

(1)适用范围

复合盐抗高温钻井液适用于深井及超深井(150℃)。

(2)体系配方(见表1－1－24)

表1－1－24 复合盐抗高温钻井液体系配方

原材料和处理剂	加量/(kg/m³)
钠膨润土	20～40
工业碳酸钠	1.0～3.0
工业氢氧化钠或氢氧化钾	5.0～10.0
羧甲基纤维素钠盐 LV－CMC 或聚阴离子纤维素 LV－PAC	5～10
乳液聚合物180	5～15
抗高温树脂	20～40
褐煤树脂	20～40
沥青粉	20～40
QS－2	10～30
包被剂	1～3
支化聚醚胺	5～10
护壁剂 FPS	20～30
工业盐	200～300
氯化钾	50～70

(3)钻井液性能指标(见表1－1－25及表1－1－26)

表1－1－25 钻井液性能指标

项目	指标
密度/(g/cm³)	1.5～2.2
漏斗黏度/s	50～90
塑性黏度/mPa·s	25～50
动切力/Pa	5～15
静切力(初切/终切)/Pa	2～5/4～15
低密度固相含量/%	≤12
API 滤失量/mL	≤4
HTHP 滤失量/mL	≤15
pH 值	9～10
Cl^- 含量/(mg/L)	≥17×10^4

表1－1－26 膨润土含量

钻井液密度/(g/cm³)	1.25～1.50	1.50～1.80	1.80～2.00	2.00～2.20
膨润土含量/(g/L)	35～50	25～35	15～25	10～20

(4)配制工艺

参照复合盐聚合物钻井液体系配制及井浆转化。

(5)维护处理

①每日检测一次钻井液滤液中的 K^+、Cl^- 含量，按钻井液补充量补加 NaCl，保持 K^+、Cl^- 含量符合设计要求。

②根据钻井液性能变化，用1种或几种处理剂配成胶液，补充钻井液消耗，维护钻井液性能，满足施工需要。

③用抗高温树脂、褐煤树脂配制成3%～5%胶液按循环周混入钻井液中，控制钻井液滤失量。

④如果需要提高钻井液黏度、切力，可混入膨润土浆或加入 HV－CMC、HV－PAC、XC 等降滤失剂，如果需要降低黏度、切力，可混入 AMPS－150 等降滤失剂稀胶液。

⑤根据情况加入3%～5%液体(固体)润滑剂提高钻井液润滑性。

⑥进入低压层之前加强体系封堵，钻井液体系中超细目碳酸钙含量不低于3%、石墨粉不低于2%、随钻堵漏剂不低于1%。

10. 近油基钻井液体系

(1)适用范围

近油基钻井液体系适用于含盐膏(文九盐、文23盐等)、沙二、沙三下等易失稳泥岩、泥页岩地层，高难度复杂井、开窗侧钻水平井。

(2)体系配方(见表1－1－27)

表1－1－27 近油基钻井液体系配方

材料和处理剂	钻井液密度/(g/cm^3)		
	<1.50	1.50～1.80	>1.80
	用量/(kg/m^3)		
ZY－BL	≥200	≥200	≥200
钠膨润土	25～40	20～30	5～25
PAC－LV	5～10	5～10	5～10
聚合物降滤失剂	2～5	2～5	2～5
包被剂	1～3	1～2	0.5～1
抗高温树脂/生物合成树脂 LDR	10～30	10～30	10～30
沥青类	20～40	20～40	20～40
不同粒径超细钙	10～20	10～20	10～20
纳微米碳酸钙	10～20	10～20	10～20
氯化钾	50～70	50～70	50～70
氢氧化钠	1～3	1～3	1～3
氯化钠	根据需要	根据需要	根据需要
重晶石	根据需要	根据需要	根据需要

(3)钻井液性能指标(见表1-1-28)

表1-1-28　钻井液性能指标

项目	指标
密度/(g/cm³)	1.20~2.50
漏斗黏度/s	40~90
塑性黏度/mPa·s	20~50
动切力/Pa	5~15
API滤失量/mL	≤4
HTHP滤失量/mL	≤12
静切力(初切/终切)/Pa	1~5/3~15
pH值	8.0~10.0
含砂量/%	≤0.3
膨润土含量/(g/L)	5~45
K^+含量/(mg/L)	≥25000

(4)配制工艺

①配制：

配制预水化膨润土浆，配制完成后水化24h以上，加入0.2%~0.3%PAC-LV或相当的聚合物护胶后备用。

测试现场老浆性能，转换钻井液配方和老浆使用量。在罐内加入清水，经混合漏斗加入所需聚合物、抗高温处理剂、封堵剂等，并与所需预水化膨润土浆混合，循环搅拌均匀；然后与所用老浆进行充分混合，并加重至所需密度。

转换近油基钻井液：以一定的排量连续顶替，加入KCl、近油基基液。

测量钻井液性能，调整钻井液达到设计要求后，进行下步施工。

②井浆转换：

胶液配制方法：清理1~2个循环罐，注入清水，按配方加入处理剂，搅拌并与老浆混合均匀，加重至所需钻井液密度，调整性能至符合设计要求。

老浆使用：转换钻井液时，老浆用量根据现场小型实验确定；维护过程中，可按照新浆：老浆=3:1维护钻井液。

(5)维护处理

①预水化膨润土浆使用：当黏度切力下降时，补充适量的坂土浆。

②抑制性能：每天检测滤液中基液及K^+含量，确保基液含量不低于20%，K^+含量不低于25000mg/L；根据钻井液流变性能控制聚合铝实际加量，总加量控制在0.5%~2.0%；包被抑制剂加量控制在0.3%以内，根据钻井液实际流变性能调整包被剂加量，避免过量造成液相黏度偏高。

③滤失控制：控制中压失水低于4mL，高温高压失水低于12mL，降低滤液侵入地层。

④封堵性能：转换钻井液过程中按照配方加足封堵剂，提高钻井液的封堵性能。

⑤流变性能：保持坂土浆含量在20~45g/L，如配浆初期可使用黄原胶等聚合物提切

剂，优化钻井液流变性能，进入水平段前，逐步提高钻井液 ϕ6 读数，并根据水平段长短及返砂情况，及时调整钻井液黏度、切力及 ϕ6 读数，小井眼侧钻井，注意调整钻井液流型为低黏合适切力，避免过高的环空压耗；当井下出现掉块时，可适当提高钻井液黏度、切力或配制稠塞洗井，带出井下掉块；降低黏切力，可加含近油基基液和降滤失剂的稀胶液稀释。

11. 生物质合成基钻井液体系

(1)适用范围

生物质合成基钻井液体系适用于含盐膏(文九盐、文 23 盐等)、沙二、沙三下等易失稳泥岩、泥页岩地层，高难度复杂井、开窗侧钻水平井。

(2)体系配方(见表 1－1－29)

表 1－1－29　生物质合成基钻井液体系配方

材料和处理剂	钻井液密度/(g/cm³)		
	<1.50	1.50～1.80	>1.80
	用量/(kg/m³)		
有机土	30～40	25～35	15～25
乳化剂	40～50	40～60	40～60
沥青树脂降滤失剂	30～40	30～40	20～30
亲油腐殖酸降滤失剂	30～40	30～40	20～30
纳米成膜封堵剂	10～20	10～20	10～20
氧化钙	25～35	25～35	25～35
超细碳酸钙 800 目	15～25	15～25	15～20
超细碳酸钙 1250 目	15～25	15～25	15～20
纳微米碳酸钙	5～15	5～15	5～10
天然沥青	10～20	10～20	10～20
球状凝胶	5～10	5～10	5～7
氯化钙	根据需要	根据需要	根据需要
重晶石	根据需要	根据需要	根据需要

注：氯化钙水溶液的质量浓度为 20%～35%。

(3)钻井液性能指标(见表 1－1－30)

表 1－1－30　钻井液性能指标

项目	指标		
密度/(g/cm³)	1.40～1.60	1.60～1.80	1.80～2.00
漏斗黏度/s	40～85		
10s 切力/Pa	2～5	3～6	3～6
10min 切力/Pa	4～8	4～10	4～10
动切力/Pa	4～12	4～14	4～18

续表

项目	指标		
塑性黏度/mPa·s	≤65		
HTHP 滤失/mL	≤5		
碱度/mL	2.0～3.0		
油水比	80∶20～90∶10	80∶20～90∶10	85∶15～90∶10
含砂量/%	≤0.3		
破乳电压/V	≥400	≥400	≥500
固含/%	≤35	≤40	≤45
有害低密度固相含量/%	≤8	≤8	≤8

(4)配制工艺

①设备要求:

清理地面循环系统泥砂，包括锥形罐、泥浆槽；确保循环罐及罐连接密封良好，低压循环系统各闸门灵活好用；加料漏斗等配浆设备需能满足正常使用要求。

配备 5～$10m^3$ 氯化钙溶液配制罐，循环罐面应具备防雨措施，与钻井液接触设备橡胶部件应使用耐油材质。

②配制:

油相配制：在配浆罐中加入生物质合成基液，开启搅拌，经混合漏斗依次加入生物质乳化剂、有机土、CaO、降滤失剂，充分搅拌 2h。

水相配制：配制浓度 20%～35% 的氯化钙水溶液。

油相与水相混合：向油相中缓慢混入氯化钙水溶液，继续搅拌 2～3h，混合均匀，得到生物质合成基钻井液胶液。

根据井下状况需要加入超细碳酸钙、纳微米碳酸钙、球状凝胶等封堵材料。

根据工程设计，加入加重材料，继续搅拌 2～3h，配制成生物质合成基钻井液，检测钻井液性能，达到设计要求。

③井浆转换:

钻井液配制完成之后，先隔开一个 $10m^3$ 罐配制隔离液。在替浆前先泵入 $10m^3$ 隔离液，泵入后停泵，快速倒换上水罐至油基钻井液所在罐，完成后即可开泵替浆。

替浆过程采用大排量、不停泵，确保顶替效率，建议替浆环空返速≥1.2m/s。参考隔离液返排时间和流型变化，加密监测密度与破乳电压，当密度降至最低点并开始升高时，检测破乳电压＞100V 停止排放。替浆结束后，充分循环钻井液，测试其性能，调整至设计性能要求。振动筛筛布最前端更换为 120～160 目，运行 2～3 个循环周后，再逐步提高筛布目数，避免出现跑浆现象。

隔离液要求：若不涉及井壁失稳风险，隔离液可采用 20%～35% 浓度的氯化钙盐水；若替浆转换涉及较长裸眼段，为保证裸眼段井壁稳定，不宜采用氯化钙水溶液，应采用 $10m^3$ 高黏度生物质合成基液做顶替隔离液(漏斗黏度＞80s)。配方：生物质基液＋2%～3% 有机土＋2%～3% 生物质乳化剂。

(5)维护处理

①钻井液性能按照GB/T 16783.2《石油天然气工业 钻井液现场测试第2部分》进行检测评价。测试条件及要求：流变测试温度为65℃，高温高压滤失量测试温度根据井底温度选择。密度、漏斗黏度每1h测1次，发现油气水侵、地质循环时，每10 min测1次。流变性、乳化稳定性、泥饼厚度、碱度值每8h测1次。高温高压滤失量、固相含量、含砂量、有害低密度固相含量、油水比每12h测1次。

②钻井时及时根据井下情况补充各种处理剂保证钻井液性能稳定。保证钻井过程中乳状液稳定性，破乳电压≥400V。破乳电压有下降趋势时，需及时补充基液、1%～3%乳化剂和1%～2% CaO，建议采用分批次缓慢加入的方式进行维护，避免混合不均匀。

③以降滤失剂控制钻井液高温高压滤失量≤5mL，减少滤液向地层渗透，根据滤失大小，补充适量的有机土、乳化剂、降滤失剂和封堵材料。若高温高压滤液中含水，乳化稳定性变差，在配方基础上，补充1%～3%乳化剂和1%～2% CaO。

④采用合理的钻井液密度，确保在井壁周围形成足够的支持力，以维持井壁的力学平衡，防止井塌和掉块。

⑤加强固控，保证固控设备运转正常，振动筛筛布尽量使用200目以上，振动筛、除砂器运转率100%，离心机采用变频式，根据需要开启，最大限度地降低无用固相含量，保持钻井液清洁。

⑥钻进过程中要密切注意观察井口返浆情况和振动筛上的岩屑返出及岩屑的形状的变化。如发现漏失、返砂异常或井涌，及时采取相应措施。

⑦维持钻井液良好的流变性，如果黏切降低，加入有机土或氯化钙溶液；如果黏切升高，加入基油或使用离心机清除劣质固相降低黏度。

⑧钻井液密度可根据实际情况在设计范围内调整，如果出现盐水侵，应请示提高密度压稳盐水层，过多的盐水侵入会引起钻井液性能失稳。

(二)钻井液污染与处理

1. 钙镁污染和处理

(1)钙镁污染的来源

钙镁污染源可能来源于以下几个方面：

配浆水：地下和地面的水可以以$CaSO_4$、$CaCl_2$、$MgSO_4$、$MgCl_2$和$MgCO_3$的形式含有大量的Ca^{2+}和Mg^{2+}。

含无水石膏($CaSO_4$)和有水石膏(又称生石膏$CaSO_4 \cdot 2H_2O$或$CaSO_4 \cdot 0.5H_2O$)的地层；它们的厚度因地区不同在几米至几百米的范围内变化。另外，经常有或薄或厚的石膏层与含盐地层间共存。

(2)处理

配浆水中的钙通常用Na_2CO_3来处理；在石膏层对钻井液的污染浓度低的情况下可用加Na_2CO_3以及一些降黏剂，如NH_4－HPAN、XY－27或HmK等处理；如大段石膏层造成浓度较高的污染则应按照小型试验数据加入降黏剂和降滤失剂，将钻井液转化成钙基钻井液。

(3)镁污染的处理

镁可用NaOH处理，当pH值>10.5时，大部分镁离子可以生成$Mg(OH)_2$沉淀而被除去；遇到镁污染严重时，持续加入NaOH会使黏度升高。这种情况下钻井液可根据小型试验数据用 NaOH 结合降黏剂和降滤失剂处理，使其转化成石膏钻井液。

2. 水泥-石灰污染和处理

(1)污染物来源

当钻井液在注水泥作业时直接与水泥浆接触或用其钻水泥塞时都会发生水泥侵。水泥浆造成的污染要比凝固的水泥严重。水泥含有一系列含钙络合物。络合物与水反应会生成 $Ca(OH)_2$，45.4kg 水泥会产生出 36kg 石灰。

(2)处理

避免水泥侵最简单的方法是用清水钻水泥塞或用钻井液钻水泥塞时，把污染的那段钻井液放掉；加 $NaHCO_3$ 处理，$NaHCO_3$ 与石灰反应只中和了石灰一半的氢氧根离子，另一半转化成了 NaOH。因此，使用 $NaHCO_3$ 处理石灰侵会使 pH 值升高，在温度较高的情况下(>120℃或 250℉)会造成钻井液固化；

使用一些有机酸，如褐煤、丹宁酸、腐殖酸或将其结合一些降滤失剂处理石灰污染会使 pH 值得到有效控制，这样就使石灰侵钻井液转化成石灰基钻井液。得到的石灰基钻井液可以有效地抑制黏土和页岩的水化，并可在钙侵地层正常工作。不建议使用 Na_2CO_3 来处理水泥侵，因为这样石灰所含的氢氧根离子会全部转化成氢氧化钠，会使 pH 值剧烈升高从而冒钻井液固化的危险。

应在钻井液中保留 100～200mg/L(硬度测试法测出的)过剩 Ca^{2+}，在遇到碳酸根离子-碳酸氢根离子污染时可自动地改善钻井液的性能。

3. 盐侵和处理

(1)盐侵来源

盐侵可来自地下盐水层、岩盐层和盐丘、蒸发岩层或配浆水。造成盐侵的主要成分是 NaCl，但也包括数量不等的 KCl、$MgCl_2$ 和 $CaCl_2$。

(2)处理

将盐侵钻井液加淡水稀释的同时加入一些聚合物和有机分散剂(解絮凝剂)来缓解黏度下降。这种方法只适用于盐侵浓度不高的情况，因为加淡水的量受到黏度和密度降低的限制；当有大量的盐侵时，有效的处理办法是加入分散剂(解絮凝剂，如铵盐)和降滤失剂(如 PAC 或淀粉类衍生物)以及胶凝剂(如 MMH 或 XC)，将钻井液转化成盐水泥浆体系；在海水或某些地层水中会含有相当数量的 $MgCl_2$，它们与 NaCl 共存，这时应持续加入 NaOH，以保持 pH 值。加入 NaOH 一方面可以保持 pH 值，另一方面还可调控钻井液滤液中钙的溶解度；在一些地区，石膏层经常与盐岩层及盐水层交互存在。钻井液中钙离子溶解度会随盐溶解度的升高而升高。这时，应加入纯碱 Na_2CO_3 以除去钙离子，同时还应配合加入一定数量的烧碱，以控制钙离子浓度，Ca^{2+} 的溶解度同时受滤液中盐和 pH 值的影响；在处理盐侵时，所有粉状的化学添加剂应先用淡水配成溶液，以使其预水化和预溶解，这样它们会取得较好的处理效果。

4. CO_3^{2-} 和 HCO_3^- 污染和处理

(1)污染物来源

CO_2 可在钻井液混合设备、钻井泵和固相设备工作时随空气一起侵入；地下的含 CO_2 的地层；处理钙侵和水泥侵时加 Na_2CO_3 过量；一些有机添加剂如纤维素类降滤失剂等的高温分解；加重材料或碳酸钙桥堵剂中所含的杂质一起加入钻井液中。

(2)处理

一般钻井液中的碳酸根离子含量为1200～2400mg/L。然而其具体数值有时会超出这个范围，它取决于钻井液固相含量、温度以及钻井液化学成分等因素。

CO_3^{2-}可用钙处理的方法使其生成$CaCO_3$沉淀将其除去，而HCO_3^-不能直接除去，必须先使它与氢氧根离子(OH^-)反应生成碳酸根离子后才可能除去。Ca^{2+}可通过石灰或石膏提供。

用石灰处理：当用石灰处理碳酸根－碳酸氢根离子污染时，会使pH值升高。因此，为降低pH值，可以加入一些有机酸处理剂或加石膏处理。

用石膏处理：用石膏处理必须同时加入石灰或NaOH，这样可以维持pH值不降低。

不管应用上述两种方法中的哪一种，钻井液必须同时用一些降黏剂和降滤失剂处理，从而使其获得满意的流变和滤失性能。具体的方案由室内小型试验结果确定。建议不要把钻井液中的碳酸根完全除去，而应至少保持含量在1000～1200mg/L。

5. 硫化氢污染的处理

硫化氢有剧毒，对金属设备有很强的腐蚀性。空气中微量的硫化氢在几分钟内就会对操作人员造成致命的后果。硫化氢不仅会使钻井液性能受到破坏，而且更加重要的是危害人身安全。

(1)污染物来源

地下含硫化氢的地层会造成严重的硫化氢污染，而一些化学添加剂(如一些磺酸盐)会造成轻微的污染。

(2)处理

作为预防和辅助措施，加入烧碱或石灰维持钻井液的pH值>10；加入碱式碳酸锌$Zn(OH)_2 \cdot ZnCO_3$(1.0mg/L硫化氢使用0.00572kg/m^3碱式碳酸锌)。为了取得更好的效果，以上两种方法应同时采用。如果已预测到含硫化氢的地层，以上两种措施作为预防应提前进行。

6. 原油的侵入和处理

(1)原油侵入的发现

当油层压力在短时间内未得到平衡时就会发生原油侵入井内的情况，应及时发现原油侵入并尽快使地层压力得到控制。原油侵入井内的体积依情况不同而变化，这主要取决于钻井液压力和地层压力的差值以及压力控制的过程是否进行得及时和顺利。这种原油侵入的方式多由于疏忽大意，发生较少，一般原油侵入多发生在起下钻具抽汲时。原油侵入可通过观察振动筛和钻井液循环罐液面升高情况来判断。

(2)原油侵入的处理

在探井，因原油侵入干扰录井，应将原油污染的那部分钻井液排放掉。在生产井，应通过加入一定量的乳化剂和充分循环将其乳化并混入钻井液。被均匀乳化的油能改善钻井液的润滑性并提高其性能的稳定性。原油侵入总是伴随气侵同时发生。

四、油气层保护技术

伤害程度、造成伤害原因、液相或固相侵入储层深度、能否预防及怎样弥补或解堵是保护储层的关键。

(一)保护储层对钻井液体系要求

钻井液是与油气层接触的第一种工作流体，要满足以下保护油气层的技术要求：

1)钻井液密度必须与储层孔隙压力相适应。

2)钻井液中固相颗粒与油气层渗流通道匹配。

钻井液中除保持必需含量的膨润土、加重剂和暂堵剂等外，应尽可能降低钻井液中膨润土和无用固相的含量。

3)钻井液必须与油气层岩石相配伍。

①对于中、强水敏性油气层应采用不引起黏土水化膨胀的强抑制性钻井液。

②对于盐敏性油气层，钻井液的矿化度应控制在两个临界矿化度之间。

③对于碱敏性油气层，钻井液的 pH 值应控制在 7 ~ 8。如需调控 pH 值，最好不用 NaOH 作为碱度控制，可用其他种类的对油气层伤害程度低的碱度控制剂。

④对于非酸敏油气层，可选用酸溶处理剂或暂堵剂。

⑤对于速敏性油气层，应尽量降低压差和严防井漏。

⑥采用油基或油包水钻井液或水包油钻井液时，最好选用非离子型乳化剂，以免发生润湿反转等。

4)钻井液滤液组分必须与油气层中流体相配伍。

①滤液中所含的无机离子和处理剂不与地层中流体发生沉淀反应。

②滤液与地层中流体不发生乳化堵塞作用。

③滤液表面张力低，以防发生水锁作用。

④滤液中所含细菌在油气层所处环境中不会繁殖生长。

5)钻井液的组分与性能都能满足保护油气层的需要。

①所用各种处理剂对油气层渗透率影响小。

②尽可能降低钻井液处于各种状态下的滤失量及滤饼渗透率，改善流变性，降低当量钻井液密度，减少管柱或开泵时的激动压力。

③钻井液的组分还必须有效地控制处于多套压力层系裸眼井段中的油气层可能发生的伤害。

(二)储层保护基本要点

1. 水基钻井液

由于水基钻井液具有成本低、配制处理维护简单、处理剂来源广、可供选择的类型多以及性能容易控制等特点，是国内外钻开油气层常用的钻井液体系。

通过实施屏蔽暂堵保护油气层钻井液技术，可以较好地解决多套压力层系储层的保护问题。目前，常用的暂堵剂按其不同的溶解性分为以下两种类型：

(1)酸溶性暂堵剂

常用的酸溶性暂堵剂为不同粒径范围的细目 $CaCO_3$。$CaCO_3$ 极易溶于酸，且化学性质稳定，颗粒有较宽的粒度范围，因此是一种理想的酸溶性暂堵剂，对于密度低于 1.68g/cm^3 的钻井液，它还可兼作加重剂。目前，对于多数储层，一般采用不同粒径混合的暂堵材料，暂堵剂的加量一般为 3% ~5% 。

(2)油溶性暂堵剂

常用的油溶性暂堵剂为油溶性树脂。按其作用方式不同可分为两类：一类是脆性油溶性树脂，在钻井液中主要用于架桥颗粒，如油溶性的聚苯乙烯、改性酚醛树脂和二聚松香酸等；另一类是可塑性油溶性树脂，其微粒在一定压差作用下可以变形，主要作为充填颗粒。油溶性暂堵剂可被产出的原油或凝析油自行溶解而得以清除，也可通过注入柴油或亲油表面活性剂将其溶解而解堵。

2. 保护油气层的油基及合成基钻井液

(1)油基钻井液

目前，使用较多的油基钻井液是油包水乳化钻井液，能有效地避免对油气层的水敏伤害。使用油基钻井液钻开油气层时应特别注意防止因润湿反转和乳化堵塞引起的伤害，同时还应防止钻井液中过多的固相颗粒侵入储层。

(2)合成基钻井液

合成基钻井液是以人工合成或改性有机物，即合成基液为连续相，盐水为分散相，再加上乳化剂、有机土、降滤失剂和加重剂等组成的油包水乳化钻井液。

(三)常用钻井储层保护技术

1. 强封堵技术

(1)适用范围

强封堵技术适用于沙三、沙四和中生界目的层，射孔求产。

(2)推荐储层保护剂(见表1-1-31)

表1-1-31　储层保护剂推荐加量

原材料和处理剂	加量/(kg/m³)
超细碳酸钙	20～80
油溶性树脂	20～50
无渗透封堵剂WTS	30～80
油气层保护剂YBS	20～60

(3)推荐配方(见表1-1-32)

表1-1-32　储层保护推荐配方

适用地层	推荐配方
高渗储层	现场钻井液+2%～6%超细碳酸钙+2%～4%油溶性树脂
中渗储层	现场钻井液+2%～6%油气层保护剂YBS+3%～8%无渗透封堵剂WTS
低渗储层	现场钻井液+1%～4%油气层保护剂YBS+3%～8%无渗透封堵剂WTS

2. 自降解技术

(1)适用范围

自降解技术适用于沙三、沙四和古生界目的层，非射孔求产。

（2）推荐储层保护剂（见表1－1－33）

表1－1－33　储层保护剂推荐加量

原材料和处理剂	加量/（kg/ m^3）
超细碳酸钙	20～80
油溶性树脂	20～50
无渗透封堵剂 WTS	30～80
油气层保护剂 YBS	20～60
自降解球状凝胶 MPA	2～10

（3）推荐配方（见表1－1－34）

表1－1－34　储层保护推荐配方

适用地层	推荐配方
高渗储层	现场钻井液＋2%～6%超细碳酸钙＋2%～4%油溶性树脂＋0.5%～1.0%自降解球状凝胶 MPA
中渗储层	现场钻井液＋2%～6%油气层保护剂 YBS＋3%～8%无渗透封堵剂 WTS＋0.3%～0.8%自降解球状凝胶 MPA
低渗储层	现场钻井液＋1%～4%油气层保护剂 YBS＋3%～8%无渗透封堵剂 WTS＋0.2%～0.5%自降解球状凝胶 MPA

3. 抗水锁技术

（1）适用范围

抗水锁技术适用于低渗、特低渗储层。

（2）推荐储层保护剂（见表1－1－35）

表1－1－35　储层保护剂推荐加量

原材料和处理剂	加量/（kg/ m^3）
无渗透封堵剂 WTS	30～80
油气层保护剂 YBS	20～60
抗水锁剂	2～5

（3）推荐配方（见表1－1－36）

表1－1－36　储层保护推荐配方

适用地层	推荐配方
高渗储层	现场钻井液＋3%～8%油气层保护剂 YBS＋4%～8%无渗透封堵 WTS ＋0.2%～0.5%抗水锁剂
中渗储层	现场钻井液＋2%～6%油气层保护剂 YBS＋3%～8%无渗透封堵 WTS ＋0.2%～0.5%抗水锁剂
低渗储层	现场钻井液＋1%～4%油气层保护剂 YBS＋3%～8%无渗透封堵 WTS ＋0.2%～0.5%抗水锁剂

4. 配制工艺

①调整现场钻井液性能达到设计要求。

②按照油气层保护钻完井液配方，在两个循环周内加入相应油气层保护剂；密切注意

处理过程中钻井液性能变化，若钻井液性能变化过大，应减缓油气层保护剂的加入速度，钻井液性能满足要求后方能钻进至目的层。

5. 维护处理

①正常储层钻进过程中，应根据钻井液消耗量及时补充油气层保护剂，保持有效含量相对稳定，确保钻完井液的油气层保护效果。

②钻井过程中保证四级固控设备的正常运转，筛布≥200 目，离心机、除砂除泥一体机 24h 运转，控制低密度固相含量。

五、提速技术

(一)钻井提速技术

1. 应用激进参数钻井技术

新钻井上部直井段采取高压喷射钻井，应用高转速、高泵压、大排量，充分发挥水力破岩作用，提高钻井速度。侧钻井施工排量提高 25%，有利于冲洗钻头、清洁井眼、提高螺杆功率等，保障了提速提效。通过强化钻井参数，2023 年新钻井、侧钻井平均机械钻速与 2019 年相比分别提高了 36.03%、57.83%。

2. “大功率螺杆＋异型齿 PDC 钻头”一趟钻穿馆陶组技术

在中原油田推广“双扶螺杆＋高效 PDC 钻头”钻具结构，通过优选钻头，调整钻井参数，86%的新井实现了一趟钻穿馆陶组，提高了机械钻速，减少起下钻趟数。

3. 预弯曲钻具组合

预弯曲钻具组合可以有效地防斜打直，释放钻压，提高钻井效率。2023 年，在中原油田内部已使用该钻具组合 10 井次，直井段井斜控制良好，直井段最大井斜不超过 3°。

4. “双筒＋螺杆”取心技术

卫 457HF 井采用“双筒＋螺杆”取心技术，取心进尺为 105.71m，心长为 105.36m，收获率为 99.67%，平均机械钻速为 1.11m/h，同比导眼段取心平均机械钻速提高 105.6%。

(二)钻井提速工具

1. 三刀翼 PDC 钻头

侧钻井推广应用三刀翼 PDC 钻头(见图 1－1－4)。通过减少刀翼，优化钻头设计，提高攻击性和抗冲击性，应用 27 口井，同比其他钻头提高 26.32%。

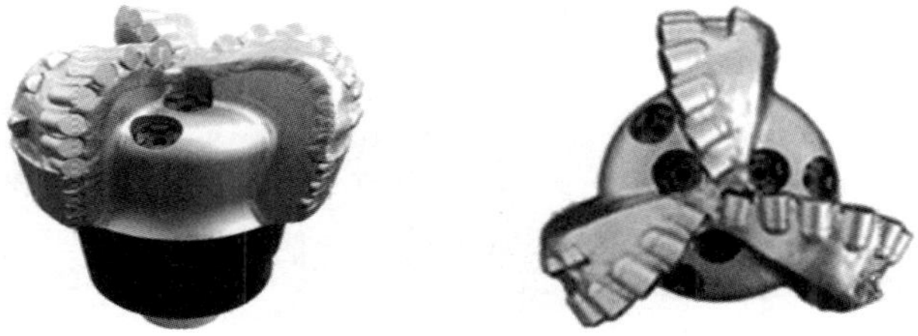

图 1－1－4　三刀翼 PDC 钻头

2. 正压式小尺寸水力振荡器

长裸眼段侧钻井使用正压式小尺寸水力振荡器，能够有效解决裸眼段长、稳斜段长的侧钻井后期定向困难的问题，有效传递钻压，提高了稳斜段机械钻速。

ϕ89mm 水力振荡器结构如图 1－1－5 所示，其主要技术参数见表 1－1－37。

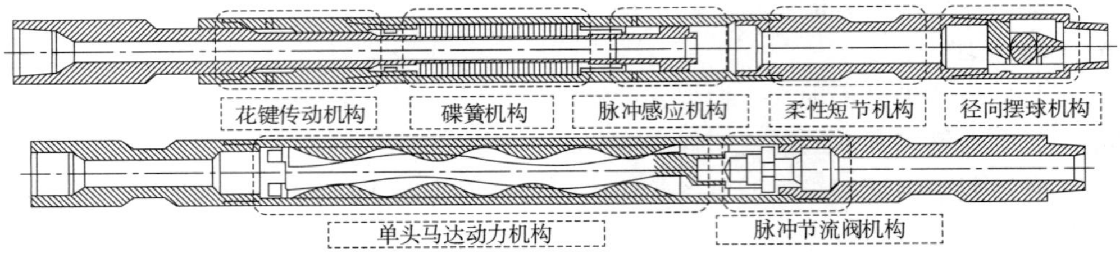

图 1－1－5　ϕ89mm 水力振荡器

表 1－1－37　水力振荡器主要技术参数

项目	参数
外形尺寸/mm	89
工具长度/m	6.15
适用排量/(L/s)	5～12
最高耐温/℃	180
工作频率/Hz	15～24
工作压降/MPa	2.0～4.0
最大轴向振荡力/kN	25
最大径向振荡力/kN	2
振幅/mm	3～8
最大拉力/kN	988
适用井眼/mm	114.3～139.7
钻井液类型	油基/水基
上/下扣型	ϕ73mmREG

3. ϕ95mm 双垫块螺杆

ϕ95mm 双垫块螺杆应用于长裸眼段侧钻井，复合钻进相比单垫块螺杆降斜率在一定程度上有所降低，ϕ95mm 双垫块螺杆结构见图 1－1－6。

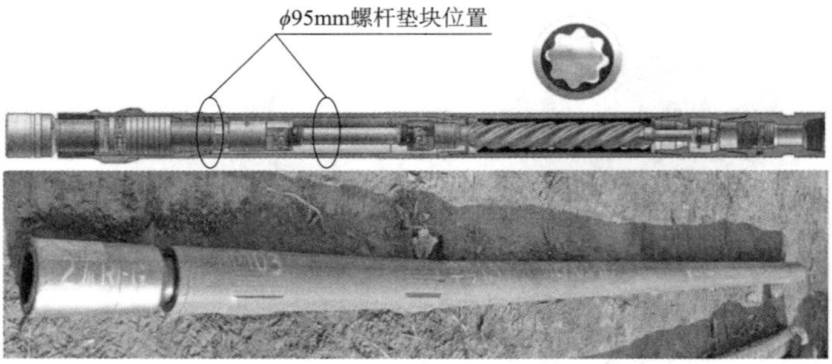

图 1－1－6　ϕ95mm 双垫块螺杆

4. 混合钻头

针对井斜大于40°的生产井推广使用混合钻头，缓解了PDC钻头定向效果差，工具面不稳定，定向托压问题，提高了定向效率，相比牙轮钻头提速108%。

5. 随钻微扩孔工具

随钻微扩孔工具适用于膨胀性的页岩地层和具有蠕变性的盐膏层、软泥岩层、煤层等井段，扩出直径略大于钻头理论直径的井眼，减轻或消除井下微狗腿、微台阶，减少遇阻、拔活塞，减少划眼时间与通井次数，提高电测一次成功率，保障下套管作业顺利。随钻微扩孔工具如图1－1－7所示，其技术规格见表1－1－38。

图1－1－7　微扩孔工具

表1－1－38　技术规格表

型号	井眼尺寸/mm	扣型	扩后直径/mm	本体直径/mm	PDC齿直径/mm
DSR－118	118	211×210	130	105	8
DSR－152	152.4	311×310	158	120.65	8
DSR－165	165.1	311×310	173	120.65	8
DSR－216	215.9	411×410	226	165	13
DSR－241	241.3	411×410	254	165	13
DSR－311	311.2	411×410	326	178	13
DSR－152Ⅱ	152.4	311×310	155.4	120.65	8
DSR－165Ⅱ	165.1	311×310	168.2	120.65	8
DSR－216Ⅱ	215.9	411×410	220	168/172	13
DSR－241Ⅱ	241.3	411×410	246	168/172	13
DSR－311Ⅱ	311.2	411×410	317	168/184.5	13

6. 水平井推广使用无扶螺杆

在水平井水平段施工推广应用无扶螺杆，与扶正器螺杆相比，有效降低底部钻具组合刚性，摩阻小，环空间隙大，在相同条件下可以提供更大的循环排量，同时增加了岩屑和掉块流动的有效通道，满足微调井眼轨迹技术要求，降低井下风险。

六、水平井钻井技术

中原油田属于复杂断块油气田，断块多、构造复杂、纵向上含油气层系多，因此，前期主要采用直井开发。随着定向技术迅速发展进步，20世纪90年代初，为了提高单一储层、低渗储层等动用难度大的剩余油气资源的开发效果，技术人员开始研究应用水平井钻井技术，1991 年成功钻成第一口水平井。经过多年的应用研究，中原油田水平井钻井技术逐步完善提升，形成体系。尤其是近年来非常规油气勘探开发，水平井钻完井技术水平得到了显著提高。

(一)特色技术

东濮凹陷目的层地层压力系数高、地层压力梯度大，并且普遍钻遇一套以上盐层，针对水平井的钻井技术难题，中原油田积极攻关，着重围绕解决水平井长水平段轨迹精确控制、井壁稳定、井眼净化等技术难题，在克服钻遇地层条件复杂(高压、高温、盐膏层发育)等客观条件下，形成井身结构优化设计技术、长水平井轨迹控制技术、提速技术、生物合成基钻井液技术、长水平段固井技术、存储式过钻头测井等水平井钻井系列配套工艺技术，满足了油田勘探开发的技术需要。

1. 井身结构优化设计

井身结构设计的合理性直接关系水平井能否顺利实施。储层的渗透率低，需要采用大型压裂改造，井身结构设计必须满足完井悬挂分段压裂管柱、大型体积压裂的需要；东濮老区经过近 50 年的注采开发，压力系统紊乱，同一裸眼段内存在多套层系：同时设计必须考虑对多套盐层、易坍塌破碎地层有效封隔。综合考虑地质、完井要求和钻井施工难度，有针对性地设计了三种不同的井身结构，见表 1－1－39 及图 1－1－8～图 1－1－10。

2. 井眼轨道设计

水平井井眼轨道设计是水平井钻井施工的重要环节，要实现水平段最大限度地有效延伸，必须克服钻进过程中的摩阻扭矩大、井眼清洁困难、井眼轨迹控制要求高等难题。

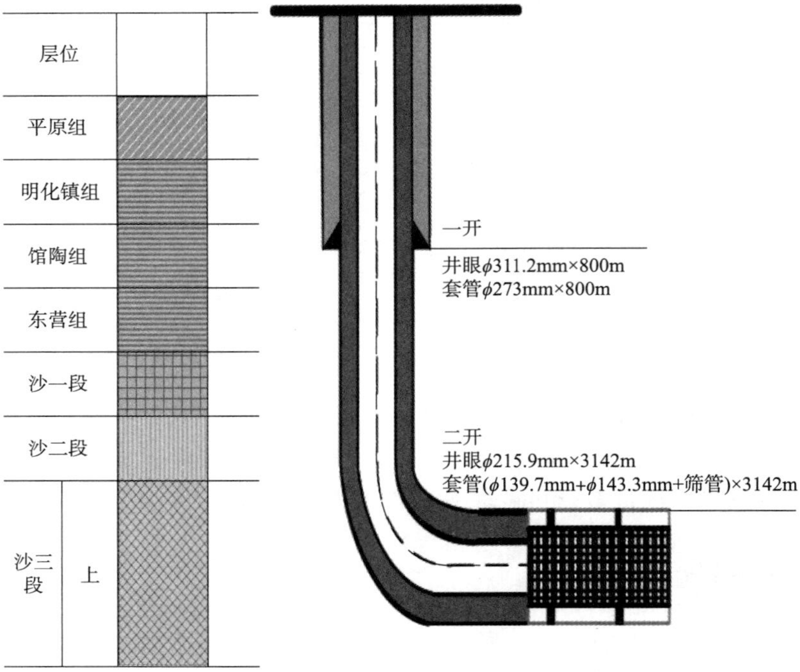

图 1－1－8　二开井身结构

表 1-1-39 三种井身结构

目的	开次		井身结构	应用区块
邻井无复杂情况、常规地层压力、水平段较短，采用优化二开(一开加深)井身结构	二开套管或筛管完井	一开	采用 ϕ311.2mm 钻头钻至井深 500～800m，下 ϕ273mm 表层套管封地表松软地层和流沙层，为二开安装井口和建立循环创造条件	胡 5 块、明 15 北块、濮 6 北块、庆 85 块、毛 8 块
		二开	采用 ϕ215.9mm 钻头钻至完钻井深，下 ϕ139.7mm 油层套管完井或套管 + 筛管完井	
邻井复杂情况较多、地质条件和压力系统复杂，技术套管结合单井具体情况，封馆陶、东营、沙一、沙二段	三开套管完井	一开	采用 ϕ444.5mm 钻头钻至井深 300m，下 ϕ339.7mm 表层套管封地表松软地层	文 72 南块、文 90 块、文 33 块、卫 43 块、卫 79 东块、濮 153 东块、濮城、何 301 块、卫 22 块、文 203 块、卫 349 块
		二开	采用 ϕ311.2mm 钻头钻至馆陶、东营、沙一或沙二段底界中完，为三开水平井钻进创造条件	
		三开	采用 ϕ215.9mm 钻头，下 ϕ139.7mm 油层套管	
濮城构造南翼沙三中盐发育且水平段长，文 203 块文九盐发育，盐层与水平段在同一开次易造成井壁失稳、卡钻等复杂情况，技术套管封沙三盐、文九盐	导管 + 三开套管完井	导管	采用 ϕ660.4mm 钻头至井深 200m，下 ϕ508mm 导管封地表松软地层	濮 7601H
		一开	采用 ϕ444.5mm 钻头钻至井深 2000m，下 ϕ339.7mm 表层套管封东营组及以上地层	
		二开	采用 ϕ311.2mm 钻头钻至沙三盐、文九盐底界中完，为三开水平井钻进创造条件	
		三开	采用 ϕ215.9mm 钻头钻至完钻井深，下 ϕ139.7mm 油层套管	

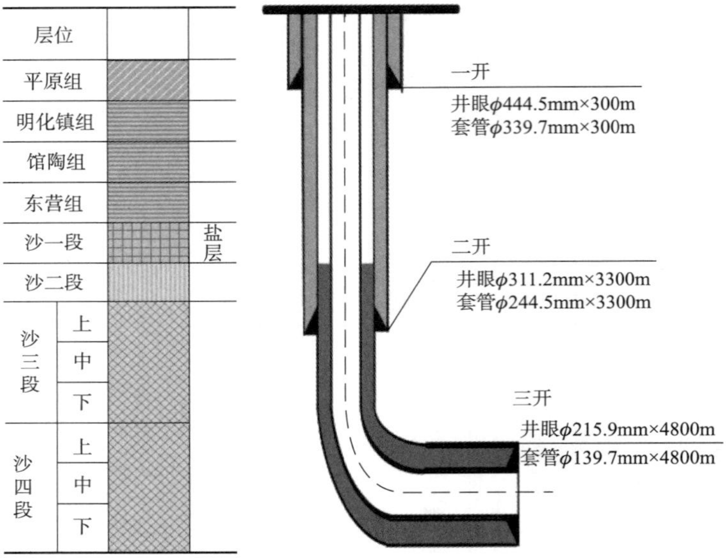

图 1－1－9　三开井身结构

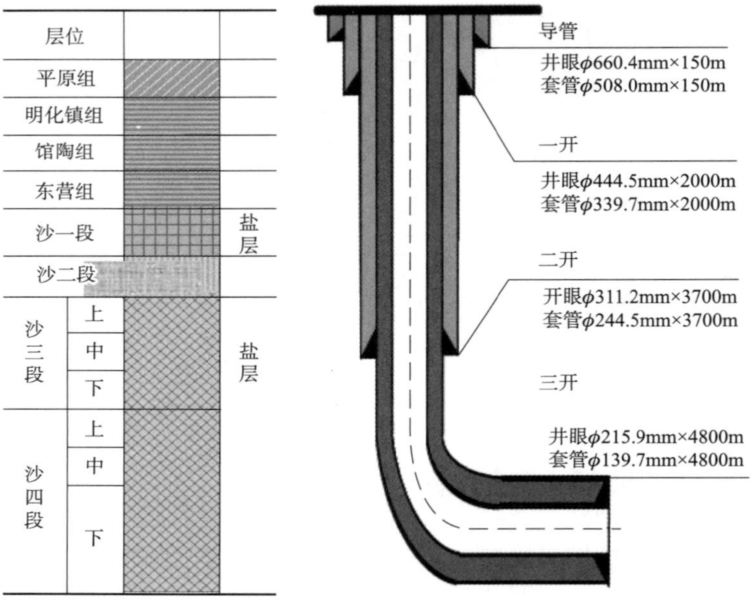

图 1－1－10　导管＋三开井身结构

摩阻扭矩分析结果表明：单增剖面的造斜率低、井眼圆滑，最有利于长水平段水平井的延伸，对储层认识清晰、储层构造简单、展布规律明确时可以采用，为便于准确命中目标层，采用“直—增—稳—增—平”的双增轨道；合理控制水平段摩阻系数是降低长水平段钻井过程中摩阻扭矩的重要目标。

现场实践结果表明，在着陆点垂深与预测值相差较小时，所设计的井身剖面能有效满足施工要求，实钻数据见表 1－1－40。

表 1-1-40　实钻数据

井名	剖面类型	靶前位移/m	第一造斜率/[(°)/30m]	第二造斜率/[(°)/30m]	水平段长/m	全角变化率/[(°)/30m]	最大井斜角/(°)
卫 383-平 1	直—增—稳—增—稳	314.66	5.02	5.06	804	1.8	84
濮 1-FP1	直—增—稳—增—A	350.27	5.20	5.50	1202	1.8	A92.65/B92.65/C38.31/D90.01
卫 68-FP1	直—增—稳—增—稳	284.51	6.30	6.50	1300	1.8	89.87
卫 383-FP2	直—增—稳—增—A	357.35	5.10	5.30	751	1.8	A92.57/B92.57/C90.69
文 88-FP1	直—增—稳—增—稳	352.80	4.25	4.30	1223	1.8	78.75
文 133-平 1	直—增—稳—增—稳	334.12	4.50	6.00	978	1.8	85.41
白-平 2HF	直—增—稳—增—A	427.80	3.90	4.20	1207	1.8	A86/B86/C84.5

3. 井眼轨迹控制技术

受东濮凹陷地质条件限制，长水平段的井眼轨迹必须满足非均质储层和断层发育、倾角变化大的调整要求，同时，油气藏的开发特点也需要井眼轨迹控制技术，既能降低成本又能实现轨迹圆滑。通过优化底部动力钻具组合和钻井参数最大限度地保证井眼圆滑和钻井速度成为最佳选择。中原油田在低渗油藏水平井开发中也进行了积极的探索，结合东濮凹陷实际，积极应用地质导向钻井技术、优化单弯动力钻具底部钻具组合设计，优化和改进井眼轨迹预测技术，形成了适合中原油田地质特点的水平井井眼轨迹控制技术。

(1)地质导向钻井技术

水平井地质导向钻井技术是地质工程技术人员在钻井现场利用各项地质录井和随钻测斜、随钻测井等资料，结合地下地层及构造特征进行随钻监控、层位对比，预测油层进入点，对水平段进行井身轨迹跟踪与控制，完成水平井钻探、提高油层钻遇率的技术。常用的水平井导向工具有两种：随钻测井(LWD)和随钻地质评价技术(FEWD)。LWD 主要测量自然伽马、电阻率和井斜方位。一般情况下进入 70°井斜后，将 MWD 改为 LWD 测量，所得到的自然伽马、电阻率数值与标准层电测值对比，调整好 A 点部位、坐标、入靶姿态(一般为 87°~89°)跟踪入靶。进入水平段后，加大井斜方位测量密度；用伽马值跟踪钻头与油层顶、底界的距离；电阻率、岩屑、气测跟踪岩性及含油性，预测轨迹变化趋势，发现情况及时调整，确保按设计要求在油层中钻进。FEWD 主要测量自然伽马、电阻率和中子密度等，具有一定的地质导向作用，一是准确划分地层界面，定性、定量分析钻头进入砂岩或泥岩的深度；二是根据电阻率大小、变化规律，判断井眼轨迹所在的位置，预测油层垂深，及时调整井眼轨迹，准确钻达目的层。上述的 LWD 及 FEWD 有两个不足，一是电阻率测量点在钻头位置十多米以上，不能及时反映当前钻头所处的地层信息；二是测量电阻率、伽马没有方位性，对薄互层难以判断钻头位置。中原油田成功应用近钻头方位地质导向技术，弥补了上述两种定向仪器的缺陷。

①斜井段 LWD 地质导向技术：

在着陆段，应用 LWD 导向工具，采用伽马、深层电阻率、中层电阻率、浅层电阻率等 5 条曲线参数与邻井进行地层对比，判断钻遇地层的岩性和特性，实现准确着陆。该技术的应用使得卫 383 – 平 1 井和濮 1 – P1 井在未打导眼的情况下一次性找准油层并顺利着陆。

②水平段 MWD + GAMMA + C1 地质导向技术：

东濮凹陷在长期的断层、薄层油藏开发中，已经形成了具有特色的 MWD + GAMMA 以及配合 C1 录井的地质导向钻井技术。探油顶时准确记录、打印随钻电阻率和伽马曲线，加强与邻井测井图的对比分析，结合气测和岩屑观察，综合分析是否进入目的层。进入目的层后，随时观察分析随钻伽马和电阻率的变化情况，及时分析判断。根据断块储层的沉积规律，认真分析实钻钻时、岩样粗细和组分，结合录井数据综合判断井眼轨迹在储层中的位置，及时调整轨迹走向。

③超薄储层近钻头方位伽马地质导向技术：

针对东濮老区水平井层薄，轨迹控制要求高，常规 MWD 测量盲区大、自然伽马无法及时判断轨迹在储层中走向、出层后重回目标层难度大等问题，采用近钻头工艺，工具全长仅 0.8m，测点距离井底仅 0.75m，纵向探深 0.5m；测量参数：近钻头井斜、实时井斜、方位伽马、平均伽马、温度、重力场等；仪器性能：抗温为 150℃、抗压为 124MPa、排量为 24.5 ~41.0L/s、密度 $<2.17g/cm^3$，配套经纬领航地质导向软件，实现轨迹精准控制。如图 1 – 1 – 11 所示，近钻头方位地质导向技术有两个特点：一是距离钻头 <1m，测量数据包括方位伽马及方位电阻率，可以准确判断钻头在储层中的位置，并根据测量的钻头电阻率，一旦发现钻头没有处于油层中，可以在最短的距离内调整到最佳位置；二是方位聚焦密度中子测量(AND)上、下、左、右四个象限十六个方位，提供实时地层倾角成像，结合近钻头井斜测量能更有效控制井眼轨迹。方位聚焦密度中子测量提供的储层评价可以优化层状油藏内井眼轨迹处于最佳位置。文 72 – 平 1 井水平段近钻头跟踪数据线见图 1 – 1 – 12。

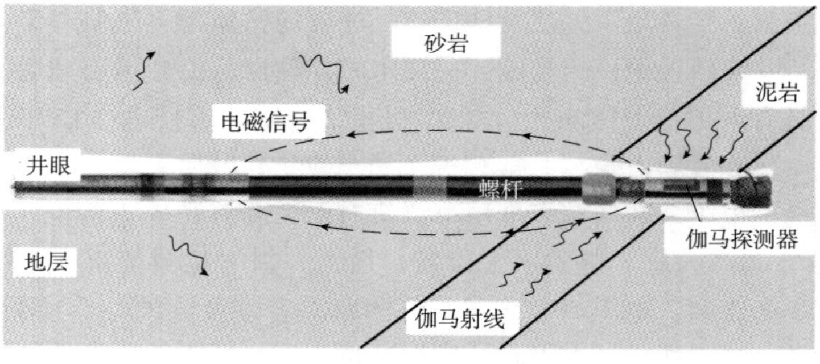

图 1 – 1 – 11　近钻头方位伽马地质导向技术

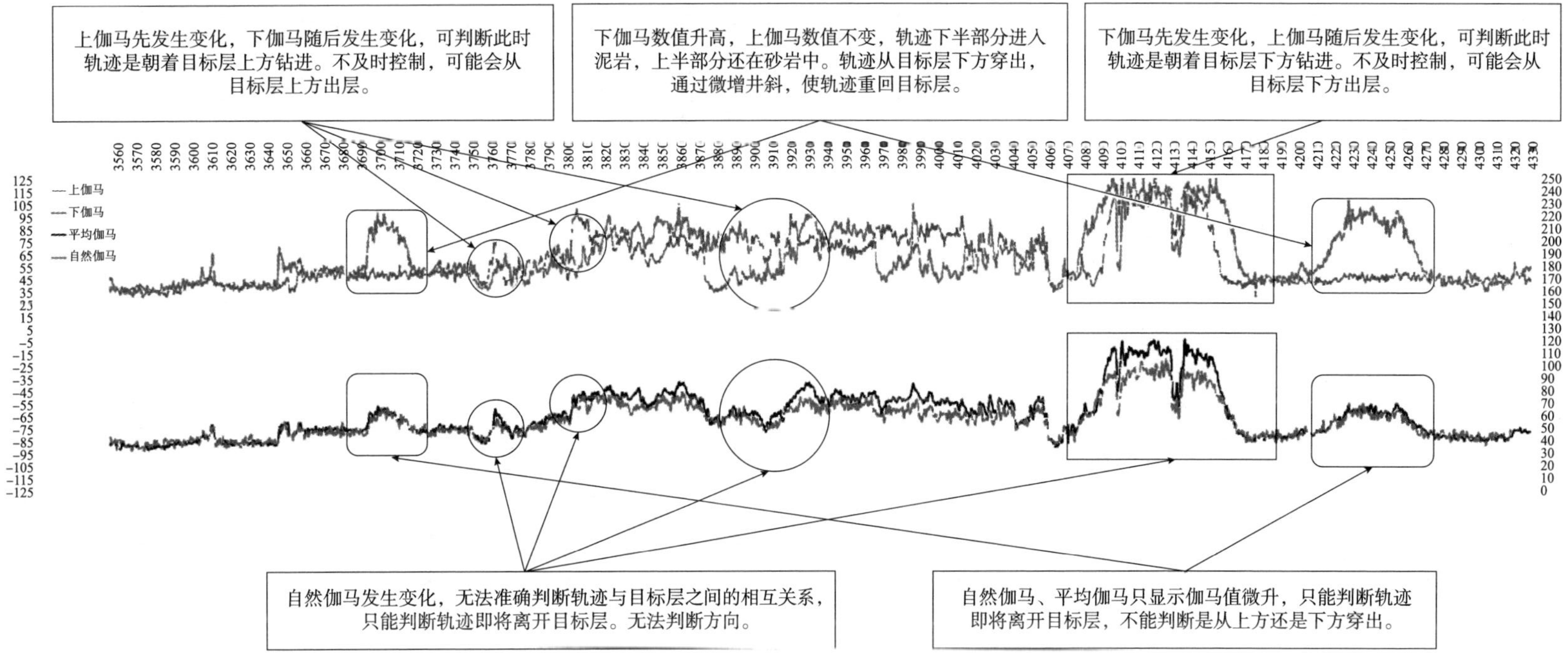

图 1－1－12　文 72－平 1 井水平段近钻头跟踪数据线

2023 年，应用 16 口井，自造斜点开始至井斜 40°，采用 MWD 随钻测量仪器进行监测；井斜 40°左右至 A 点着陆前，采用 MWD + GAMMA 随钻测量仪器进行监测；水平段采用 LWD(濮 7601H)或近钻头 + 方位 GAMMA 随钻测量仪器进行监测，取全取准地质参数；依据实钻情况选择旋转导向地质导向工具，实现井眼轨迹精准控制，实钻平均目的层厚度为 1.78m，平均单井水平段长度为 920m，储层钻遇率为 94.1%，油层钻遇率为 86.4%。

(2)长水平段轨迹控制技术

在旋转导向钻井技术难以低成本实现时，提高滑动导向系统的复合钻进稳斜能力成为关键。为此，开展了底部动力钻具组合受力分析，对螺杆钻具结构参数和尺寸扶正器外径、间距进行优化设计，并根据不同的地层可钻性对钻具组合进行调整。经过现场验证，形成了两套适用于不同情况的长水平段底部钻具组合。

①适用于地质找层的钻具组合：ϕ215.9mm 钻头 + ϕ172mm 单弯螺杆 ×1.5° + 钻具止回阀 + ϕ127mm 无磁承压钻杆 ×1 根 + MWD/(MWD + GAMMA)。

②稳平钻具组合：ϕ215.9mm 钻头 + 近钻头工具 + ϕ172mm 单弯螺杆 ×(1° ~1.25°) + 钻具止回阀 + ϕ212mm 稳定器 + 无磁短节 + ϕ127mm 无磁承压钻杆 ×1 根，根据现场情况调整扶正器尺寸满足不同可钻性要求。

轨迹控制技术的应用实现了长水平段水平井的轨迹控制，满足了东濮凹陷油气藏开发需求，完钻最大水平段长 1302m，全角变化率达到设计要求，平均复合钻井比例大于 88%，储层钻遇率达 90% 以上。

(3)钻井液技术

油气藏长水平段水平井钻井液技术的核心是井壁稳定、井眼净化和润滑防卡。重点开展了不同类型水平井水平段“防塌 + 降摩阻 + 防漏 + 封堵 + 压稳”复合钻井液体系优化：①优选抑制剂抑制黏土水化分散能力；②提高滤饼质量、增强封堵能力，阻止孔隙压力传递；③使用合理的钻井液密度，保证井眼力学稳定。

井眼净化可以通过调整钻井液流变性能、配合工程措施来实现。润滑防卡方面则采取降低钻井液固相含量保证井眼清洁、提高滤饼质量，改善钻具与井壁的摩擦系数等方式，形成两类水平井钻井液体系。

①油基钻井液。

针对泥页岩层段水化分散影响长水平段水平井安全问题，选用油基钻井液体系。

该体系具有良好的抗温性、润滑性和抗污能力，在濮深 18 - 侧 1、濮 1 - P1、卫 68 - FP1、卫 383 - FP2 和白 - 平 2HF 等井成功应用。

还具有优良的井壁稳定能力：濮 1 - P1 井 1195m 水平段未出现掉块、坍塌问题；卫 68 - P1 井平均井径扩大率为 3.87%；卫 383 - FP2 井平均井径扩大率为 3.89%。

携岩效果好，井眼清洁：濮深 18 - 侧 1 井在排量为 5L/s 时，钻井液仍具有良好的携砂能力，返出的岩屑棱角分明，未发生重复切削或研磨，且在钻遇盐层后返出纯净盐粒。

润滑性突出：钻井过程中摩阻小，定向施工正常，工具面摆放正常，起下钻顺利，如濮深 18 - 侧 1 井摩阻小于 1t，濮 1 - FP1 井摩阻 3 ~4t。

②生物质合成基钻井液。

生物质合成基钻井液，最高耐温 143℃，井径扩大率均小于 5%，满足了井壁稳定、井眼净化、润滑防卡和安全环保的要求。2023 年，生物质合成基钻井液应用 8 口井，实钻平均水平段长 920m，井径扩大率 <5%，性能设计见表 1－1－41，如图 1－1－13 所示。

表 1－1－41 生物质合成基钻井液性能设计

密度/(g/cm^3)	漏斗黏度/s	塑性黏度/mPa·s	动切力/Pa	静切力初切/终切/Pa	碱度	HTTP 滤失量/mL	低密度固相/%	含砂量/%	破乳电压/V	固相含量/%
1.50～1.75	50～90	≤65	5～18	2～7/4～15	≥1.5	≤4	≤10	≤0.3	≥400	≤35

图 1－1－13 生物质合成基钻井液

油基与生物质合成基钻井液对比见表 1－1－42。

表 1－1－42 油基与生物质合成基钻井液对比

钻井液	水化作用	润滑作用	环保	主要处理剂
油基	连续相非水，无水化作用	连续相为油，润滑性好	钻屑后期处理压力大	有机黏土、白油(柴油)、油溶性处理剂
生物质合成基	连续相非水，无水化作用	润滑性与油基相同	钻屑按一般工业固废处理处置(准备鉴定)	生物质合成基液、有机土、生物质乳化剂等

(4)复合钻头＋等壁厚大扭矩螺杆＋水力振荡器＋顶驱扭摆提速技术

针对水平井采用 PDC 钻头或牙轮钻头进行定向钻进时，存在摩阻大、托压严重、扭矩波动大和工具面不易摆放等问题，采用复合钻头＋等壁厚大扭矩螺杆＋水力振荡器＋顶驱扭摆提速技术，减少定向钻进过程中托压现象，保证正常施工，扭矩波动幅度小，造斜性能与牙轮钻头相当，机械钻速与进尺均大幅提高，且返出岩屑粒度大，岩屑分选性好，有利于判别地层岩性和录井。文 72－平 102 井、文 72－平 203 井定向段使用复合钻头平均机械钻速分别为 8.32m/h、7.53m/h，与历史指标相比，分别提高了 168%、143%。水平井提速提效技术对策见表 1－1－43。

表 1－1－43　水平井提速提效技术对策

提速难点	技术系列	提速方案
工具面不稳定，托压严重，定向效率低	高效定向技术	混合钻头＋短弯螺杆＋水力振荡器
油层薄，需不断调整垂深追踪目的储层，轨迹变化大	地质导向技术	(1)旋转导向＋大扭矩螺杆＋LWD (2)近钻头方位伽马＋大扭矩螺杆
水平段长，摩阻扭矩大	降摩减阻技术	(1)微扩眼器＋水力振荡器 (2)钻具扭摆系统 (3)水平段一趟钻
机泵条件差，环空上返速度低，井眼清洁度不足	井眼净化技术	大水眼钻具＋岩屑床清除工具、高压泵
完井套管下入困难，时效低	旋转下套管技术	“钻刮通洗”一体化工具、顶驱旋转下套管
测井周期长、复杂风险高	组合测井技术	优化完井测井工序，中完固井正常井不测固井质量
工序多、复杂情况多	复杂预测及综合堵漏技术	示范引领、节点优化管控、强化复杂预测、随钻堵漏

(5)防气窜弹韧性水泥浆体系、清水高压顶替预应力固井技术

①防气窜弹韧性水泥浆体系：弹韧性水泥浆体系加入“弹性小球”和“钢筋”，使“水泥”变成“钢筋弹性水泥”，即使破型后仍能保持试块完整。

技术思路：增韧材料实现水泥“高强度低弹性模量”特性，利用高强度抵御底层载荷，低弹性模量降低载荷传递系数，达到保持水泥力学完整性的目的，增强水泥环和套管之间的胶结能力，有利于套管－水泥环－底层耦合的稳定性。弹性剂均匀分布并填充于水泥颗粒间，当水泥石受冲击力作用时，弹性粒子起缓冲作用，吸收部分能量，提高水泥石的变形能力，降低其弹性模量。阻裂纤维能在水泥石中形成三维网状结构，当水泥石受到外力作用时，利用阻裂纤维对负荷的传递，避免了局部应力集中，限制了微裂缝的发生和发展，增加水泥石的抗折、抗拉能力。采用 TNM－1 型天然气水泥环长期密封性模拟评价装置进行模拟：在温度 20～120℃和压力 15～38MPa，100 个周期的温度压力耦合交变作用下，水泥石力学性能稳定，并没有发生气窜；从密封性评价结果来看，弹韧性水泥浆形成的水泥环可以满足温度和压力交变条件下力学性能要求，可满足后期大型体积压裂的需要，如图 1－4－14 所示。

②高效驱油防漏前置液技术：针对水平井段长、钻井液与油气层接触面较长，易形成油膜泥饼，固井驱替困难，影响界面胶结质量的问题，采用高效驱油防漏前置液技术。该体系集防漏、冲洗、隔离三者于一体，与钻井液、水泥浆具有良好的相溶性，利用物理冲刷及化学清洗效能，可有效分散泥饼，提高井眼环空的驱替效率。前置液配方：配浆水＋分散剂＋悬浮剂＋界面清洗剂＋堵漏纤维＋加重材料。

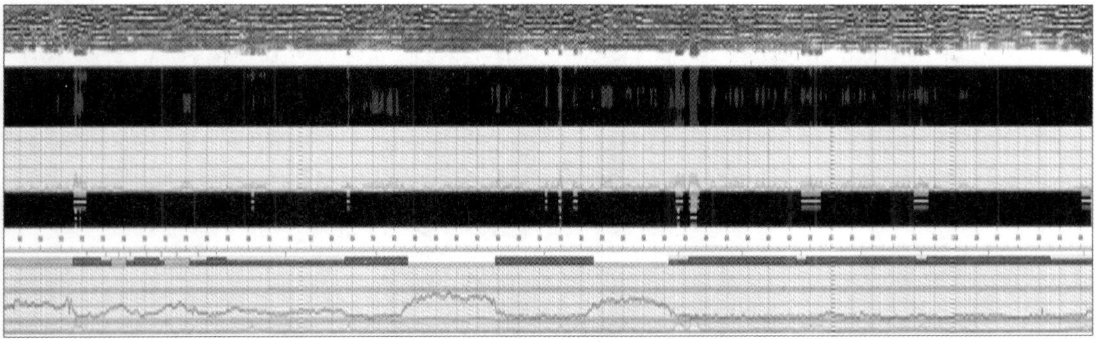

图 1－1－14　文 72－平 102 井产层固井质量图

③四级冲洗技术：针对水平井采用油基钻井液、近油基钻井液等特种钻井液体系界面清洗难的问题，研发了清油型隔离液 QY－1L、高效化学冲洗液 WH－1 及 JZ－2 加重隔离液，形成了四级冲洗技术，如图 1－1－15 所示。先导钻井液＋高效驱油防漏前置液＋冲洗隔离液＋先导水泥浆隔离液紊流接触时间≥10min。优化加重隔离液配制方式，均采用"随车下灰"的方式来配制，提高现场配制效率，避免环境污染。

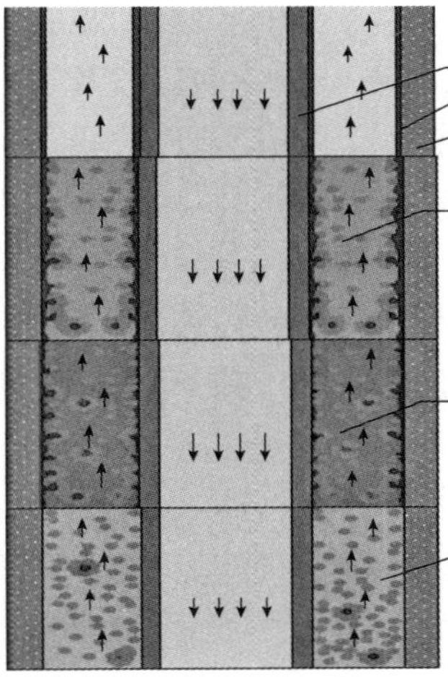

图 1－1－15　四级冲洗技术

④预应力清水替浆工艺技术：一是环空加回压技术，采用分段控量加回压技术，进一步压稳压实下部产层，非常规水平井技术套管下入深度较深且地层承压能力较高，施工结束后立即进行加回压，回压值一般控制在 10MPa，有效压稳压实下部产层。常规水平井根据上层套管下入深度，适当控制回压值在 2～5MPa，有效减少环空微间隙，有效压稳油气层，提高固井质量。二是清水顶替技术，减少由于置换管内液体造成的环空微间隙，降低油气水窜。采取全井筒清水替浆工艺配套相应的超高压替浆设备及管路，采用平台功率 1000HP(1HP≈745.7W)，最高压力 72MPa 的大功率单机单泵及 105MPa 高压管汇，并配套 60MPa、70MPa 高压软管作为替浆备用管汇，并配置自动远程卸压装置。预应力固井技术示意见图 1－1－16。

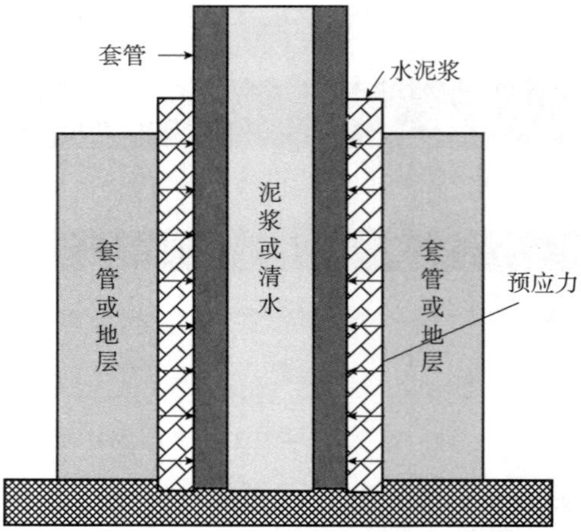

图 1－1－16　预应力固井技术

(二)技术指标

中原油田水平井发展经历了四个阶段。

1. 探索阶段(1991—2004 年)

1991—2004 年共完钻 5 口水平井，平均完钻井深 3130. 27m，平均水平段长 446m，平均钻遇率 68. 82%。探索阶段完钻井情况见表 1－1－44。1991 年，第一口工程试验水平井卫 2－25 井，完钻井深 3281. 36m，水平段长 272m，钻井周期 290d，钻遇率 27. 1%。2001 年，第一口边水油藏水平井云 2－平 1 井，由胜利油田设计并提供技术服务，各项指标和难度系数达到国内前列。采用三开制井身结构，二开 311. 5mm 钻头钻至着陆点，三开水平段 215. 9mm 井眼，采用油基钻井液，水平段机械钻速 5. 35m，水平段长 1099m，完钻井深 3200m，钻遇率 68. 3%，获高产油流，初期日产油 80. 3t，含水率 5%。截至 2023 年 7 月，日产油 1. 4t，含水 96. 8%，累产油 5.2319×10^4t。

表 1－1－44　探索阶段完钻井情况统计

区块	井号	完钻井深/m	水平段长/m	钻遇率/%
文卫	卫 2－25	3281. 36	272	27. 1
	云 2－平 1	3200	823	68. 3
濮东	胡 5－平 1	2610	375	95. 2
濮城	濮 2－平 1	2880	383	96. 9
文留	文 92－平 1	3680	377	56. 6
平均		3130. 27	446	68. 82

2. 深化研究、小规模应用阶段(2004—2011 年)

2004—2011 年，共完钻 60 口水平井，平均完钻井深 2755. 50m，平均水平段长 196. 13m，平均钻遇率 67. 85%。2004—2011 年水平井钻井情况见表 1－1－45，2004 年，在濮城油田实施开窗侧钻水平井试验 6 口，投产初期日产油一般在 6～10t。开窗侧钻水平井投产情况见表 1－1－46。

表1-1-45 2004—2011年水平井钻井情况统计

年份	井数/口	井深/m	垂深/m	水平段长度/m	钻遇率/%
2004	4	2770	2556	77	53.4
2005	2	2694	2351	138	64.2
2006	4	2535	2055	253	57.9
2007	10	2795	2423	237	64.7
2008	14	2867	2489	223	79.7
2009	7	2349	2011	266	75.7
2010	13	2851	2488	200	75.1
2011	6	3183	3234	175	72.1
平均		2755.50	2450.88	196.13	67.85

表1-1-46 开窗侧钻水平井投产情况

序号	井号	目标层位	投产日期	初期生产情况			
				工作制度	日产液/t	日产油/t	含水/%
1	濮6-侧65	沙二下7^1	2004 07.26	38×4.8×4	10.0	5.3	47.0
2	濮1-侧平239	沙二上1^4	2004 08.04	38×4.8×5	14.0	12.1	13.6
3	濮侧平130	沙二中7^2	2004 09.04	38×4.8×6	35.2	7.6	78.4
4	濮16侧平	沙二上1^9	2004 11.04	38×4.8×4	15.5	10.8	30.3
5	濮1-侧平193	沙二上1^9	2005 04.24	38×4.8×5	13.0	5.2	60.0
6	濮1-侧平231	沙二上1^9	2005 04.09	38×4.8×5	9.3	8.1	12.9
合计					97.0	49.1	49.4

3. 非常规探索阶段(2011—2020年)

2011~2013年，共完钻8口，平均完钻井深4384m，平均水平段长871m，平均钻遇率83.3%，根据投产效果分析，泥页岩、泥质白云岩储层产能低，致密砂岩储层初期产能较高(日产油10.5~40.0t)。

4. 深化应用(2020年至今)

2020年以来，东濮老区共部署水平井24口，实钻目的层平均厚度3.3m，平均水平段长415m，平均钻遇储层381m，平均钻遇油层312m，储层钻遇率91.9%，油层钻遇率75.2%，多项指标创油田纪录，三开制水平井平均完钻井深4277m，建井周期84.4d；比2021年和2022年井深分别增加539m、227m，周期缩短49.2%、6.3%；机械钻速从2021年的3.3m/h，提高到10.5m/h，提高218.2%。二开制水平井平均完钻井深2934.8m。2023年，东濮压裂水平井7口，设计控制储量97.4×10^4t，实际控制储量82.25×10^4t，达标率80.8%；设计日产油99.5t，投产初期日产油42.4t。水平井投产情况见表1-1-47，非常规探索阶段水平井投产情况见表1-1-48。

表 1－1－47 水平井投产情况

油藏类型	油田	井号	改造模式	设计油量/t	初期生产情况			达产率/%
					日产液/t	日产油/t	含水/%	
特低渗	文南	文 72－平 102	体积压裂	15	21.5	6.5	69.8	43.3
	文南	文 72－平 201	体积压裂	15	7.4	4.5	39.2	124
	文南	文 72－平 202	体积压裂	15	24.8	3.2	87.1	21.3
	文南	文 72－平 203	体积压裂	15	10.6	6.3	40.6	42
	濮城	卫 43－平 201	体积压裂	14.5	71.2	12.9	81.9	101.4
一般低渗	马寨	卫 349－平 2	水力喷射	8	6	2.5	58.3	27.5
低渗	濮东	庆 85－平 1	水力喷射	7	11.4	2	82.5	37.1
合计				99.5		42.4		56.8

（三）存在不足及改进方向

1. 存在不足

①大温差、长水平段井给固井带来新的挑战。一是随着中原工区水平井逐步向深层和长水平段发展，尤其是非常规水平井，产层一次性返至地面，水泥浆在井眼中运移时间长，在大温差、长水平段条件下，固井工艺及水泥浆体系将面临新的挑战。二是从整个水平井固井施工及质量情况来看，有效控制井眼轨迹，防止“锯齿”型井眼，井径扩大率控制在10%以内，固井质量才能得到充分保障。个别井存在“糖葫芦”井眼，造成驱替效果不理想。

②储层变化大、剩余油分布复杂，部分井注采关系认识难度大、补能不及时，地质工程一体化深度不够，导致特低渗与致密油藏水平井产能产率低，钻井复杂故障仍未完全消除，总体效果未达到预期。

2. 改进方向

①开展技术攻关，优化提升大温差、长水平段条件下水泥浆体系性能，强化深井超高压清水替浆固井工艺技术措施，为后续深层水平井固井做好技术储备。

②提升地质工程一体化作战能力，提高施工效率效果。以“高效实现储量动用”为原则，进一步转变观念、精细研究、协同决策，重视对工程风险关键地质要素研究，一体化指导提高工程实践效率效果，通过多专业一体化决策，实现地质研究与工程技术相互协同、多维度优化，形成最优解决方案，实现储量动用的最大化和效益化。

③东濮凹陷水平井因其埋藏深、钻遇地层复杂和水平段长等特点，需要从井身结构设计上考虑满足水平段有效延伸要求，在井眼轨道设计上加强轨道类型、靶前位移和井眼曲率的研究，以降摩减阻为核心优化钻井工程设计。

表 1－1－48 非常规探索阶段水平井投产情况

储层类型	井号	完钻井深(斜/垂)/m	水平段长/m	油套类型	投产方式	投产效果					目前状况
						初产		累计产量 2019.02.20			
						油/t	气/m^3	投产日期	油/t	气/10^4m^3	
泥页岩	卫 68－FP1	4570/3122	1300	裸眼滑套	压裂(11 段)	3.9	325	2012.2.25	1103.0	2.3	2015.1 低能关井
	濮 1－FP1	3801/2409	1195	裸眼滑套	压裂(10 段)	2.5	312	2012.2.8	3670.2	67.6	采油
致密砂岩	卫 383－FP1	4496/3613	724	裸眼滑套	压裂(6 段)	20.5	1205	2012.2.11	540.3	2.1	2012.6 事故关井
	白庙平 1	4380/3806	496	P110	压裂(7 段)	40.0	19200	2010.5.4	4276.1	771.2	
	文 133－平 1	3934/3295	502	P110	压裂(3 段)	21.0	2632	2012.2.26	5843.5	116.8	采油
	卫 383－FP2	4134/3405	552	BG150	射孔	10.5	865	2012.2.29	854.0	0.3	2015.1 关井
	白－平 2HF	5374/3991	1334	P110	压裂(9 段)	14.5	37500		1608.7	756.3	2018.3 低能关井
	文 88－FP1	钻至 4130m 井眼垮塌卡钻									

七、套管开窗侧钻技术

20 世纪 90 年代初期，中原油田出现了产量递减，新钻井投资高，综合效益低，同时因井下落物、套损等严重破坏注采井网，为恢复注采井网，加大剩余油挖潜力度，提高油田开发综合效益，工程技术人员开展了套管开窗侧钻技术攻关，1994 年，第一口开窗侧钻井成功实施，该技术已经成为中原油田低成本开发调整挖潜的主导性特色钻井技术。

(一)技术原理

套管开窗侧钻技术就是在油水井的某一特定深度固定一个导斜器，利用斜面的造斜和导斜作用，用铣锥在套管的侧面开窗，从窗口另钻新的井眼，然后下尾管固井完成的一整套工艺技术。

(二)技术特点及指标

1. 技术特点

①侧钻井可以充分利用老井场和原井的上部井筒，利用原井集输管线，节省投资。

②侧钻井可使老井复活，使老油田恢复产能。

③利用侧钻技术，在事故井、报废井等井筒中侧钻，实施定向井、水平井，挖掘剩余油开发潜力。

2. 特色技术

经过多年科研攻关，中原油田已形成套管开窗工具优化技术、小井眼提速提效技术、深部双层套管开窗技术等特色技术。

(1)套管开窗工具优化技术

①斜向器：

斜向器由单一平面到弧面、双直道导向不断优化，固定方式由水泥固封到液压坐封，目前采用的液压卡瓦锚定一体式斜向器，坐封开窗由两趟钻缩短到了一趟钻，如图 1－1－17 所示。

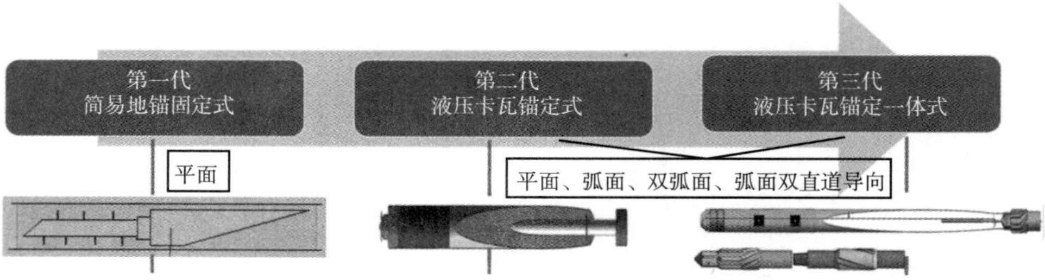

图 1－1－17　液压卡瓦锚定一体式斜向器改进历程示意图

②铣锥：

根据开窗套管的钢级壁厚、层数及斜向器结构，优选配套铣锥，基本实现了单层套管单只铣锥完成，双层套管 1～2 只铣锥完成。开窗成功率达到了 99% 以上。

单式铣锥由接头、柱状体、锥体三部分组成，只有一个锥度的切削刃，如图 1－1－18 所示。在铣锥的侧面和底部都有切削刃，可对开出的窗口扩大切削，用侧面的刃对窗口修整。

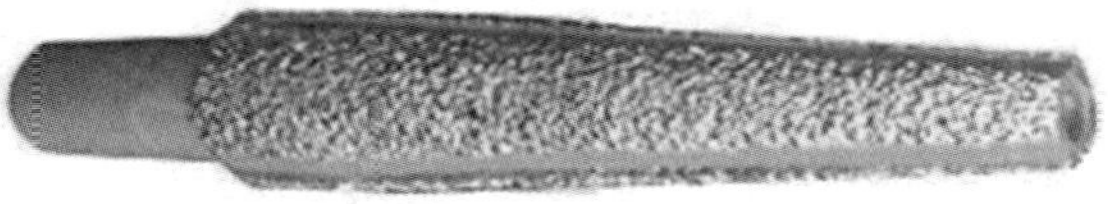

图 1－1－18　单式铣锥示意图

复式铣锥有底部切削刃、第二锥度 6°～10°的刀刃，第三段锥体斜度与定向器斜度基本相同，最上一段锥度为 0°，主要作用是修整窗口。锥体是由四个不同锥度的锥体组成的，每个锥体的侧面都有切削刃，如图 1－1－19 所示。

钻铰式铣锥由上接头、球形体、矩形刀片、棱形刀片、嵌焊在其上面的 YD 型硬质合金对焊焊条及不同几何形状的硬质合金块组成，如图 1－1－20 所示。钻铰式铣锥开窗速度快，窗口平整、圆滑，不形成死台阶。

图 1－1－19　复式铣锥示意图

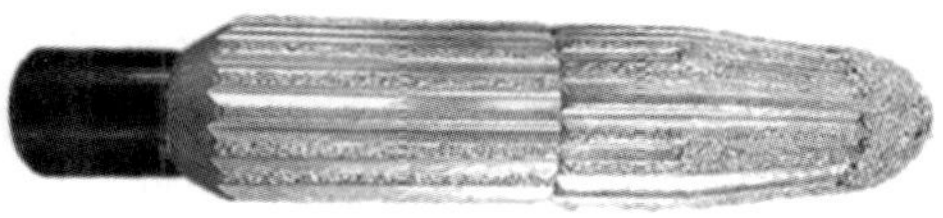

图 1－1－20　钻铰式铣锥示意图

(2)套管开窗参数优化技术

套管开窗参数优化技术将外径 ϕ139.7mm 套管开窗时间由 24～36h 缩短到了 4～6h，具体技术参数见表 1－1－49。

表 1－1－49　ϕ139.7mm 套管开窗技术参数表

开窗阶段	钻压/kN	钻速/(r/min)	参考进尺/m
初始阶段	5～10	40～50	0～0.50
骑套阶段	20～50	60～80	0.50～1.50
出套阶段	5～10	60～80	1.50～2.00
试钻阶段	10～60	60～80	2.00～4.00
修窗阶段	0～5	90～100	0.00～2.00

(3)深部双层套管开窗技术

①双层套管开窗点选择：

在双层套管开窗侧钻过程中，开窗铣锥有一个由上至下、从里到外的过程，在油层套管(油套)、水泥环、技术套管(技套)和地层岩石间进行不均匀的偏心接触与切削。由于套管钢级不同，组合可分为双层套管钢级相当、内硬外软、内软外硬 3 种组合形式。

根据油套与技套的相对位置，有 3 种特殊情况：油套贴边居左(大斜度处 2 层套管紧贴井眼低边方向)、油套居中、油套贴边居右(大斜度处 2 层套管紧贴井眼高边方向)，如图 1－1－21 所示。

在选择开窗位置时，既要满足新钻井井眼轨迹的需要，又要参考老井固井质量与井斜大小，将开窗点确定在井斜较小、固井质量优良的井段，杜绝在老井井斜大且固井质量差的井段进行双层套管开窗，避免因老井井斜大、油套不居中、油套与技套环空间隙大，而导致的开窗过程中斜向器脱落及铣锥放空等情况的发生。

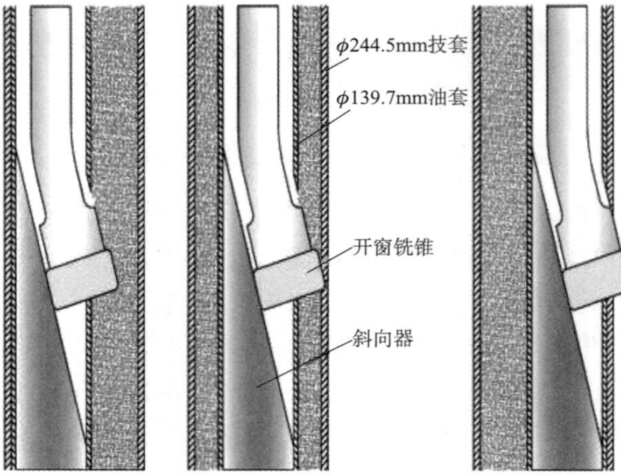

图 1－1－21　油套相对技套的 3 种特殊位置

②双层套管专用配套开窗工具包括加长型液压卡瓦斜向器(图 1－1－22)和特制加强复式铣锥(图 1－1－23)。

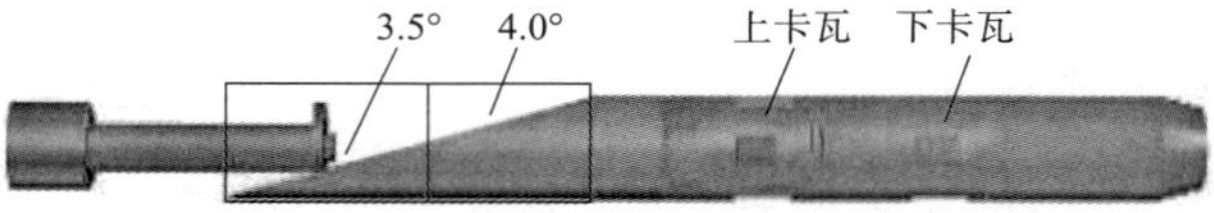

图 1－1－22　加长型液压卡瓦斜向器

加长型液压卡瓦斜向器：由导向器和坐封器构成。导向器结构：采用双角度超硬复合斜面结构确保定向准确，实现 1 次起下钻完成定向坐封。斜向器整体长度加长至 4.50m，使坐挂卡瓦位置整体下移 1.5～2m，确保下窗口距斜向器上卡瓦有足够的安全距离，提高其坐挂的可靠性。常规斜向器与加长型液压卡瓦斜向器性能指标对比见表 1－1－50。

表 1－1－50　常规斜向器与加长型液压卡瓦斜向器性能指标对比

名称	钢级	本体长度/m	斜面长度/m	卡瓦数量/组	斜面角度/(°)	液压缸数量/个
常规斜向器	高硬	3.48	2.00	2	3.0	1～2
加长型斜向器	超硬	4.50	1.70	2	3.5～4.0	3

加强型复式铣锥：针对厚壁、高强度双层套管，采用双切削刃复合超硬材质切削齿的布齿方案，优化铣锥的齿面结构，延长切削齿使用寿命，增强抗冲击能力，如图 1－1－24 所示；增加锥体冠部破窗齿的数量，实现整个开窗的快速切削，有利于快速分叉，达到快速开窗并脱离老井眼的目的。特制复式铣锥性能指标见表 1－1－51。

图 1－1－23　特制加强铣锥

图 1－1－24　锥体冠部破窗齿

表 1-1-51 特制复式铣锥性能指标表

规格	外形尺寸/(mm×m)	锥体组成	部齿材料
加长	118×1.0	3组	硬质合金
加强	118×1.2	4组	巴拉斯齿

(3)小井眼提速提效技术

①高效 PDC 钻头：

PDC 钻头更改为螺旋刀翼，提高了钻头稳定性；调整了复合片仰角，增强了钻头攻击性；加大了排屑槽深度，提高了排屑效果，平均机械钻速达到 5.94m/h。

牙轮钻头示意图如图 1-1-25 所示，PDC 钻头示意图如图 1-1-26 所示。

图 1-1-25 牙轮钻头示意图

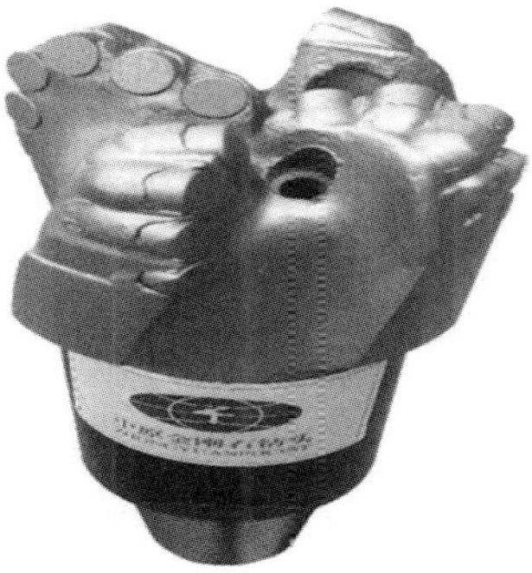

图 1-1-26 PDC 钻头示意图

②水力振荡器等提速工具：

在大斜度和水平井施工中，水力振荡器等工具推广使用，有效降低了井下摩擦阻力，缓解了钻具托压问题，滑动钻进机械钻速明显提高。水力振荡器如图 1-1-27 所示。

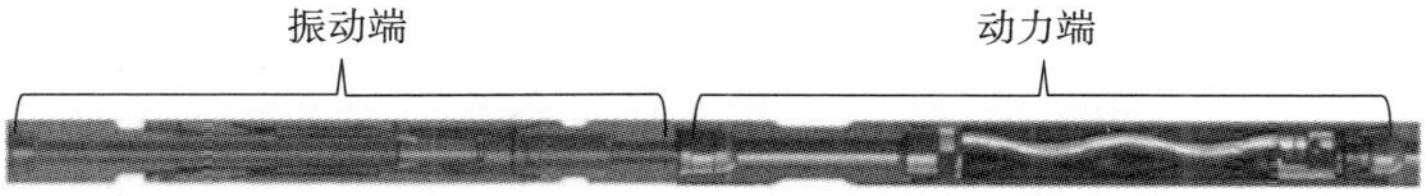

图 1-1-27 水力振荡器示意图

③扩眼工具：

采用液压井径扩眼器进行钻后扩眼，扩眼器由本体、活塞、刀翼总成和领眼等部分组成，如图 1-1-28 所示，作业时液流在活塞的喷嘴处产生压降，使刀翼外张进行扩眼，停泵后刀翼回收。液压井径扩眼器技术指标见表 1-1-52。

表 1-1-52 液压井径扩眼器技术指标表 mm

系列	侧钻套管尺寸	侧钻井眼尺寸	油层尾管尺寸	完井内径	油层套管接箍	套管与井眼环空间隙	接箍与井眼环空间隙
常规系列1	177.8	152.4	127	108.62	141.3	12.70	5.55
常规系列2	177.8	152.4	114.3	99.56	127	19.05	12.70
常规系列3	139.7	118	95	82.25	108	11.50	5.00

续表

系列	侧钻套管尺寸	侧钻井眼尺寸	油层尾管尺寸	完井内径	油层套管接箍	套管与井眼环空间隙	接箍与井眼环空间隙
常规系列4	139.7	118	88.9	73	108	14.55	5.00
扩眼系列1	177.8	152.4/180	139.7(无接箍)	124.26	139.7	20.15	20.15
扩眼系列2	177.8	152.4/180	127	108.62	114.3	26.50	19.35
扩眼系列3	139.7	118/140	114.3(无接箍)	99.56	114.3	12.85	12.85
扩眼系列4	139.7	118/140	108(无接箍)	94.8	108	16.00	16.00
扩眼系列5	139.7	118/140	95	82.25	108	22.5	16.00

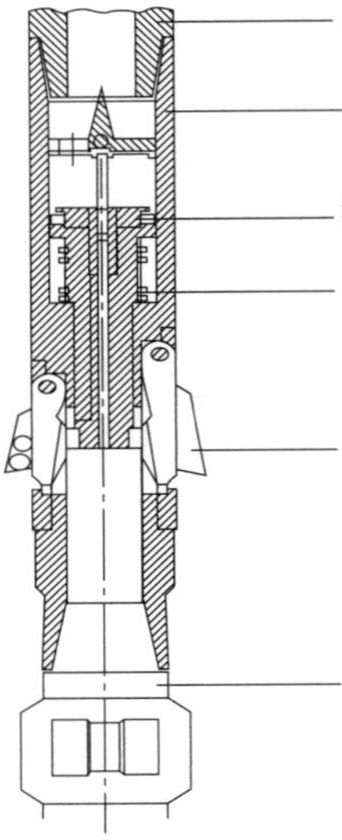

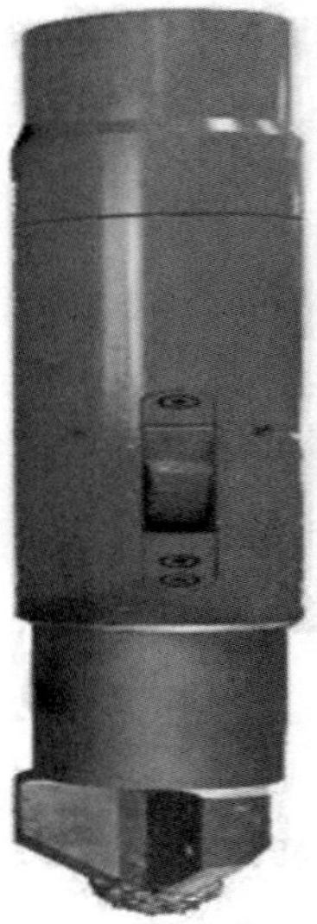

图1－1－28 液压井径扩眼器

④低压耗钻杆：

为解决深部地层双层套管开窗侧钻井循环泵压高的问题，中原油田联合钻具生产厂家研制了 ϕ79.4mm 直连型钻杆(见图1－1－29)。通过加大环空间隙与钻具内径，达到减少循环压耗，降低泵压的目的。同时钻杆接头采用无接箍设计，两端镦粗加厚成型，减小了接头外径，增大了接头内径，避免了原钻杆接头摩擦堆焊易造成焊缝断裂的隐患，提高了钻杆强度。目前，中原油田3000m以上 ϕ139mm 套管开窗侧钻井全部使用低压耗钻杆，实现了降低循环压耗18%，抗拉、抗扭提高近20%。直连型钻杆性能指标参数见表1－1－53。

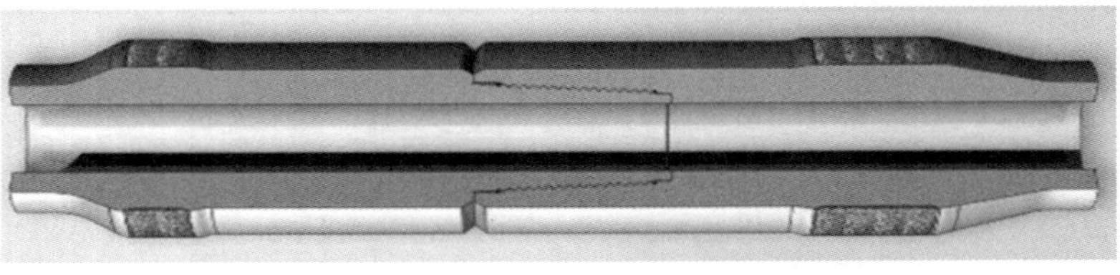

图1－1－29 直连型钻杆接头内部结构

表 1－1－53　直连型钻杆性能指标参数

指标	参数	指标	参数
外径/mm	79.38	螺纹形式	ZY31
公称质量/(kg/m)	22.38	壁厚/mm	9.35
钢级	G105	加厚形式	EU
接头外径/mm	102	公(母)接头内径/mm	54(54)
管体内锥面长度/mm	42～48	管体外加厚长度/mm	95～100

⑤钻井液优化设计技术：

小井眼钻井间隙小、循环压耗高，对钻井液防塌性、润滑性、携岩能力等性能要求高，攻关钻井液体系、新型助剂，满足小井眼对井壁稳定性、润滑性及携岩能力等三个方面技术要求，完善了钻井液体系及维护措施。

3. 技术指标

中原油田应用套管开窗侧钻井技术先后创下多项历史纪录：开窗点最深深度 3441m、完钻井最深 4115m、裸眼段最长 1549m、水平位移最大 793m、钻井液密度最高 2.10g/cm^3。开窗处套管层数以单层套管开窗为主，双层套管开窗井数逐年增加；开窗处套管钢级：N80、P110，少量 TP130T 壁厚 16.9mm(新卫 315H 井等)。套管开窗侧钻井常用钻井液体系及适用范围见表 1－1－54。2021—2023 年套管开窗侧钻技术指标见表 1－1－55。

表 1－1－54　套管开窗侧钻井常用钻井液体系及适用范围表

钻井液体系	适用范围
聚合物	适用于东营组以下不含有盐膏层钻井施工
盐水聚合物	适用于井深≤2800m、地层含有盐膏层或出水严重的地层钻进施工
KCl 聚合物	适用于地层存在盐膏层或水敏性较强的泥页岩、含膏泥岩的地层钻进
复合盐聚合物	适用于地层大于＞2800m、存在盐膏层或水敏性较强的泥页岩、含膏泥岩的地层钻进
饱和盐水	适用于含文九盐、卫城盐、文 23 盐、沙二上盐及易失稳泥岩、泥页岩地层
生物质合成基	适用于含盐膏(文九盐、文 23 盐等)、沙二、沙三下等易失稳泥岩、泥页岩地层，高难度复杂井、开窗侧钻井

表 1－1－55　2021—2023 年套管开窗侧钻技术指标表

时间	开钻口	完井口	进尺/10^4m	钻速/(m/h)	建井周期/d	搬迁周期/d	钻井周期/d	完井周期/d	平均井深/m	平均裸眼段长度/m
2021 年	94	94	6.83	4.79	31.88	7.49	15.48	8.91	2870	725.77
2022 年	123	119	10.16	5.52	29.5	6.99	14.6	7.91	2914	822.82
2023 年	72	76	6.98	6.04	30.58	7.58	15.2	7.8	3067	958.20
平均			7.99	5.45	30.65	7.35	15.09	8.21	2950	835.60

(三)应用情况

自 1994 年中原油田首次实施侧钻井至今，已累计实施 2000 余口，完钻井深大于

3000m 井有 300 多口。近三年来，技术人员始终遵循“科学提速”思路，把控细节，逐步形成了《东濮侧钻井施工推荐作法 4.0 版》。通过现场应用，完善了注采井网，保障油气稳产的攻关目标，对中原油田低成本效益开发起到了重要支撑作用。

第二节 录井技术

录井是用岩矿分析、地球物理、地球化学等方法结合现代信息技术，观察、采集、记录、分析随钻过程中的地质、工程信息，建立岩性地层剖面、发现油气显示、评价油气层、监测工程异常、评估钻井风险，并为石油工程其他专业提供井场信息服务的技术。

录井技术按工作内容可分地质录井、综合录井、特殊项目录井三大类别。在生产实践中，形成了适应不同区块、不同油藏类型特征的录井系列。录井技术在油田发展的不同阶段都发挥了极为重要的作用，为油气勘探开发事业做出了突出贡献。

一、录井系列

目前发现的东濮凹陷油藏类型多样，既有常规的构造油气藏、地层油气藏、岩性油气藏和古潜山油气藏等，也有新开发的非常规页岩油、页岩气、致密砂岩和煤层气等。不同的油藏类型对录井技术系列的需求不同，因此不同级别、不同井型需要形成其对应的录井技术系列。

(一) 碎屑岩油气藏录井系列

探井录井系列包括：地质录井、气测录井、工程录井、定量荧光录井、岩石热解录井、热蒸发烃气相色谱录井、核磁共振录井、碳酸盐含量分析、钻井取心录井、岩心扫描、荧光薄片鉴定、铸体薄片鉴定、综合地质导向录井等。

根据探井勘探油藏类型的地质需求不同，选录项目包括：X 射线衍射矿物录井、X 射线荧光光谱元素录井、岩屑图像录井、薄片鉴定、激光共聚焦、随钻地层压力监测录井、有机碳分析等。

开发井录井系列包括：地质录井、气测录井、工程录井、岩石热解录井、钻井取心录井、岩心扫描、综合地质导向录井等。

根据探井勘探油藏类型的地质需求不同，选录项目包括：定量荧光录井、热蒸发烃气相色谱录井、薄片鉴定、荧光薄片鉴定、铸体薄片鉴定等，见表 1－2－1。

表 1－2－1 东濮凹陷碎屑岩油气藏录井系列

序号	项目名称	探井		开发井	
		目的层	非目的层	目的层	非目的层
1	地质录井	●	●	●	○
2	气测录井	●	●	●	●
3	工程录井	●	●	●	●
4	定量荧光录井	●	○	○	

续表

序号	项目名称	探井		开发井	
		目的层	非目的层	目的层	非目的层
5	岩石热解录井	●	○	●	
6	热蒸发烃气相色谱录井	●	○	○	
7	轻烃气相色谱录井				
8	X 射线衍射矿物录井	○			
9	X 射线荧光光谱元素录井	○			
10	泥页岩密度				
11	岩屑图像录井	○	○		
12	碳同位素录井				
13	自然伽马录井				
14	薄片鉴定	○	○	○	
15	激光共聚焦	○			
16	核磁共振录井	●	○	○	
17	碳酸盐含量分析	●	○		
18	页岩气解析				
19	随钻地层压力监测录井	○	○		
20	有机碳分析	○	○		
21	岩心扫描	●（取心井）	●（取心井）	●（取心井）	
22	荧光薄片鉴定	●（取心井）	○（取心井）	○（取心井）	
23	铸体薄片鉴定	●（取心井）	○（取心井）	○（取心井）	
24	综合地质导向录井	●（水平井）		●（水平井）	
25	离子色谱				
26	氦气分析				

注：“●”表示应录项；“○”表示选录项。

（二）页岩油气藏及致密砂岩油气藏录井系列

探井录井系列包括：地质录井、气测录井、工程录井、定量荧光录井、岩石热解录井、热蒸发烃气相色谱录井、X 射线荧光光谱元素录井、碳同位素录井、薄片鉴定、核磁共振录井、碳酸盐含量分析、钻井取心录井、岩心扫描、荧光薄片鉴定、铸体薄片鉴定、综合地质导向录井等。

根据探井勘探油藏类型的地质需求不同，选录项目包括：X 射线衍射矿物录井、岩屑图像录井、页岩气解析、随钻地层压力监测录井、有机碳分析等。

开发井录井系列包括：地质录井、气测录井、工程录井、X 射线荧光光谱元素录井、薄片鉴定、碳酸盐含量分析、钻井取心录井、岩心扫描、综合地质导向录井等。

根据探井勘探油藏类型的地质需求不同，选录项目包括：定量荧光录井、岩石热解录井、热蒸发烃气相色谱录井、碳同位素录井等，见表 1－2－2。

表 1－2－2 东濮凹陷页岩油气藏及致密砂岩油气藏录井系列

序号	项目名称	探井		开发井	
		目的层	非目的层	目的层	非目的层
1	地质录井	●	●	●	○
2	气测录井	●	●	●	●
3	工程录井	●	●	●	●
4	定量荧光录井	●	○	○	
5	岩石热解录井	●	○	○	○
6	热蒸发烃气相色谱录井	●	○	○	
7	轻烃气相色谱录井				
8	X 射线衍射矿物录井	○			
9	X 射线荧光光谱元素录井	●	○	●	○
10	泥页岩密度				
11	岩屑图像录井	○	○		
12	碳同位素录井	●		○	
13	自然伽马录井				
14	薄片鉴定	●	●	●	○
15	激光共聚焦				
16	核磁共振录井	●	○		
17	碳酸盐含量分析	●	○	●	○
18	页岩气解析	○			
19	随钻地层压力监测录井	○			
20	有机碳分析	○	○		
21	岩心扫描	● （取心井）	● （取心井）	● （取心井）	
22	荧光薄片鉴定	● （取心井）	○ （取心井）		
23	铸体薄片鉴定	● （取心井）	○ （取心井）		
24	综合地质导向录井	● （水平井）		● （水平井）	
25	离子色谱				
26	氦气分析				

注：“●”表示应录项；“○”表示选录项。

(三)碳酸盐岩及火成岩油气藏录井系列

探井录井系列包括：地质录井、气测录井、工程录井、定量荧光录井、岩石热解录井、热蒸发烃气相色谱录井、X射线荧光光谱元素录井、薄片鉴定、核磁共振录井、碳酸盐含量分析、钻井取心录井、岩心扫描、荧光薄片鉴定、铸体薄片鉴定等。

根据探井勘探油藏类型的地质需求不同，选录项目包括：X射线衍射矿物录井、岩屑图像录井、随钻地层压力监测录井等。

开发井录井系列包括：地质录井、气测录井、工程录井、岩石热解录井、X射线荧光光谱元素录井、碳酸盐含量分析、钻井取心录井、岩心扫描等。

根据探井勘探油藏类型的地质需求不同，选录项目包括：定量荧光录井、热蒸发烃气相色谱录井等，见表1-2-3。

表1-2-3　东濮凹陷碳酸盐岩及火成岩油气藏录井系列

序号	项目名称	探井		开发井	
		目的层	非目的层	目的层	非目的层
1	地质录井	●	●	●	○
2	气测录井	●	●	●	●
3	工程录井	●	●	●	●
4	定量荧光录井	●	○	○	
5	岩石热解录井	●	○	●	○
6	热蒸发烃气相色谱录井	●	○	○	
7	轻烃气相色谱录井				
8	X射线衍射矿物录井	○			
9	X射线荧光光谱元素录井	●	○	●	○
10	泥页岩密度				
11	岩屑图像录井	○	○		
12	碳同位素录井				
13	自然伽马录井				
14	薄片鉴定	●	●	●	○
15	激光共聚焦				
16	核磁共振录井	●	○		
17	碳酸盐含量分析	●	○	●	○
18	页岩气解析				
19	随钻地层压力监测录井	○			
20	有机碳分析	○	○		
21	岩心扫描	● (取心井)	● (取心井)	● (取心井)	
22	荧光薄片鉴定	● (取心井)	○ (取心井)		

续表

序号	项目名称	探井		开发井	
		目的层	非目的层	目的层	非目的层
23	铸体薄片鉴定	● （取心井）	○ （取心井）		
24	综合地质导向录井				
25	离子色谱				
26	氦气分析				

注："●"表示应录项；"○"表示选录项。

二、综合录井技术

综合录井是在钻井过程中应用电子技术、计算机技术及分析技术，借助分析仪器进行各种石油地质、钻井工程及其他随钻信息的采集（收集）、分析处理，进而达到发现油气层、评价油气层和实时钻井监控目的的一项随钻录井技术。综合录井主要包括地质录井、气测录井、钻井液参数录井、工程参数录井等四项内容。

目前，综合录井技术广泛应用于中原油田油气勘探活动的钻探过程。它不仅在新区勘探过程中对参数井、预探井、探井有广泛的应用，而且在老区开发过程中开发井、调整井的施工也有着十分明显的作用。

（一）地质录井

常规地质录井主要包括钻时录井、岩屑录井、岩心录井、荧光录井、钻井液录井、井壁取心等。常规地质录井以其经济实用、方便快捷和获取现场第一手实物资料的优势，在整个油气田的勘探开发过程中一直发挥着重要的作用。

应用实例：赵5井、何302井、何301井、何3井沙二下亚段地层对比图（如图1－2－1所示）表明，何302井实钻垂深4062.3m钻遇断层，断距不详。从顶界埋深、厚度变化对比，各砂组顶底界埋深由北向南变深，相应的砂组沉积厚度变化不大。从岩性特征对比，各对比井岩性特征一致，均以紫红色泥岩、浅灰色粉砂岩为主，砂岩成组性好。从电性标志来看，整体上各砂组电性对比关系清晰，泥岩标志层稳定，其中3－5砂组电性对比关系最为明显，地层对比性好。

（二）气测录井

气测录井是在钻井过程中，应用专门仪器直接测定钻井液中天然气总含量和组分，及时发现油、气显示，是钻探过程中发现油气层、判断油气性质、估计油气产能的有效方法。主要测量参数包括，全烃、C_1、C_2、C_3、C_4、C_5等烃类成分，H_2、CO_2、CO、H_2S等非烃类成分。

在现场录井中，气测录井主要记录沿井深剖面的钻时曲线、全烃曲线、色谱分析（包括CH_4、C_2H_6、C_3H_8、正丁烷、异丁烷、H_2、CO_2）曲线，以及定点测量的钻井液含气饱和度、后效显示。在对上述资料整理、分析的基础上，再结合钻井参数、钻井液参数和岩心岩屑等资料，即可对油气层做出综合解释和评价。

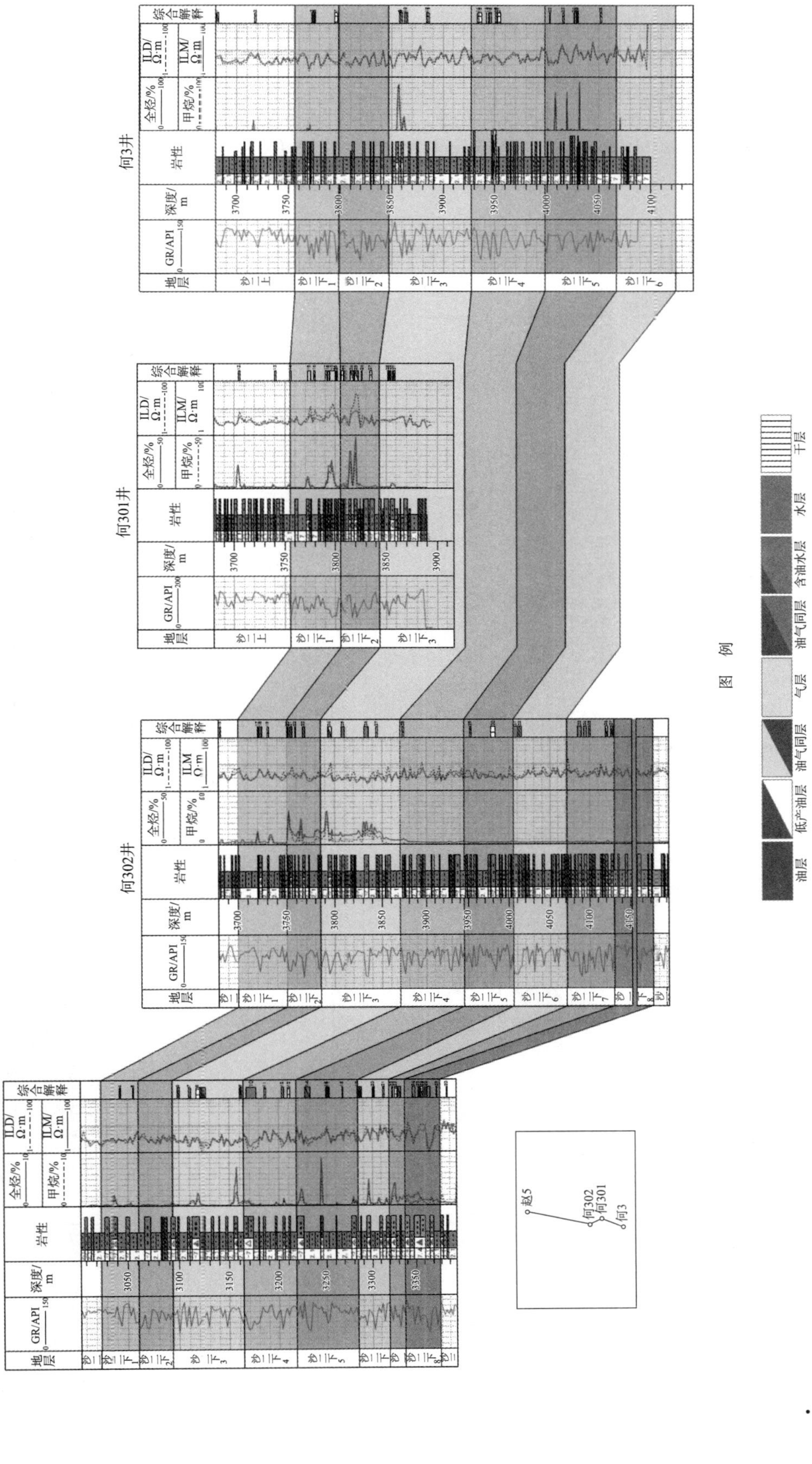

图1-2-1 赵5井、何302井、何301井、何3井沙二下亚段地层对比图

后效显示实例分析如图 1－2－2 所示：何 302 井钻开沙二下亚段油气层后效显示表明，与单独钻开沙二上亚段油气层后效显示相比，采用的钻井液密度为 1.55g/cm^3，显示值明显增高，且气测曲线形态呈现双峰特征(如图 1－2－2 所示)，说明对后效显示有贡献作用的油气层为非单一油气层段，且沙二下亚段钻遇油气显示较好，全烃最高值为 25.188%，综合考虑该后效显示对应的油气层位置深度为沙二上亚段 3528.50m 和沙二下亚段 3720.10m。

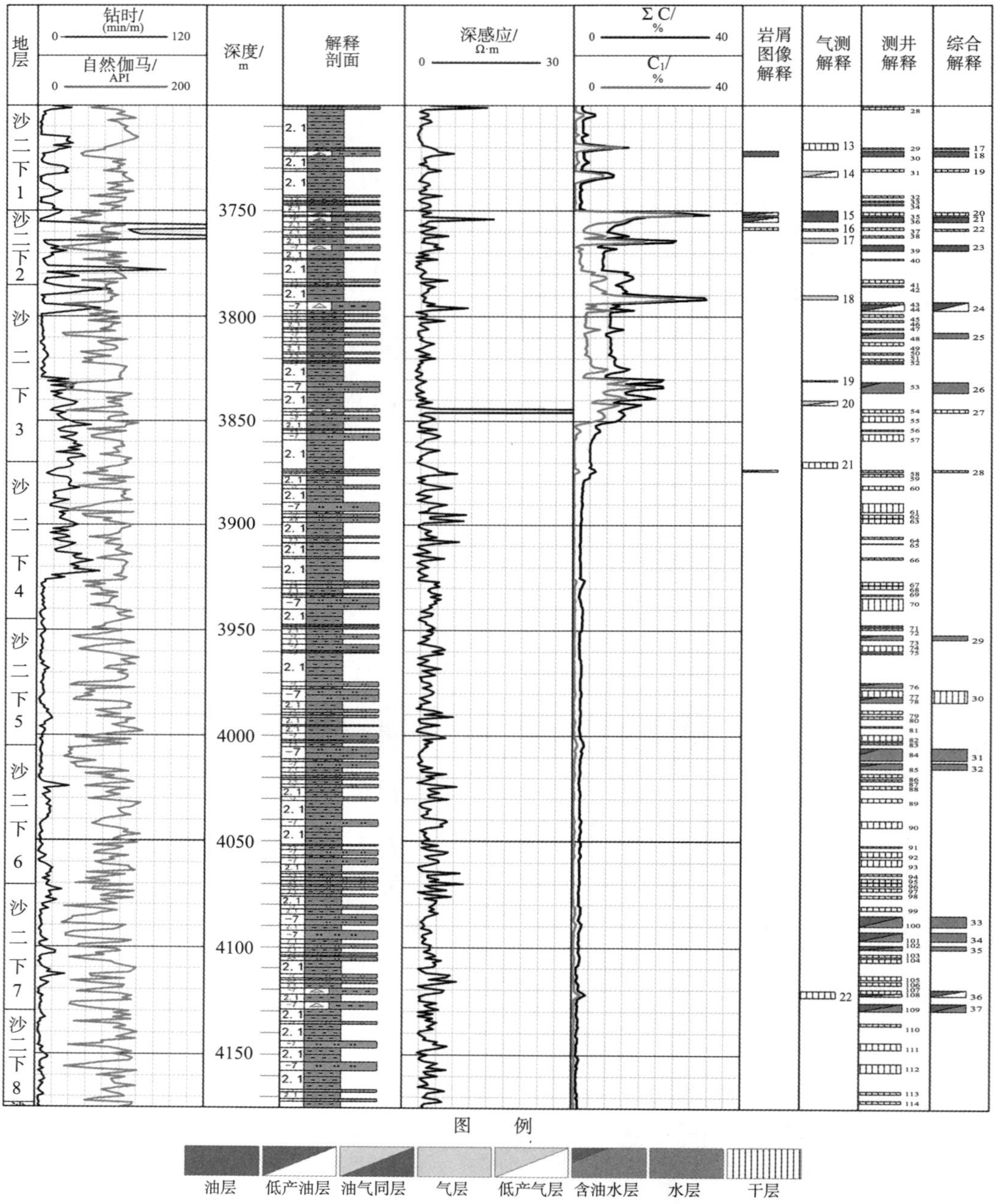

图 1－2－2　何 302 井沙二下亚段油气显示综合图

利用色谱气测资料进行油、气、水层解释的方法有很多，下面仅就其中的几种进行简介。

1. 利用全烃和重烃数值识别油、气、水层

(1)油层和气层的区别

油层和气层都含有重烃，油层中重烃含量比气层高，而且还包含了丙烷以上的烃类气体。气层中的重烃含量不仅低，而且重烃成分只有乙烷和丙烷，没有丙烷以上的烃类气体。所以，油层表现为全烃和重烃数值同时升高，且二者差值较小；气层则表现为全烃数值很高，重烃数值很低，且二者差值很大。

(2)水层的识别

由于某些水层中含有少量的溶解烃类气体，因而水层的气测值也会升高，有的水层全烃和重烃同时升高，有的水层全烃升高，重烃无异常。但水层的气测值要远比油层低。

2. 利用色谱气测解释图版解释油、气、水层

在经过试油证实的油、气、水层中，取钻井液样品或试油时的气样进行色谱分析，将分析的数据作为标准数据，三角图版为一个三角形坐标系，三个顶点为三个坐标轴的零点，各轴上对应 C_2/Sum、C_3/Sum、C_4/Sum，其中 Sum 代表各气体组分之和。皮克斯勒图版在等间隔的横坐标上标出气体组分，以纵坐标代表各组分体积分数的对数值，在图上将分析结果点同一样品数据点用折线连接，即得色谱气测的标准图版(如图 1－2－3 所示)。具体应用时是将钻井过程中气测组分分析结果，用同样的方法作图，并将其与标准图版对比，从而判断油、气、水层。但应用时应尽可能使用同一层位、同一构造的图版。

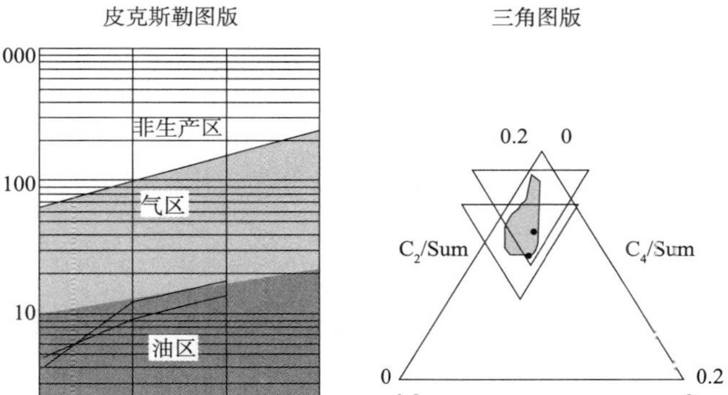

图 1－2－3 气测解释图版识别流体性质

(三)钻井液参数录井

利用综合录井仪，连续监测钻井液入口流量、出口流量、进出口密度、进出口温度、进出口电导率、池体积、黏度、失水、氯离子含量等参数。录井工作人员根据以上参数变化情况，分析判断地层油气显示及井涌、井漏等井下复杂情况。

(四)工程参数录井

利用综合录井仪，连续监测钻压、悬重、泵冲、转盘转速、立管压力、套管压力、扭矩、钻时等参数。录井工作人员根据以上参数变化情况，分析判断憋跳钻、放空、卡钻等工程异常情况。

三、特殊录井技术

为弥补常规录井方法在特殊钻井、复杂地质条件下精细评价等方面的不足而采用的辅助录井技术，统称为特殊录井项目。

(一)激光扫描共聚焦录井技术

1. 技术简介

应用激光技术对岩石样品逐点、逐行、逐层扫描，三维微米级重构成像，形成岩石孔隙、微裂缝、孔喉结构、含油性立体图，为现场快速提供及时精确的岩石物性及含油性参数(如图 1－2－4 所示)。

图 1－2－4　激光扫描共聚焦录井仪

2. 技术特点

分析精度高，分析周期短，识别精度可达 0.2μm，样品要求低，可实现一体化评价储层物性和含油性特征。

3. 适用范围

现场对小粒径(1mm 以上)岩石的孔隙度、孔隙(裂缝)结构、含油特征进行可视化、高精度、快速度、一体化分析评价。

4. 应用实例

濮 7601 井采用该技术开展页岩油含油性赋存状态分析(如图 1－2－5 所示)，助力东濮页岩油勘探开发。

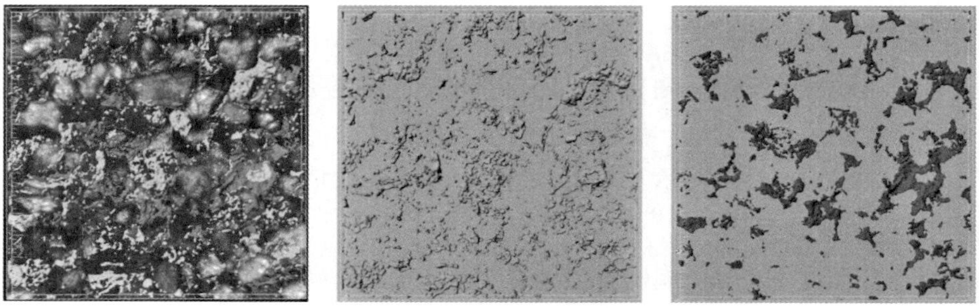

图 1－2－5　濮 7601 井激光扫描共聚焦含油性分析

(二)岩屑数字图像录井技术

1. 技术简介

随钻采集放大(放大倍数约20~70倍)后的高清晰的普通光照射下的明场岩屑图像与紫外光照射下的暗场岩屑荧光图像，经过图像处理技术分割，分类计算获得混合岩屑岩性组成与含油荧光特征，进行岩性定名与含油性评价。

2. 技术特点

利用图像特征建立岩性识别模型、含油性识别模型。

3. 适用范围

解决PDC、空气钻井等特殊钻井条件下细小岩屑岩性、含油性采集、分析、识别、应用等技术难题，可实现录井现场随钻对岩性、含油性的快速评价，大幅提高复杂岩性、含油性识别评价的实效性和准确性。

4. 应用实例

何302井采用岩屑数字图像录井技术，解决PDC+螺杆复合钻井情况下的岩屑油气显示识别问题。录井显示井段3721.8~3724.3m，1层2.5m，层位：沙二下亚段。地质录井：灰色油迹粉砂岩，荧光湿、干照呈浅黄色斑点状，滴照呈亮黄色斑块状，四氯化碳浸泡液浅黄色，荧光灯下呈乳黄色，系列对比9级，HCl^{+}。岩屑图像录井：含烃系数2.03~2.43，含烃面积1.85%~5.26%，含烃丰度19.99%~34.03%，岩屑图像解释油层1层2.5m(如图1-2-6所示)。

图1-2-6 何302井3722.0m岩屑图像暗场、明场图

(三)X射线元素录井技术

1. 技术简介

X射线元素(荧光)录井是利用高能X射线照射岩样，检测岩样中不同元素产生的X射线荧光的能量及强度来确定岩样中化学元素种类及含量，根据元素组成特征进行岩性及地层识别的录井技术。

2. 技术特点

X射线元素录井仪可分析出30多种元素，常用的有19种元素，分析周期短，分析精度高，样品用量少，获取地层信息量大。

3. 适用范围

X 射线元素录井技术能够较好地反映地层岩性特征，用于识别岩性，对比划分地层，脆性矿物定量评价，水平井轨迹跟踪导向，沉积环境分析。

4. 应用实例

以文 319 井沙三中 9、沙三下 3 为例，砂岩地层：Si、Al 是判别砂泥岩地层的 2 种特征元素，其交汇图特征明显。泥页岩地层：Si、Ca、Fe 是判别页岩与砂岩、泥岩地层区分的 3 种特征元素，其交汇图特征明显(如图 1－2－7 所示)。

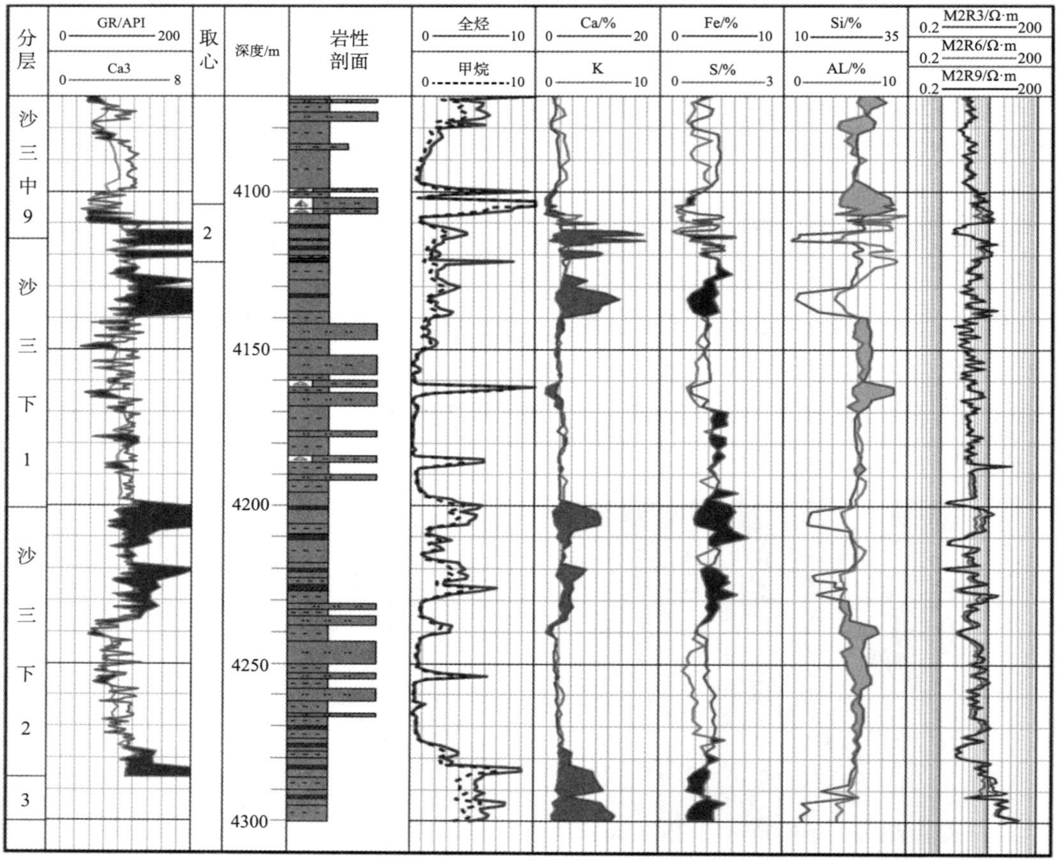

图 1－2－7　文 319 井 X 射线元素录井图

(四)地化录井技术

1. 技术简介

地化录井技术是根据有机质热裂解原理，利用岩石热解仪随钻对岩石样品进行分析，进而对烃源岩和储层进行评价的录井方法。

2. 技术特点

地化录井技术直接测量储层中烃类物质丰度、组成特征，快速分析样品，适应于现场生产，准确识别真假油气显示，对现场岩心、岩屑、井壁取心及钻井液样品中的烃类物质定量分析、定量评价，对烃类物质组成进行精确分析，得出每种组分的相对含量。

3. 适用范围

直接以储层、烃源岩为研究对象，对地层中与油气密切相关的烃信息进行研究，开展油气层解释与评价、水淹层解释与评价、储层产能早期预测、评价烃源岩等。

4. 应用实例

濮7601H井采用地化录井技术，对烃源岩开展评价，分析表明，沙三上的样品地化值大多分布在Ⅱ2区域，部分分布在Ⅲ区域；沙三中主要分布在Ⅱ1－Ⅱ2区域，综合评价本井有机质类型整体为Ⅱ1－Ⅱ2型。沙三段暗色泥岩及页岩地化样品参数指标T_{max}值整体在432～450℃之间，为正常成熟的烃源岩。

(五)XRD全岩分析录井技术

1. 技术简介

X射线衍射分析(XRD)是利用晶体形成的X射线衍射，对物质进行内部原子在空间分布状况的结构分析技术。将具有一定波长的X射线照射到结晶性物质上时，X射线因在结晶内遇到规则排列的原子或离子而发生散射，散射的X射线在某些方向上相位得到加强，从而显示与结晶结构相对应的特有的衍射现象(如图1－2－8所示)。

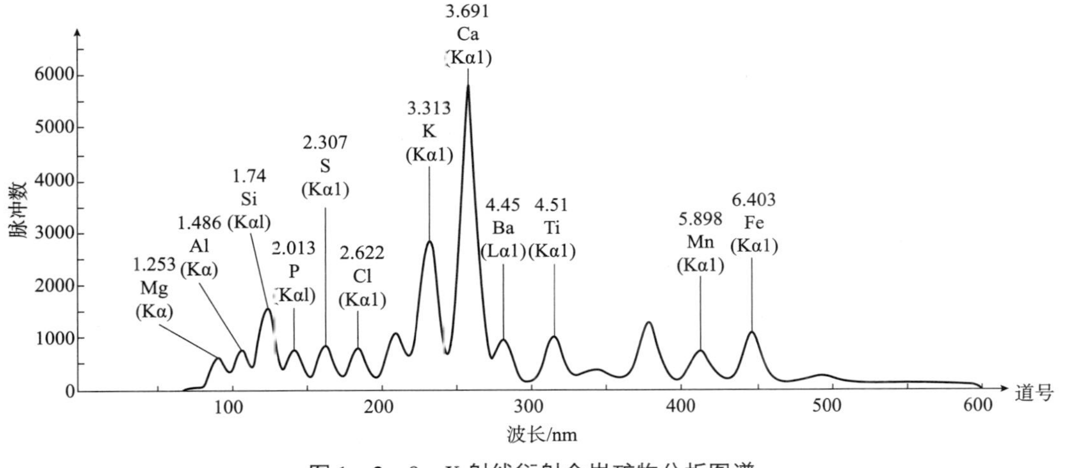

图1－2－8 X射线衍射全岩矿物分析图谱

2. 技术特点

XRD主要用于粉末、块状或薄膜样品的物相定性、定量分析、晶体结构分析、材料结构分析、晶体的取向性分析、宏观应力或微观应力的测定、晶粒大小测定、结晶度测定。

3. 适用范围

XRD全岩分析录井技术是一种新型岩屑岩性量化分析技术，可以满足复合钻井条件下的岩屑描述、岩性准确定名，岩石物理性质分析等录井施工要求，也可以分析岩心，可有效提升各种岩性和地层的判断精度。

第三节　测井技术

测井，也称为地球物理测井，其原理是采用声、电、核、磁等物理测量方法，应用电子及计算机等技术，利用下井仪器沿着井筒连续记录随深度变化的地层参数形成测井曲线，通过测井资料解释与评价，得到地层的岩性、孔隙度、渗透率及含油饱和度等参数，来识别地下的岩层，划分油、气、水层等。

一、测井(完井测井)方法与工艺

(一)测井方法的分类

按照测量原理的不同，常见的石油测井方法可分为以下几类：

①电法测井是以岩石的导电性质为基础的测井方法，如：普通视电阻率测井、感应测井、侧向测井、微电阻率扫描测井等。

②声波测井是以岩石的声学性质为基础的测井方法，如：声速测井、声幅测井、声成像测井等。

③核测井是以岩石的原子物理及核物理性质为基础的测井方法，如：自然伽马测井、中子测井、密度测井、核磁测井等。

④电化学测井是以岩石的电化学性质为基础的测井方法，如：自然电位测井等。

⑤其他测井方法，如地层倾角测井、井温测井、井径测井、井壁取心等。

(二)测井系列及服务内容

中原油田东濮及内蒙工区测井系列选择参见表 1－3－1。

表 1－3－1　测井系列选择

测井内容	深度比例	测量项目	备注
标准测井	1：500	自然伽马、自然电位、2.5m 梯度、井径、连斜	
组合测井	1：200	自然伽马、声波、补偿中子、岩性密度、自然电位、微电极(微球)、双感应－八侧向、井径、连斜、井温、流体电阻率	盐水钻井液选择微球
特殊测井		地层倾角、地层压力测试、阵列感应、微电阻率成像、核磁共振	根据地质需求加测
工程测井	1：200	磁定位、自然伽马、声幅－变密度(或 SBT)	

(三)测井工艺

1. 电缆测井技术

电缆测井是应用时间最早、应用时间最长、应用范围最广的测井工艺。其原理是利用测井电缆给下井仪器供电并控制下井仪器工作状态，同时将测井数据信息传输到地面操作系统，完成数据的采集和存储。

2. 钻具输送电缆测井

钻具输送电缆测井是一种常用的水平井测井工艺，测井仪器和钻输工具的公接头连接在钻杆的底部，随同钻杆下至井内预定深度，钻输工具的母接头由电缆通过钻具水眼下至井内预定深度，实现母接头与公接头在井下机械连接，由钻具推送下井仪器实现测井。

3. 存储式测井

在测井过程中将测井数据存储在下井仪器内，测井操作系统同时记录时间、深度数据，测井完毕后存储数据与时深数据匹配形成测井曲线文件。

(1)钻具输送无电缆存储式测井

如图1-3-1所示，将测井仪器悬挂在专用的保护钻具内随钻具入井，测井仪器被运送到目的层后，通过释放器将仪器泵送至裸眼井段，测井仪器开始工作，起钻的同时按照预定的工作模式进行数据采集和存储。仪器所需要的电能由井下电池提供。测量完毕后，下井仪器随钻具上提到井口，完成测井作业。

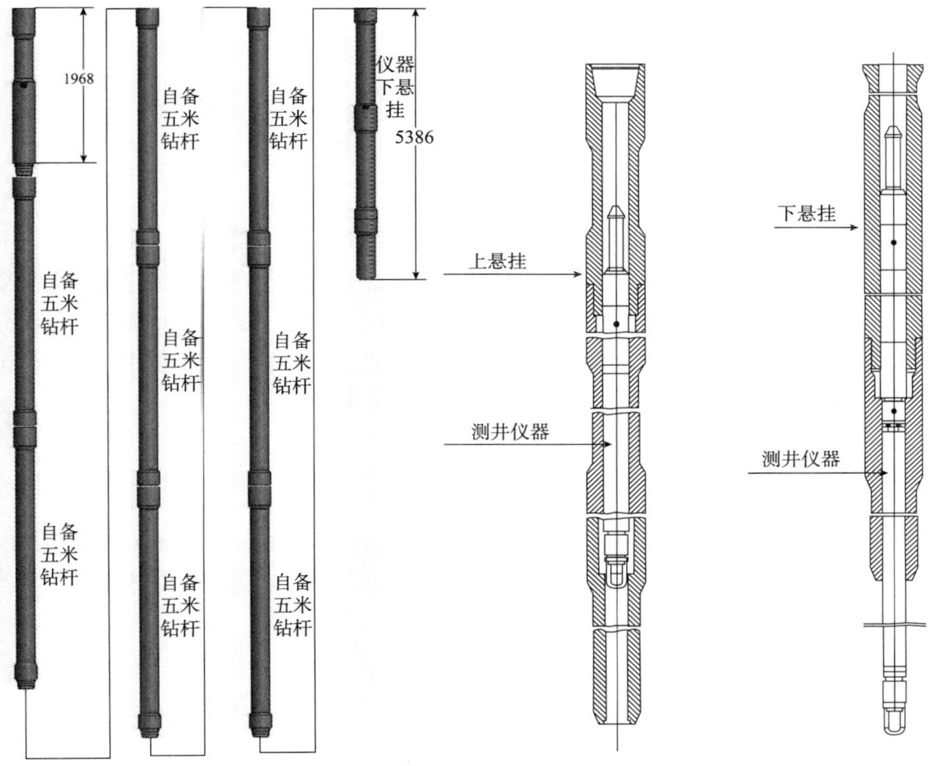

图1-3-1　保护套组合及悬挂器结构示意图(单位：mm)

(2)直推式存储式测井

直推式存储式测井将测井仪器通过过渡短节直接连接在钻具(油管)底部，使用钻具(油管)传输至测量井段，随钻具下放、上提完成两次测井资料采集，并将测井数据存储在下井仪器内部，无需测井电缆，一次下井可完成所有测井项目。

(3)过钻头存储式测井

过钻头测井实现了“通测一体化”，测井前在钻具下面连接专用开孔钻头，将钻具下放至目的层段底部后，利用测井电缆牵引或泥浆泵送的方式，将测井仪器从钻具水眼内输送至裸眼井段，仪器挂接在钻具底部的悬挂短节中，起出电缆后，起钻测井与数据采集，并将数据存储在下井仪器内部。过钻头测井井下组件组成见图1-3-2。

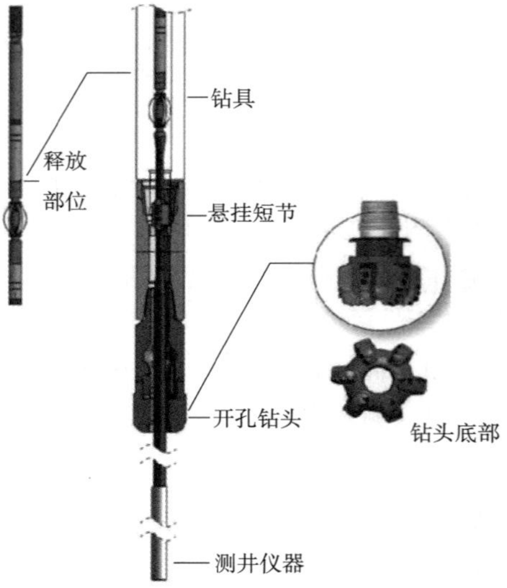

图 1－3－2　过钻头井下组件

4. 爬行器(牵引器)输送测井

爬行器是在水平及大斜度套管井内输送测井仪器的工具。当测井仪器在水平井或大斜度井无法依靠重力继续下放至目的井段时，爬行器能利用自身的动力装置将测井仪器输送到目标井段。与钻杆输送相比，爬行器输送节约施工时间，减轻劳动强度，降低施工风险；与连续油管输送方式相比，成本低，能够输送更远的距离。目前开展的业务有生产测井、固井质量检测、补测裸眼测井项目、桥塞射孔联坐等。

二、测井系统

中原油田东濮及内蒙工区在用测井系统有成像测井系统 EXCELL2000、ECLIPS5700，快速平台测井系统 HH2530、SDZ5000(包含 70 小井眼仪器)和过钻头存储式测井系统。测井项目及主要技术指标见表 1－3－2～表 1－3－7。

三、常规测井技术

(一)电法测井仪

不同岩石以及岩石孔隙中所含的流体，其导电性是不同的，利用岩石导电性的差异来研究地质剖面和判别油气水层的方法，称为电法测井。

1. 普通电阻率测井

普通电阻率测井就是沿井身测量井周围地层电阻率的变化，主要有电极系测井和微电极测井。

根据电极间的相对位置的不同可以分为梯度电极系和电位电极系(表 1－3－8)。梯度电极系是不成对电极到邻近成对电极的距离大于成对电极间距的电极系。电位电极系是不成对电极到邻近成对电极的距离小于成对电极间距的电极系。电位电极系探测深度为其电极距的 2 倍，梯度电极系探测深度为其电极距的 1.4 倍。

表 1-3-2 EXCELL-2000 系列下井仪器主要技术指标

仪器名称	代号	测量项目	最高工作温度/℃	测量范围		测量精度	探测深度/mm	纵向分辨率/mm	适应井径范围/mm	
				低值	高值				最小	最大
高分辨率感应数字聚焦	HRIDFL	HRd	177	0.2Ω·m	2000Ω·m	±1mSm	2314	609.6	114.3	609.6
		HRm		0.2Ω·m	2000Ω·m	±1mSm	990.6	609.6		
		DFL		0.2Ω·m	2000Ω·m	±5%	431.8	<431.8		
双侧向	DLLT	LLd	177	0.2Ω·m	4000Ω·m	±5%	1524~2133.6	609.6	114.3	609.6
		LLs		0.2Ω·m	2000Ω·m	±5%	609.6~914.4	609.6		
微球聚焦	MSFL	MSFL	177	0.2Ω·m	2000Ω·m	±5%	25.4~101.6	76.2	152.4	508
补偿中子	DSNT	NPHI	177	-2%	100%	3%时，±0.1% 30%时，±0.3%	152.4	标准型 914.4 改进型 254	114.3	527.1
岩性密度	SDLT	RHOB	177	1.0g/cm^3	3.1g/cm^3	±0.01g/cm^3	38.1	标准型 838.2 改进型 139.7	139.7	558.8
		Pe		0 beV	5 beV	±1.6% 高分辨率 ±0.01	12.7	101.6 高分辨率 50.8		
长源距全波列声波	FWST	DTC1 STD2	204	131.2μs/m	623μs/m	±3.3μs/m	304.8	304.8	149	508
		WFMS							149	508
		WFFW							149	508
自然伽马	NGRT	GR	204	0API	1000API	7API	101.6~381	标准型 457.2~914.4 改进型 304.8	114.3	609.6
选择式地层测试	SFT	地层压力	177	0.1MPa	82.74MPa	标准型 ±0.1MPa， 高精度石英压力计 ±0.003MPa~ ±0.03MPa	依赖地层	标准型 0.007MPa， HP 型 0.0007MPa	158.8	349.3

续表

仪器名称	代号	测量项目	最高工作温度/℃	测量范围		测量精度	探测深度/mm	纵向分辨率/mm	适应井径范围/mm	
				低值	高值				最小	最大
井眼特性仪	BHPT	电阻率	177	0.01Ω·m	25Ω·m	±0.01Ω·m			113	610
		压力		0psi	20000psi	±1psi				
		温度		32℉	350℉	±5℉				
六臂地层倾角	SED	Pdd1～Pdd6	177	0.2Ω·m	2000Ω·m			7.62	152.4	533.4
		1号极板方位 Azi		0°	360°	±5°				
		相对方位 ROT		0°	360°	±2°				
		井眼方位 HAZi		0°	360°	±5°				
		井斜角 DEV		0°	90°	±0.4°				
		井径 Dia1～Dia3		152.4mm	533.4mm	±2.54mm				
自然伽马能谱	CSNG	GRKUT GRKT GRTH	204	0API	1500API	±5API	101.6～381	304.8	114.3	508
微电极	ML	Lateral	177	0	100Ω·m	±5%	38.1	25.4	152.4	508
		Normal		0	100Ω·m	±5%	101.6	38.1		
环周声波成象	CAST	回波旅行时间	177	40～400μs		±0.6μs	井壁表面	±0.2μs	114.3	317.5(432)
		首波幅度		5～20mV		满量程的3%		满量程的0.8%		

续表

仪器名称	代号	测量项目	最高工作温度/℃	测量范围		测量精度	探测深度/mm	纵向分辨率/mm	适应井径范围/mm	
				低值	高值				最小	最大
核磁共振	MRIL－P	孔隙度	177	0%～100%		±1% 或 ±5% 选择较大者	25.4	固定模式 609.6，高分辨率模式 1219.2，标准模式 1828.8	152.4（仪器外径 128.8mm）或 177.8（仪器外径 152.4mm）	215.9（仪器外径 128.8mm）或 406.4（仪器外径 152.4mm）
		自由流体指数		0%～100%						
		束缚体积累积		0%～100%						
		T2 分布		0.5ms～3.0s						
微电阻率成象	EMIT	微电阻率	177	0.2Ω·m	5000Ω·m（0＜RtRm＜20000）	±10%	762	5.08	158.8	533.4
		AZI1		0°	360°	±5°	22.86			
		ROT		0°	360°	±2°				
		HAZI		0°	360°	±5°				
		DEVI		0°	90°	±0.4°				
		CALS		152.4mm	533.4mm	±7.62mm				
正交偶极子声波	WSTT	MDT	177	131.2μs/m	623μs/m	±3.3μs/m	304.8～914.4	152.4	114.3	457.2
		XDT		500Hz	6kHz				114.3	406.4
		YDT		500Hz	6kHz				114.3	406.4
补偿声波	BCDT	DT	177	131.2μs/m	623μs/m	±3.3μs/m	76.2	609.6	106.25	431.8
		CBL		0	100mV	±2%		914.4		
		VDL		0	1000μs	±1μs		914.4		

表 1－3－3　ECLIPS－5700 系列井下井仪器主要技术指标

仪器名称	代号	测量项目	最高工作温度/℃	测量范围		测量精度	探测深度/mm	纵向分辨率/mm	适应井径范围/mm	
				低值	高值				最小	最大
1239 双侧向	DLL	RD RS	177℃ 工作 4h	0.2Ω·m	40000Ω·m	±5%	深标准 1397	610	139.7	576
							深格林 1067			
				0.2Ω·m	40000Ω·m		浅增强 987			
							浅标准 457			
1503 双感应八侧向	DIFL	RILD	177℃ 工作 4h	0.2Ω·m	2000Ω·m	±2mSm	1630	1524	120.7	406.4
		RILM		0.2Ω·m	2000Ω·m		810	1371.6		
		RFOC		1Ω·m	1000Ω·m		240	152.4		
3103 微电极	ML	RNML	177℃ 工作 0.5h	0Ω·m	40Ω·m	±2%	101	25.4	177.8	406.4
		RLML					38	25.4		
2446 补偿中子	CN	CN	204℃工作 2h 177℃工作 4h	－3%	100%	>7% 为 7% <7 % 为 0.5%	304.8	711.2	120.6	609.6
2228 Z 密度	ZDL	ZDEN，PE	177℃工作 0.5h 149℃工作 3h	1.3g/cm^3	3g/cm^3	±0.02g/cm^3	203.2	482.6	152.4	558.8
1309 自然伽马	GR	GR	204℃ 工作 0.5h	0API°	1500API°	±5%	152	381	120.7	406.4
1329 自然伽马能谱	DSL	K	204℃ 工作 0.5h 177℃ 工作 3h	0.04MeV	3.5MeV	±10%	304.8	381	120.7	受扶正器限制
		Th		0.04MeV	3.5MeV	±7%				
4209 三臂井径	CAL	CAL	204℃工作 1h	152.2mm	406.3mm	±5%		101	152.4	406.4

续表

仪器名称	代号	测量项目	最高工作温度/℃	测量范围		测量精度	探测深度/mm	纵向分辨率/mm	适应井径范围/mm	
				低值	高值				最小	最大
1668 多级了阵列声波	MAC	单级	200℃工作2h 177℃工作8h	40μs/m	300μs/m	纵波 DT 5%		152.4	114	455
		偶级		80μs/m	1000μs/m	横波 DT 3%		1066.8		
1016EA－1010MA 地层倾角	DIP	AZ	190℃工作1h	0°	360°	1.5°			152.4	533
		DAZ		0°	360°	1.5°				
		DEV		0°	90°	0.25°				
		CAL		152mm	553mm	±2%				
		PAD		0.2Ω·m	1000Ω·m					
		TEN		0kg	2270kg					
1515 高分辨率阵列感应	HDIL		200℃工作1h 175℃工作4h	0.1Ω·m	2000Ω·m	±2%	120IN	TRUE 2FT 4FT	114.3	508
							90IN			
							60IN			
							30IN			
							20IN			
							10IN			
1680 数字声波	DAL	AC	204℃工作2h 177℃工作8h	128μs/m	650μs/m	±5μs/m		152.4	114	
扇区水泥胶结	SBT	AT VDL	204℃工作0.5h 149℃工作3h	0DBFT	22DBFT	10%		7.62	101.6	393.7
井温泥浆电阻率	TTRM		200℃工作0.5h 177℃工作8h	0lbs 0℃ 0Ω·m	12000lbs 230℃ 10Ω·m	5%			114.5	

续表

仪器名称	代号	测量项目	最高工作温度/℃	测量范围		测量精度	探测深度/mm	纵向分辨率/mm	适应井径范围/mm	
				低值	高值				最小	最大
4401XA 井斜方位仪	ORIT	AZ	204℃工作1h	0°	360°	1.5°			101.6	
		DAZ		0°	360°	9°~90°为1.5° 5°~9°为6.0° 1°~5°为10°				
		DEV		0°	90°	0.25°				
		CAL		139.7mm	533.4mm	±6.35mm				

表1-3-4 HH2530系列井下井仪器主要技术指标

仪器名称	代号	测量项目	最高工作温度/℃	测量范围		测量精度	探测深度/mm	纵向分辨率/mm	适应井径范围/mm	
				低值	高值				最小	最大
双感应	DIS	ILD	175	0.2Ω·m	2000Ω·m	±3mSm	1600	609.6	114.3	609.6
		ILM		0.2Ω·m	2000Ω·m	±3mSm	800	609.6		
双侧向	DLS	LLd	175	0.2Ω·m	40000Ω·m	0.2~1Ω·m 20% 1~2000Ω·m ±5% 2000~5000Ω·m 10% 5000~40000Ω·m 20%	2700	600	114.3	558.8
		LLs		0.2Ω·m	2000Ω·m		800	600		
微球聚焦	MFS	MSFL	175	0.2Ω·m	2000Ω·m	0.2~200Ω·m 20% 200~1000Ω·m ±5% 1000~2000Ω·m 15%	100	250	140	558.8
		CALI		152.4mm	533.4mm	±0.25in			140	558.8

续表

仪器名称	代号	测量项目	最高工作温度/℃	测量范围		测量精度	探测深度/mm	纵向分辨率/mm	适应井径范围/mm	
				低值	高值				最小	最大
连斜	BDS	DEVI	175	0°	180°	±0.2°			114.3	610
		AZIM		0°	360°	±2°				
		AZI1		0°	360°	±2°				
		RB		0°	360°	±2°				
补偿中子	CNS	NPHI	175	0%	85%	0～10PU　±1%	152	914.4	114.3	533.4
						10～45PU　±10%				
四臂独立井径	D4C	CAL1－4	175	101.6mm	558.8mm	±6.35mm			114.3	558.8
岩性密度	LDS	RHOB	175	1.0g/cm^3	3.0g/cm^3	±0.015g/cm^3	50～240	360	140	610
		PEF		1.0Pe	14Pe	±0.5Pe				
自然伽马能谱	SGS	TH	175	0API°	500API°	1.5×10^{-6}	300	500	114.3	610
		U				1.5×10^{-6}				
		K				0.10%				
自然伽马	TGR	GR	175	0API°	2000API°	6.00%	300	500	114.3	610
三参数	TTR		175	0.01Ω·m	5Ω·m	1.00%			114.3	610
	TEMP			0℃	175℃	0.1℃				
	HTEN			－2200kg	6000kg	±10kg				
高分辨率声波	HRAS	DT	175	131.2μs/m	656μs/m	6.56μs/m		304.8	114.3	457.2

表 1－3－5　SDZ5000 系列井下井仪器主要技术指标

仪器名称	代号	测量项目	最高工作温度/℃	测量范围		测量精度	探测深度/mm	纵向分辨率/mm	适应井径范围/mm	
				低值	高值				最小	最大
双感应八侧向	SDZ 51305131	ILD	175	0.2Ω·m	2000Ω·m	±2mSm 或 3%	1630	609.6	120.7	381
		ILM		0.2Ω·m	2000Ω·m	±2mSm 或 3%	810	609.6		
		LL8		1.0Ω·m	1000Ω·m	±2mSm 或 3%	330			
双侧向	SDZ5060	LLd	175	0.2Ω·m	40000Ω·m	0.2～1Ω·m 20% 1～2000Ω·m ±5%	2540	600	152.4	406.4
		LLs		0.2Ω·m	40000Ω·m	2000～5000Ω·m 10% 5000～40000Ω·m 20%	760	736.6		
四臂井径微球微电极	SDZ5120	MSFL	175	0.2Ω·m	2000Ω·m	0.2～2Ω·m10% 2～200Ω·m ±5% 200～2000Ω·m10%	100	250	140	558.8
		CALI		152.4mm	533.4mm	±6.35mm				
		Rmc		0.06Ω·m	50Ω·m	0.06～0.198Ω·m10% 0.198～50Ω·m ±7%	25.4	101.4		
连斜	SDZ5000	DEVI	175	0°	120°	±0.2°			114.3	610
		AZIM		0°	360°	±2°				
补偿中子	SDZ5070	NPHI	175	0%	75%	0～10 ±1% 10～45 ±10%	304.8	711.2	114.3	381.6
自然伽马	SDZ5040	GR	175	0API°	1500API°	±7.00%	304.8	381	121	610
三参数	SDZ5010	Rm	175	0.01Ω·m	5Ω·m	±1.00%			114.3	610
		TEMP		0℃	175℃	0.1℃				
		TEN		－2200kg	6000kg	±10kg				
声波	SDZ5111	DT	175	130μs/m	650μs/m	±2μs/m			127	305

表1-3-6 电极系分类

类型	电位电极系				梯度电极系			
	单极供电		双极供电		单极供电		双极供电	
	正装	倒装	正装	倒装	正装	倒装	正装	倒装
图示	*A* *M* *N*	*N* *M* *A*	*M* *A* *B*	*B* *A* *M*	*A* *M* *N*	*N* *M* *A*	*M* *A* *B*	*B* *A* *M*
电极距	AM	AM	AM	AM	AO	AO	AO	AO
电极系名称	单极供电正装电位电极系	单极供电倒装电位电极系	双极供电正装电位电极系	双极供电倒装电位电极系	单极供电正装(底部)梯度电极系	单极供电倒装(顶部)梯度电极系	双极供电正装(底部)梯度电极系	双极供电倒装(顶部)梯度电极系

电极系据测井要求不同主要有4m梯度、2.5m梯度、双侧向电极、取心电极等。

微电极测井是为提高纵向分辨能力而设计出的一种贴井壁测量的特殊装置。如图1-3-3所示，在微电极主体上，装有两个弹簧片扶正器，弹簧片之间的夹角为180°，在其中一个弹簧片上有硬橡胶绝缘板把供电电极 A 和测量电极 M_1M_2 按直线排列。微电极曲线是由微电位和微梯度两条电阻率曲线组成。微电位电极系($A0.05M_2$)，电极距为0.05m；是微梯度电极系($A0.025\ M_1 0.025M_2$)，电极距为0.0375m。微梯度电极系的探测范围一般为4~5cm，微电位电极系的探测范围为7~9cm。

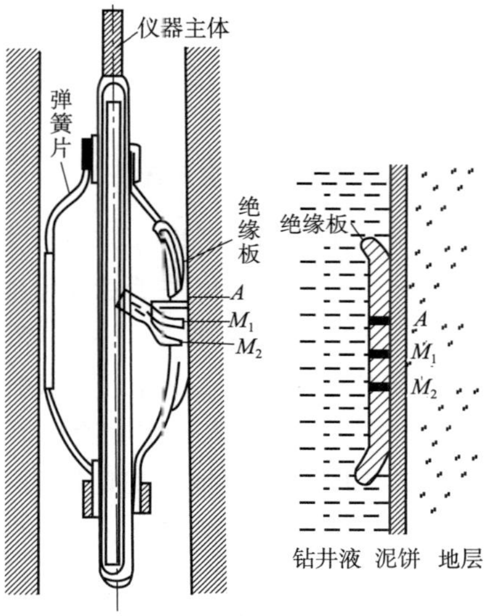

图1-3-3 微电极测量原理

测井资料用途如下：

电极系用于砂泥岩剖面划分地层剖面，进行地层对比，计算地层真电阻率，确定油气水层。微电极可以划分岩性剖面，确定地层界面，划分储层有效厚度，确定冲洗带电阻率和泥饼厚度。

2. 自然电位测井

(1)测量原理

在井内，当地层水含盐浓度和钻井液含盐浓度不同时，引起离子的扩散作用和岩石颗粒对离子的吸附作用；当地层压力与钻井液压力不同时，在地层空隙中发生过滤作用。这些在井壁附近产生的电化学过程会产生自然电动势，形成自然电场。

(2)测井资料用途

在砂泥岩地层剖面中主要用于判断岩性、划分渗透层、估算泥质含量、确定地层水电阻率，结合其他测井资料判断油气水层和水淹层，进行地层对比和沉积相研究等。

3. 双感应－八侧向测井

(1)测量原理

双感应－八侧向测井仪由双感应和八侧向组成，双感应－八侧向测井是为了在油基泥浆井中测量地层电阻率，利用电磁感应原理，研究交变电场的特性来反映地层电导率的一种测井方法如图1－3－4所示。

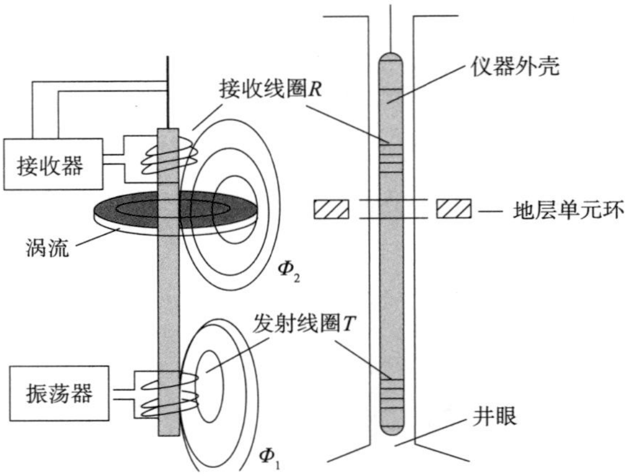

图1－3－4　感应测量原理

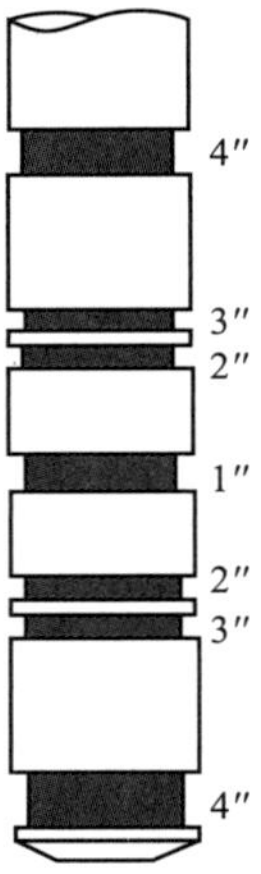

图1－3－5　八侧向电极系

深感应电动势反映了原状地层中的涡流大小及地层电导率，中感应电动势反映了侵入带地层中的涡流大小及电导率。

八侧向电极系如图1－3－5所示，以1号电极为中心，上、下对称排列着2号、3号和4号电极，加上仪器外壳，共八个电极。1号电极的主电流是沿垂直于井壁的方向流入地层的，电流的大小与地层的电阻有关，测量主流的大小，就可以计算出地层的视电阻率。

(2)测井资料用途

双感应－八侧向测井适用于淡水泥浆、油基泥浆(八侧向除外)和空气钻井条件下中低阻地层剖面，测量原状地层电阻率、侵入带电阻率和冲洗带电阻率。根据深、中、浅径向探测深度的三个地层电阻率，可判断油(气)层、水层，划分地层剖面，求取地层真电阻率，定量计算储层含油气饱和度，冲洗带可动油、残余油气体积，进行地层对比。

4. 双侧向测井

(1)测量原理

如图1－3－6所示，双侧向测井的电极系有9个电极。主电极A_0位于中央，在A_0上下对称排列4对电极。电极M_1、M_1'和N_1、N_1'为两对监督电极，电极A_1、A_1'和A_2、A_2'为两对聚焦电极(也称屏蔽电极)。深侧向的回流电极B和测量参考电极N在“无限远处”。

深探测时，主电流层进入地层深处后才逐渐发散。由于探测深度深，它所测的视电阻率接近地层的真电阻率。进行浅探测时，主电流层进入地层不远的地方就发散了，探测深度浅，所测得的视电阻率受侵入带的影响较大。

(2)测井资料用途

双侧向测井适用于高矿化度泥浆和高阻薄层剖面，主要是划分岩性剖面，确定地层真电阻率，计算油气饱和度，判断油(气)、水层，在高阻地层也可以用于裂缝识别。

5. 微球型聚焦测井

(1)测量原理

微球型聚焦测井测量地层冲洗带的电阻率(Rx_o)，它的极板电极系采用曲率可变的软极板，其形状和电流分布如图1－3－7所示。A_0是主电极，为矩形，在极板的中央，由里向外依次是测量电极M_0、屏流电极A_1、监督电极M_1、M_2，它们都为矩形环状。仪器外壳为主电流I_0的回路电极B。

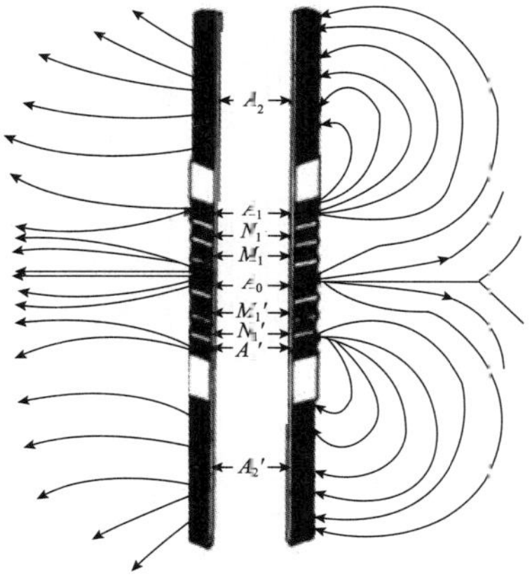

图1－3－6　双侧向测量原理

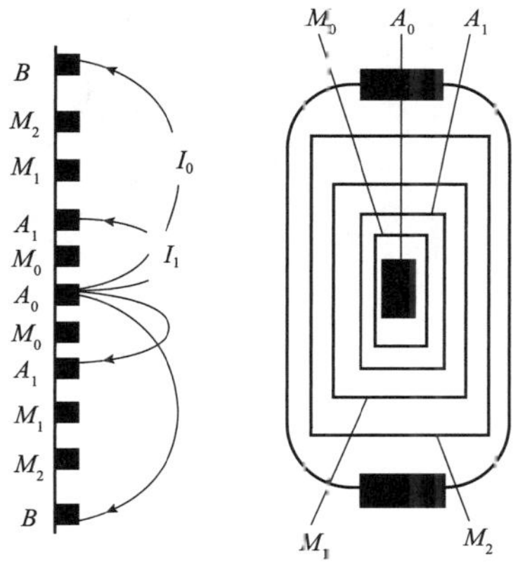

图1－3－7　微球型聚焦电流线分布

(2)测井资料用途

测井资料用于求冲洗带电阻率，划分薄层，进行深电阻率侵入校正。

(二)声波测井仪

1. 补偿声波测井

(1)测量原理

补偿声波测井是指利用声波在不同岩石中传播时，速度、幅度以及频率的变化和不同来研究地质剖面的声学特性，计算地层孔隙度、评价固井质量的一种测井方法。

(2)测井资料用途

补偿声波和数字声波测井用于判断地层岩性，识别气层和裂缝，确定地层的孔隙度，检测压力异常和断层，合成地震记录。

2. 声幅、变密度测井

(1)测量原理

声幅、变密度测井属于声波测井的一种，其原理是利用水泥和泥浆(或水)声阻抗的较大差异对沿套管轴向传播的声波的衰减影响来反映水泥与套管间、套管与地层的胶结质量。下井仪器主要包括声系和电子线路两部分，如图 1－3－8 所示。声系包括发射探头和接收探头，源距 3 英尺和 5 英尺，3 英尺的用于声幅测量，5 英尺的用于变密度的测量。变密度图采用调辉记录和调宽记录得到，声波全波列信号正半周记录为黑条，信号幅度越大，黑条灰度越强，宽度越宽，黑条越宽，负半周记录为白条。

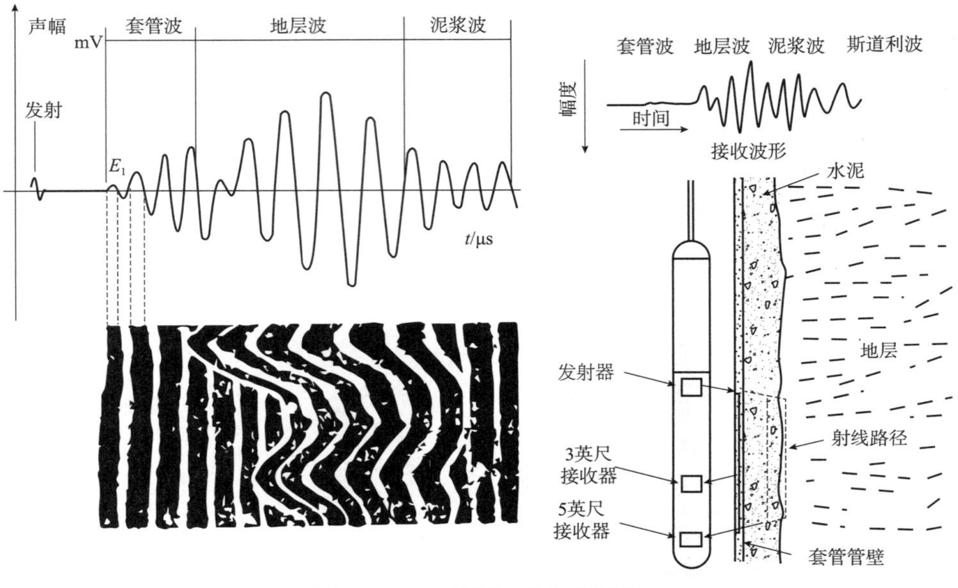

图 1－3－8　声幅、变密度测量

(2)测井资料用途

测井资料用于评价第一界面即套管与水泥和第二界面即水泥与地层的胶结状况。

3. 扇区水泥胶结测井仪(SBT)

扇区水泥胶结测井是在声波变密度测井仪的基础上发展起来的固井质量评价测井仪器，它能沿着套管整个圆周纵向和横向(沿套管圆周)测量水泥胶结质量。常用的扇区水泥胶结测井有幅度型和衰减型两种类型，其中幅度型在中原油田全面推广应用。

(1)测量原理

①衰减型扇区水泥胶结测井仪结构如图 1－3－9 所示，仪器利用装在推靠器极板上的 12 个高频定向超声波换能器的声系来定量测量套管周围 6 个 60°区块。仪器共有 6 个推靠臂，每个推靠臂上装有发射和接收换能器，依靠电机把换能器极板紧贴在套管内壁上。仪器应用短源距补偿测量，使得测量结果消除了重泥浆、含气井内流体及快速地层的影响。

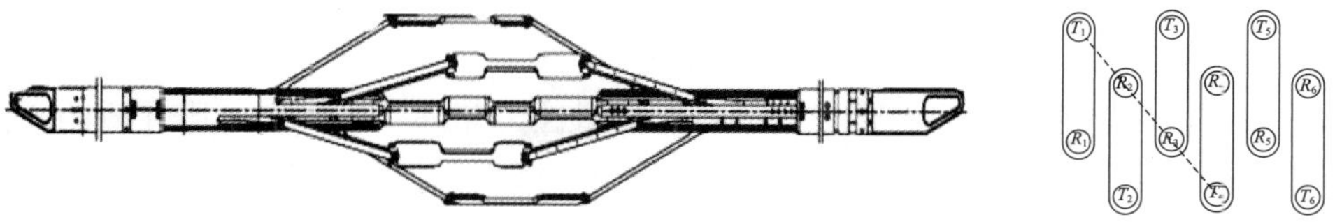

图 1-3-9　衰减型 SBT 测井仪结构图

②幅度型扇区水泥胶结测井仪结构如图 1-3-10 所示，仪器距离发射探头 3 英尺的声波接收探头组之间设计源距 2 英尺的 8 组收发探头，发射 100kHz 的声脉冲，接收探头和 3 英尺源距接收器一样只接收波列中首波的幅度，每一组探测范围为 45°，根据这 8 个扇区的声幅可作出套管外水泥分布的剖面图。

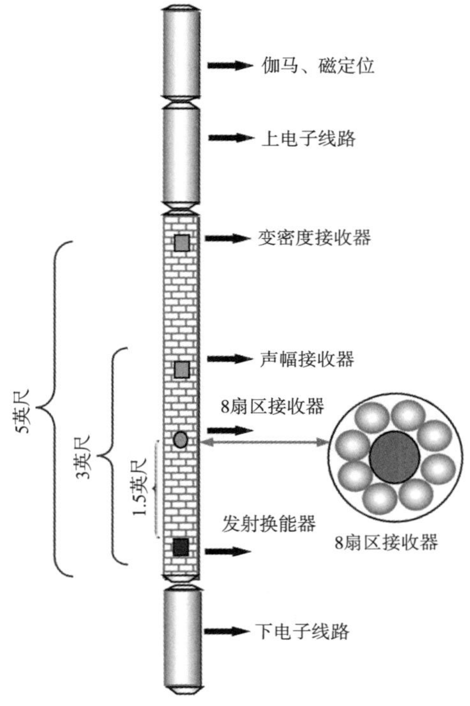

图 1-3-10　幅度型 SBT 测井仪结构示意图

(2)测井资料用途

扇区水泥胶结测井资料水泥图形象直观，可分辨水泥沟槽、空隙及胶结不均匀；声波衰减率比声幅能更好地反映水泥胶结情况；测井仪器贴套管壁补偿测量，减小了井眼与地层的影响；能准确评价双层套管(内层)的胶结情况；环周的探测范围内分辨率更高；与 CBL/VDL 相比，受薄水泥环影响小。

(三)核测井

核测井是以核物理学、核电子学和核地质学为基础的一系列测井方法的总称。它能划分地层，核对深度，提供与岩性、孔隙度、渗透率、流体类型、流体饱和度及井的技术状况相关的参数。

1. 自然伽马测井

(1)测量原理

自然伽马测井就是沿井身测量地层的自然放射性，并进一步研究地层性质的方法。地岩石里黏土含放射性物质最多，通常，泥岩高 GR，砂岩低 GR。

(2)测井资料用途

自然伽马测井曲线用来划分岩性，进行地层对比，计算泥质含量，测井曲线深度校正和射孔校深等。

2. 自然伽马能谱测井

(1)测量原理

岩石中自然放射性的强度，主要是由钾、铀、钍放射性核素的含量决定的。自然伽马能谱测井仪，在测量地层自然伽马射线总水平的同时，对自然伽马射线谱分析，求出地层中钾、铀、钍的含量，从而确定地层放射性类型和数量。

(2)测井资料用途

根据测井资料可以识别高放射性储集层，寻找泥岩裂缝储集层，确定黏土含量、黏土类型及其分布形式。用 Th/U 比、Th/K 比研究沉积环境、沉积能量，进行有机碳分析及生油岩评价，变质岩、火成岩等复杂岩性解释，解决地质和油田开发中的问题。

3. 补偿中子测井

(1)测量原理

镅铍中子源 241Am – Be 连续发射快中子，当快中子与地层中的各种原子核发生碰撞时，失去能量减速成超热中子，然后成热中子，用作探头的比例计数器主要响应热中子。依据长短源距计数率比值与地层孔隙度的关系，通过刻度，把测量的长短源距计数率比值转换为地层孔隙度。

(2)测井资料用途

补偿中子测井既可在裸眼井内使用，也可以在套管井内使用，主要用途是确定岩层的孔隙度，中子、密度交会计算孔隙度和矿物含量；中子、密度、声波曲线重叠直观判断岩性，中子、密度曲线重叠定性判断气层。

4. 补偿密度测井和岩性密度测井

(1)测量原理

补偿密度测井是利用同位素伽马源向地层辐射伽马射线，再利用与伽马源有一定距离的探测器来测量经过地层散射和吸收后的伽马射线强度。铯(137Cs)源放射 661keV 的伽马射线与物质作用后主要产生康普顿效应，其散射截面与地层体积密度密切相关，利用长、短源距计数率可以计算视体积密度。

岩性密度测井除利用康普顿效应外，还测量一条光电吸收截面指数 Pe，而光电吸收截面与地层物质的原子序数密切相关，可用来研究地层的岩石性质。

(2)测井资料用途

补偿密度测井和岩性密度测井用于求取岩石孔隙度，与中子测井曲线配合识别气层，直观判断地层岩性，寻找重矿物，在重晶石泥浆条件下，识别裂缝带。

(四)辅助测井

1. 连续测斜测井

连续测斜仪根据方位角测量传感器的不同，可分为常规连续测斜仪和陀螺连续测斜仪，可以对钻井的工程质量进行检测和控制，对各种地质参数进行校正。

2. 井径

井径测井就是测量井眼的直径。以滑线电阻式井径仪器为例，如图 1－3－11 所示，井径臂(井径腿)在弹簧力的作用下随着井眼直径的变化伸张和收缩，带动井径电位器滑动，记录的电阻间的电位差与井径值的大小呈线性关系。裸眼井井径仪有两臂、三臂和四臂等井径仪。

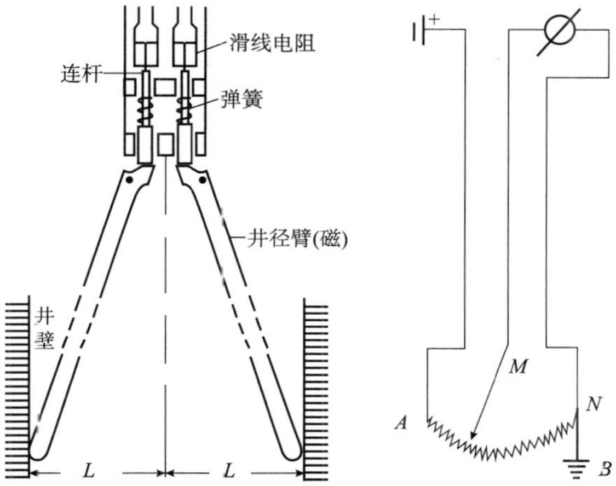

图 1－3－11　滑线电阻式井径仪器测量原理图

利用井径测井资料可以辅助判断岩性，用校正图版进行井眼校正，估算回井水泥量，为分析和处理井下复杂故障提供重要依据。

3. 泥浆电阻率仪

泥浆电阻率利用了侧向测量原理，测量值与井壁无关，反应了井内不同深度的泥浆电阻率值；识别盐水等污染的泥浆，对求含油饱和度以及束缚水等参数等提供帮助。

4. 井下张力

井下张力传感器是具有耐高温和抗高压的应变式测力传感器，根据其变化可以测量出张力的大小，用于判断井下仪器受力情况和遇卡类型。

5. 井温仪

井温由铂膜电阻和特高精度的电阻组成热敏电阻，通过测量热敏电阻随温度变化的阻值来获得泥浆温度的信息。

四、特殊测井技术

(一)阵列感应测井

1. 测量原理

以中原油田常用的阿特拉斯 HDIL 测井仪器为例，HDIL 高分辨率感应测井仪采用三线圈系结构(一个发射，两个接收基本单元)。线圈系由 7 个接收阵列组成，共用一个发射线圈，采用8种频率(10kHz、30kHz、50kHz、70kHz、90kHz、110kHz、130kHz、150kHz)同时工作，共测量112个原始实分量和虚分量信号传输到地面，经计算机处理，实现软件数字聚焦，得到具有3种不同纵向分辨率(1ft、2ft、3ft)和6种不同径向探测深度的测井曲线(10in、20in、30in、60in、90in、120in)。

2. 测井资料用途

通过多条电阻率测井曲线的反演可求出原状地层电阻率 R_t，分析径向侵入、径向饱和度变化情况以及对泥浆滤液侵入体积。阵列感应侵入剖面成像图见图1-3-12。第一道为自然伽马(GAMMA RAY)、自然电位(SP)、侵入半径(LENGTH OF INVASION)、冲洗带(FLUSHED ZONE)、过渡带(TRANSTION ZONE)；第二道为深度道；第三道为一维反演2英尺纵向分辨率冲洗带电阻率(FLUSHED ZONE RESISTIVITY)，原状地层电阻率(TRUE RESISTIVITY)，2英尺纵向分辨率10英寸、20英寸、30英寸、60英寸、90英寸、120英寸电阻率曲线；第四道为一维反演井眼电阻率侵入剖面成像图。

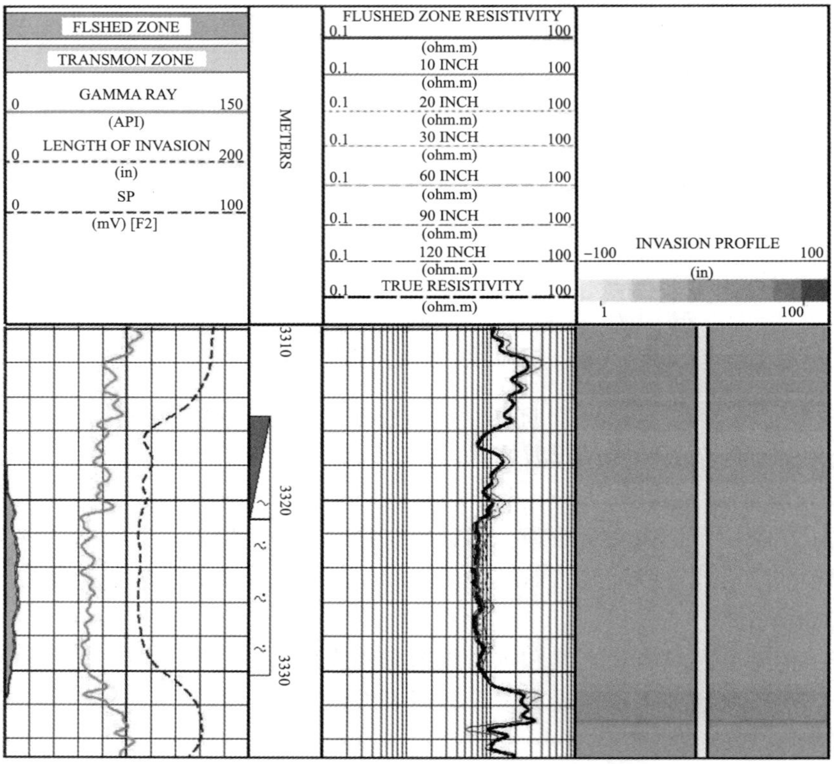

图1-3-12 阵列感应侵入剖面成像图

(二)阵列侧向测井

1. 测量原理

阵列侧向测井共有6种探测模式，第一种为泥浆测量模式AL0，另外5种模式具有不同的径向探测深度，分别为AL1~AL5，如图1-3-13所示。

2. 测井资料用途

阵列侧向主要用于盐水泥浆或中高阻地层电阻率的测量，主要应用为定量描述薄层和地层侵入特性，划分岩性剖面，反演地层侵入参数和真电阻率，求取地层含油气饱和度。

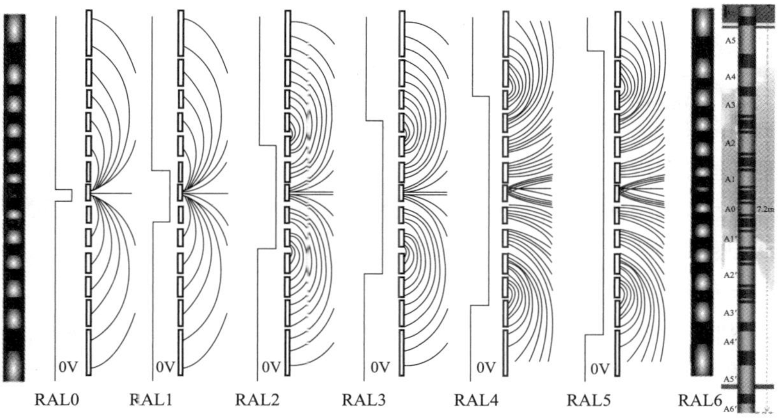

图 1－3－13 阵列侧向电阻率测井仪器原理图

(三)微电阻率扫描成像测井

1. 测量原理

以增强型微电阻率成像测井仪 XRMI 为例，其探头共有 6 块微电阻率扫描极板，每个极板都包含 25 个直径为 4.1mm 的纽扣矩阵电极，电极呈 2 排分布，电极水平间距 5.1mm，垂直间距 7.6mm，中心 13 号电极为刻度电极。电成像极板结构示意图如图 1－3－14 所示。

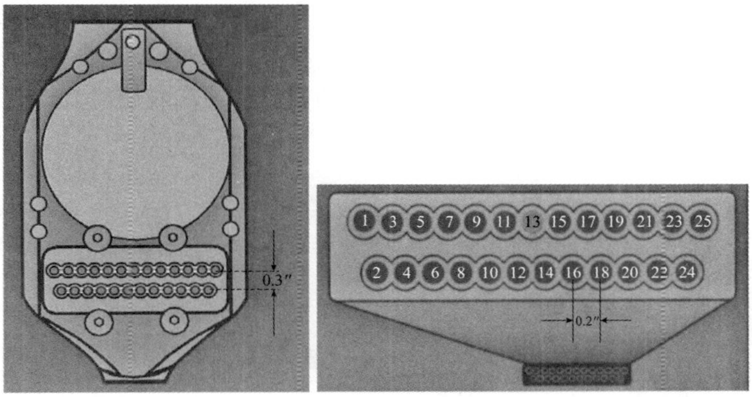

图 1－3－14 电成像极板结构示意图

测井过程中，极板上的小电极向地层发射同极性的电流，当地层层理、裂缝或渗透率发生变化时，纽扣电极的电流也随之发生变化，测量记录每个纽扣电极的电流变化，然后进行适当处理，就可把井壁附近各类电阻率之间的差别转变成彩色或灰度等级图像，直观地反映井壁附近地层电阻率的变化，从而反映井壁地层岩石结构的变化。

2. 测井资料用途

微电阻率扫描成像测井用于裂缝识别和评价、地层沉积特征分析、地层层内结构分析、地层构造解释和地应力方向分析等，图像可以代替岩心或辅助岩心描述。

(四)超声成像测井

1. 井壁成像测量原理

如图 1－3－15 所示，超声波成像测井采用旋转式超声换能器，通过其发射的超声波脉冲实现对井壁扫描，测量和记录反射回波的幅度和传播的时间，按井眼内360°方位显示成图像，从而形成整个井壁表面的超声波成像。

2. 套管模式测量原理

超声波换能器激发的声脉冲中心频率设定在套管共振频率附近，套管以厚度模式振动，在套管内外壁发生声波反射和声波透过。来自套管和水泥环之间界面的反射波幅度随时间的衰减取决于水泥声阻抗。在水泥胶结良好处返回到套管内的回波衰减加剧，而水泥胶结不好处回波衰减较小。

3. 测井资料用途

成像模式评价井眼的几何形状，推算地层压力的方向，确定地层特征；精确地计算地层厚度和倾角。套管模式测量套管内径和厚度变化来检查套管腐蚀和变形情况；检查射孔位置的正确性；对水泥环的胶结情况评价，特别是低密度水泥浆胶结评价。

(五)多极子阵列声波测井

1. 单极子源

单极子源一般是圆管形的换能器，以轴对称的方式沿径向振动，在快地层(地层横波速度大于井内流体声速)满足临界折射条件，可以激发纵波、横波及斯通利波，但在慢地层(地层横波速度小于井内流体声速)不满足临界折射条件，只能激发纵波与斯通利波，难以激发横波。

2. 偶极子源

偶极子源是一种定向的压力源，像一个活塞，使井壁一侧的压力增加，而另一侧压力减小，引起井壁出现扰动，这种挠曲运动产生的剪切挠曲波具有频散特性，在低频时其传播速度趋近于横波，如图1-3-16所示。

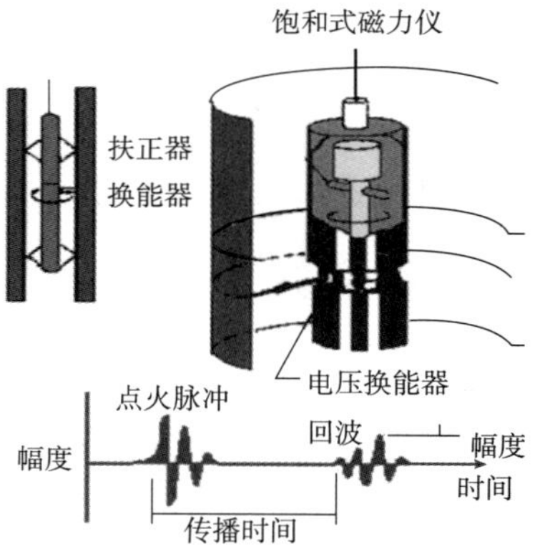

图1-3-15 超声波成像工作原理图

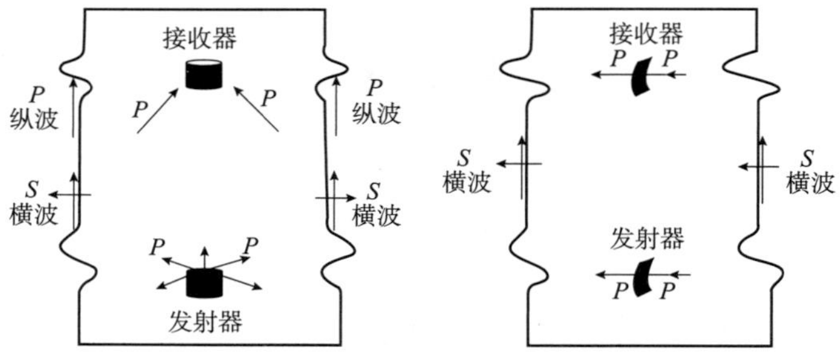

图1-3-16 单极子源与偶极子源示意图

3. 正交多极子阵列声波

正交多极子阵列声波测井仪XMAC，是将一个单极阵列和一个偶极阵列正交组合在一起，单极阵列包括两个单极声源，声源发射器发射的声波中心频率为8kHz。偶极阵列是由两个正交摆放(相差90°)的偶极声源，单极和偶极阵列共用8组接收器。接收器间距为0.5ft，每个深度点记录12个单极源波形(8个为阵列全波波形，4个声波时差的全波波形)和32个偶极源波形。

4. 远探测声波

远探测声波测井以井中声源辐射到井外地层中的声场能量作为入射波，探测从井旁构造反射回来的声场。通过分析处理接收到的全波信号，可以对井周围的地层构造进行声波成像。

5. 测井资料用途

阵列声波测井资料可以进行岩性特征分析，划分气层，研究岩石力学和地应力参数计算，定性判断裂缝发育段，分析地层各向异性、井眼稳定性，预测压裂高度及效果检测。

远探测声波测井可以对描述缝洞型储层裂缝、溶孔和溶洞的发育情况进行评价，完成井筒及远端地质异常体的精细描述，为后续的地质评价提供支撑和设计优化。图 1－3－17 为远探测声波处理解释成果图。

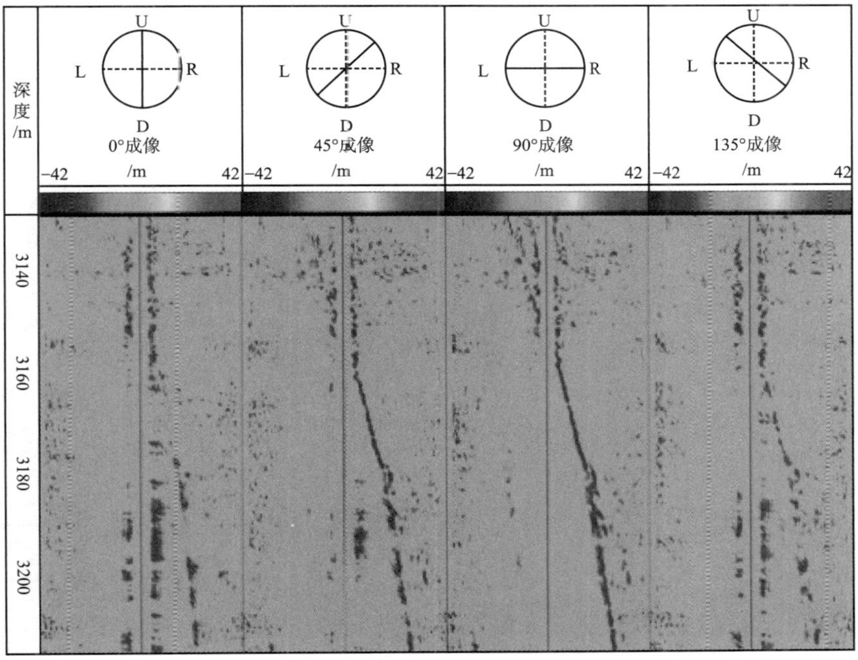

图 1－3－17 远探测声波处理解释成果图

(六)元素俘获测井

1. 测量原理

地层元素测井通过记录非弹性伽马和俘获伽马能谱信息，以元素标准谱为基础，采用谱数据处理技术获取地层元素含量，经过解谱处理可以得到 C、O、Si、Ca 等元素的含量。俘获的伽马谱经过解谱处理可以得到 Si、Ca、S、Fe、Ti、Gd 等元素含量，应用特定的氧化物闭合模型可以得到地层中矿物的含量。

2. 测井资料用途

元素俘获测井可以确定地层元素质量百分数，从而确定地层岩性，确定地层黏土含量、计算骨架参数及研究沉积环境等。

(七)核磁共振测井

1. 测量原理

利用核磁共振(NMR)原理，通过测量地层中氢原子的信号来获取关于岩石结构和含油气性质的信息。核磁共振测井的原始数据是回波串，孔隙度、束缚水、可动水、流体类型等信息全部包含在回波串中。从回波串到岩石物理及流体特性的获取，需要经过一个基本的处理，即由回波串的多指数拟合得到 T_2 分布。T_2 谱一般呈三峰分布，短 T_2 对应的峰是由黏土和毛细管微孔隙中的束缚流体（不可动流体）形成的，长 T_2 对应的峰是由渗流大孔隙中的自由流体（可动流体）形成的。区分自由流体和束缚流体的界限称之为 T_2 截止值。

2. 测井资料用途

核磁共振测井曲线可有效划分储层，提供准确的孔隙度和有效渗透率，计算饱和度，研究孔隙结构，判断复杂岩性的储集空间的类型，识别流体性质，计算流体体积，估算原油黏度和扩散系数，估计含油地层的自由水含量，确定储集层的产能，评价低电阻率油层。

图 1－3－18 所示为拐子湖白云质泥岩核磁资料特征图。第一道 T_2－POROSITY（T_2 孔隙度相关）反映地层总孔隙空间发育程度；第四道 T_2 SPECTRUM LONG－TW（长等待时间 T_2 谱）辅助识别小孔喉、束缚水含量；第五道 T_2 SPECTRUM SHORT－TW（短等待时间 T_2 谱）用于区分油、气、可动水的弛豫差异（油的 T_2 通常比水长，气更长）；第六道 EDIF SPEC（处理后 T_2 谱）强化流体信号差异，让油、水、气的 T_2 响应更清晰；第七道 T_2 SPECTRUM LONG－TE（长回波间隔 T_2 谱）辅助识别大孔道、自由流体占比；第八道为流体识别与孔隙度综合显示。

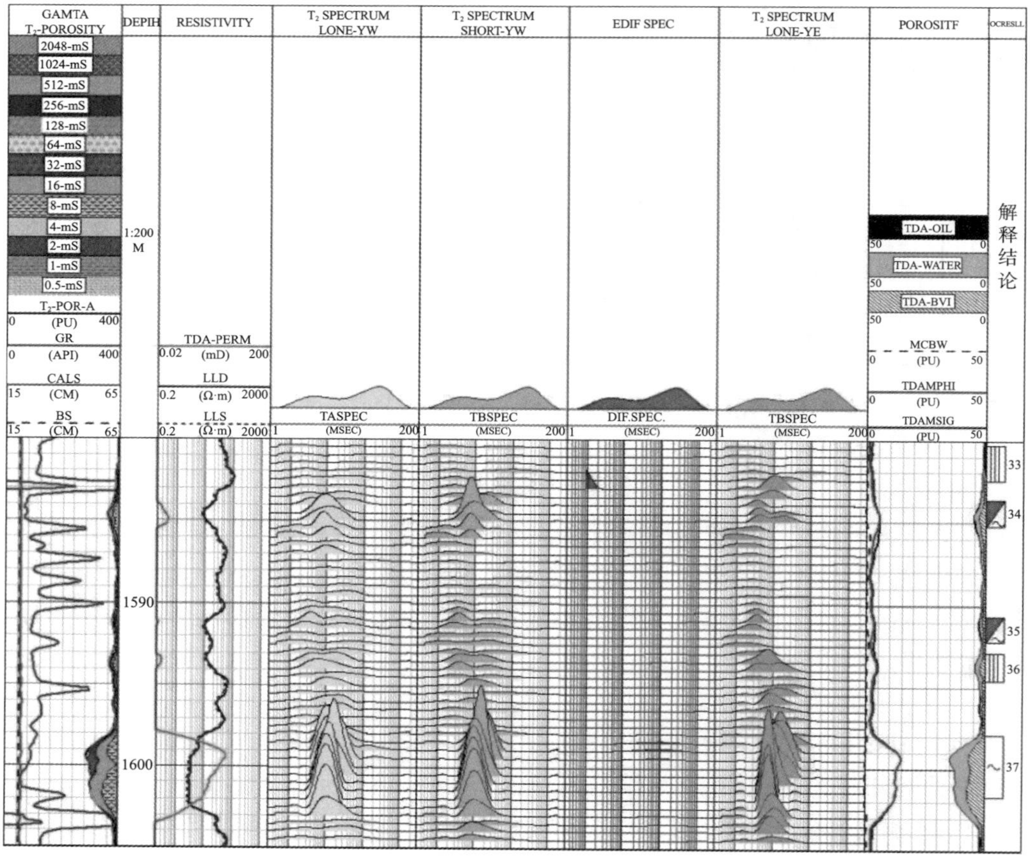

图 1－3－18　拐子湖白云质泥岩核磁资料特征图

(八)地层倾角测井

1. 测量原理

六臂地层倾角测量仪以电阻率测量为基础，六块极板同时测得井周六个不同方向的电导率曲线，结合井周至少三条电导率曲线并通过井斜数据的校正即可确定各个地层倾斜角度，再结合1号极板的相对方位即可得到地层的倾向。

2. 测井资料用途

地层倾角测井可以认识地质构造，确定岩层真厚度，研究沉积结构和沉积相、古水流，识别断层和裂缝，确定地层最大主应力方向。

(九)井壁取心

井壁取心就是用电缆将取心器输送到井下预定深度，由地面仪器控制井下取心器工作，从井壁上获得岩心，然后把岩心送到地面的过程。井壁取心方式有两种：撞击式和钻进式。

(十)地层压力测试器

地层压力测试器是一种能够精确测量地层压力，并能够获取地层流体样品的仪器。根据地层测试资料了解地层内流体的性质，油、气、水的含量，油气比，原油的密度与黏度等；可以预计地层生产油气的能力，以及水层的产水率；也可计算地层的渗透率，建立单井压力剖面，确定油、气、水界面，及评价储层的纵向连通性。通过各井地层压力资料的对比，还可以研究油田范围内储层的延伸性和连通性等。

五、测井复杂故障处置

在测井施工过程中，由于设备因素、人员因素和井况因素，井下时有发生工程复杂情况，需要快速分析原因，采取有效措施处理复杂情况。

(一)作业准备

1. 信息资料收集

①确认井身情况的相关信息及用于打捞的钻具或油管的规格型号及数据表。

②测井遇卡过程描述及处理信息，如测井电缆额定拉断力和最近一次拉断力试验值、卡点深度。

2. 打捞方案编制

①根据现场工程复杂类型和相关钻井、测井信息，制定具体打捞措施。

②打捞施工方案应包含以下信息：基础井况信息、遇卡仪器或井下落物结构、工程复杂情况发生经过及前期处置措施、打捞工具选择及详细处置措施、注意事项、风险与控制措施、井控内容及要求。

3. 场协调会

打捞总协调负责人(测井监督)组织现场监督、钻井队、测井队、打捞工艺等相关人员召开施工前现场协调会，确定打捞方案和岗位分工，会议内容做好记录。

4. 打捞设备和工具准备

①工具配备：滑块或卡瓦打捞筒(见图1-3-19及图1-3-20)；“T”形卡钳、快速接头总成、“C”形卡盘、循环钻井液“C”形堵头、快速接头释放钳、加重杆、钻井液循环短节、电缆头制作工具及配件、钢丝绳、梅花扳手、管钳。

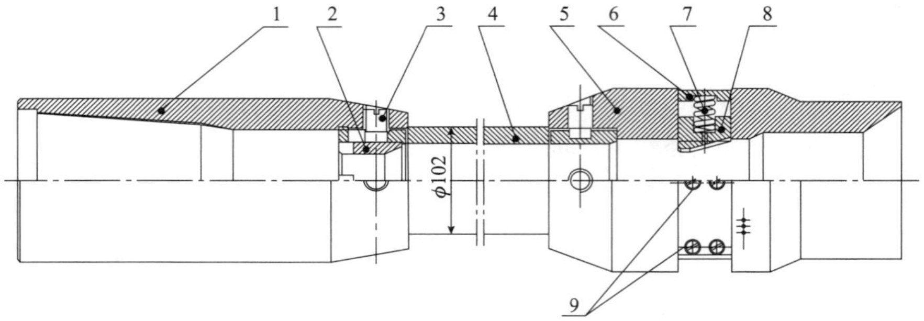

图 1－3－19　滑块式打捞器结构示意图

1—钻杆接头；2—防掉环；3—防转顶丝；4—钻杆；5—打捞器主体；6—盖板；7—弹簧；8—滑块；9—螺钉

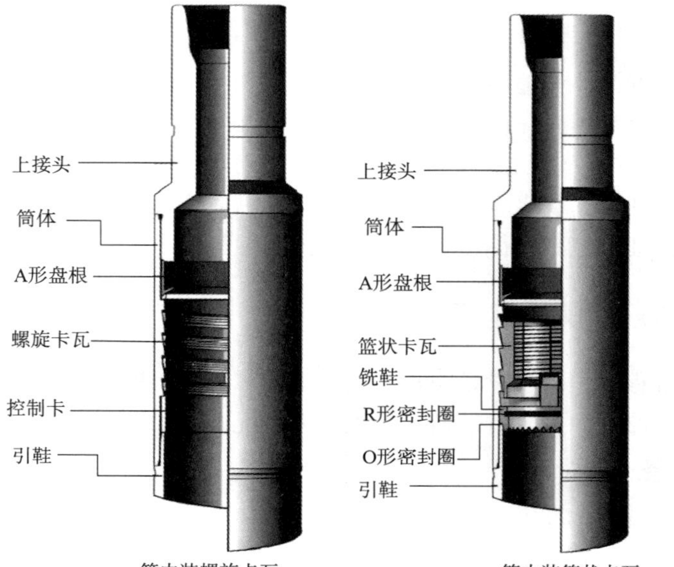

图 1－3－20　卡瓦打捞器结构示意图

②电缆张力系统：张力传感器、钻井指重表、拉力表。

③绞车张力系统。

④绞车通信系统。

(二)穿心打捞

1. 井口设备安装

将天滑轮用钢丝绳或链条悬挂在钻井架面向仪器车方向的横梁上，并采取双保险措施，用链条将地滑轮固定在牢固的钻机底座横梁上。

2. 快速接头制作与测试

①从标定记号处切断电缆。

②绞车端电缆头穿入加重杆，制作电缆快速接头母接头。

③井口端电缆穿入打捞器和公接头部件，制作快速接头公接头。

④对接公接头和母接头，进行快速接头连接强度测试，测试期间人员撤离到安全

地带。

3. 连接打捞筒

采用容纳式打捞器时，应预先使用游动滑车吊起一根钻杆，依次将打捞器短节、容纳器连接在钻杆上。确认公、母接头对接好后，绞车操作人员上提电缆拉直，将滑块打捞器连接在钻杆下端。

4. 下放打捞工具

①将打捞工具及钻杆下入井中。

②绞车操作人员下放电缆，井口工用"C"形卡盘将快速接头公接头卡在钻杆顶端，继续放松电缆，将快速接头脱开。

③绞车操作人员上提电缆，将母接头上提至井架二层平台高度。

④井架工把快速接头母接头投入钻杆水眼里。

⑤同时绞车操作人员下放电缆，快速接头母接头露出钻杆，能够与母头对接为止。

⑥对接电缆快速接头，上提测井电缆，使电缆张力超过正常张力 5kN。

⑦井口工去掉"C"形卡盘，并检查快速接头附近电缆磨损情况。

⑧连接钻杆，将本柱钻杆下入井中。

⑨重复下放步骤，直到将打捞筒下放到仪器鱼头上方 16～25m 位置停止下钻，准备循环钻井液。

⑩核实钻杆下放深度，计算打捞筒到鱼头距离，记录钻杆的悬重和起下钻时的摩擦阻力。

⑪下放打捞工具注意事项：

A. 应始终保持快速接头的公接头低于游动滑车，防止快速接头被缠绕进游动滑车的钢丝绳中。

B. 下放钻具要平稳，裸眼井段以 6min 下放一柱为宜，接近卡点部位时，应慢速逐渐靠近卡点。

C. 每柱钻具下放至最后一个单根时，应减慢速度，防止加重杆通过钻杆水眼时发生挂碰。

D. 司钻和井口人员要密切观察张力的变化，发现异常情况，立即停止下钻，慢速上提至恢复正常后再下钻。

E. 下放打捞工具过程中，应冲洗打捞工具。直井打捞作业，每下放 1000m 应循环一次钻井液；斜每 500m 循环钻一次；对于井况复杂井（钻进过程发生过卡钻、井喷、井漏或空井时间过长，井壁出现坍塌等），应每 300m 循环一次钻井液。

F. 对于高压、高含硫或高危地区的井，或者裸眼井段较长的井，应根据井控要求及时循环钻井液。

5. 循环钻井液

①连接循环块或循环短节，接方钻杆，用低排量循环钻井液 1～2 周，处理好井筒钻井液，同时冲洗打捞筒。

②循环钻井液时可上、下活动钻具，但下放幅度不宜过大，上提高度不应超过下放前位置。

③在遇卡仪器上部循环钻井液、活动钻具时应记录钻具正常下放、上提、静止的张力

及循环泵压，为下一步打捞时判断是否捞住仪器提供依据。

6. 打捞下井仪器

①循环钻井液完毕后，卸下方钻杆，连接钻杆缓慢下放靠近鱼头位置，注意观察指重表悬重和绞车张力变化，当张力增加5kN时，停止下钻。反复试验至少3次，确认打捞筒完全抓住仪器，仪器离开原来遇卡位置。

②可利用泵压变化情况进行判断，记录在仪器顶部循环泥浆时的泵压和排量，如果捞住了井下仪器，那么在同样的排量下，泵压应该升高。

③上提钻具注意观察钻具指重表变化，增加不应超过50kN(或仪器串单元中最低抗压指标)，以免拉断仪器。

④如仪器不能有效解卡，可采用循环钻井液或套铣作业的方法解除。

7. 铠装及回收电缆

①切除快速接头和加重杆，将电缆两端对接进行铠装，铠装长度应≥6m，缠裹接头形成平缓锥度。

②铠装完成后，慢速上提电缆，观察电缆铠装部位通过天滑轮并且在绞车滚筒上缠绕至少10圈后，正常速度回收电缆，同时应小范围活动钻具防止粘卡。

③测井电缆端头距离井口50m时，绞车停止上起电缆。测井工负责将电缆从井内拉出，查看电缆断点是否在拉力棒弱点处。切除鱼雷，回收剩余的电缆。

④若电缆断点不在拉力棒弱点，应计算井筒内剩余测井电缆长度，确定下一步打捞处置方案。

8. 回收下井仪器

①测井电缆回收完毕，起钻回收下井仪器，拆卸井口。

②下井仪器装有放射性源时，应首先将放射性源取出，再拆卸仪器。

9. 异常情况处置

(1)快速接头上移处置

穿心打捞过程中，如果快速接头上移超过3m时，应切断电缆重新制作快速接头。

(2)中途解卡处置

①下钻过程中发现电缆张力明显下降，上提电缆张力为正常测井张力时可确认为中途自行解卡。

②停止下钻，切除快速接头和加重杆，铠装电缆，用绞车将下井仪器拉进打捞器，完成后续打捞作业。

③如果打捞工具的深度距离下井仪器不超过300m，亦可继续下放打捞工具完成打捞作业。

(3)快速接头公接头落井

①发现快速接头落井时，应起钻将打捞筒起出井口。

②如果公接头被带出，检查电缆是否完好，重新进行穿心解卡作业。

③如果公接头未被带出，应先考虑打捞公接头处置方案。

(4)电缆张力突然增大处置

①在下放打捞工具的过程中，电缆张力突然增大，可能是电缆打扭或断丝所致，绞车

操作人员应立即放松电缆，及时通知司钻停止下钻，然后上提钻具。

②适当增加电缆张力(不超过最大安全张力)后，缓慢下钻，能够通过则继续打捞。

③如果重复2~3次，现象仍然未能消除，应考虑采用其他方案进行处置。

(5)下钻遇阻

在下放打捞工具的过程中，如发生遇阻现象，可采用循环钻井液或套铣作业的方法解除。

(6)仪器断裂

钻具起出井口发现仪器串断裂时，应核实落井仪器长度，检查断口判断鱼头形状，再选择适用工具进行打捞。

10. 反穿心打捞

确认仪器进入打捞筒后，为了预防已经捞获的放射性仪器或者高价值仪器在上提钻具过程中再次落井，可采用不拉断电缆的方式上提钻具和仪器，实施反穿心打捞。仪器进入捞筒后，不能拉断弱点时，也需实施反穿心打捞。

11. 落井电缆打捞

①落井电缆长度超过10m时，应先进行落井电缆打捞。将打捞矛连接在钻杆下端，下入井筒。下至鱼头位置上方30m左右时停止下放，记录钻具下放和上提时悬重。

②下入鱼头以下30~50m，转动钻具3~6圈后缓慢上提，观察悬重变化，悬重增加可判断为已捕捞到电缆，正常起钻。如悬重无任何显示，可再多下入一柱油管或钻杆，转动2~3圈，再次试探。钻具下放深度不应超过落井电缆位置100m。

③多次下井未能捕捞电缆时，电缆可能堆积，应重新确定落井电缆深度和形状，制定新的打捞方案。

12. 落井仪器打捞

①测井队根据打捞方案组织落井仪器作业，确定落井仪器深度。

②钻具下到离落井仪器顶3~5m时，循环钻井液，记录下钻悬重和起钻摩擦阻力，再次核对打捞筒下入深度。

③接单根钻具，接方钻开泵缓慢下放探落井仪器，落井仪器进入打捞筒时泵压会增加，钻具下压吨位不应超过20kN，开窗打捞筒下压吨位不应超过50kN。判断仪器捕捞成功后起钻。

第四节 固井技术

为加固井壁，保证安全钻进，封隔油、气和水层，保证勘探期间的分层测试及在整个开采过程中合理的油气生产，下入套管，并在井筒与套管环空充填水泥的作业，称为固井工程。固井是油气井钻完井作业过程中不可或缺的环节，包括下套管和注水泥，是多学科的综合应用技术，具有系统性、一次性和时间短的特点。

一、开窗侧钻井固井技术

中原油田具有的高温、高压、盐(膏)层发育等特点，随着油井生产年限的延长，套管损坏情况日趋严重。利用原套损井上部完好的 ϕ139.7mm 套管，采用开窗侧钻的方法下入 ϕ101.6mm 套管恢复老井产能已成为老区稳产的重要手段，经过多年的攻关与实践，逐渐形成了具有中原特色的开窗侧钻固井技术。

(一)固井特点

①井眼间隙小，施工泵压高，流动阻力大，易发生漏失。

②钻井过程中存在出水、漏失、后效等情况，个别井漏涌并存，固井施工安全密度窗口窄。

③窄间隙小环容，水泥浆自由水和轻微的油气侵都会造成严重窜槽。

④深层侧钻井，井深、地层温度高，要求水泥浆有较好的抗高温能力。钻井液密度高，对顶替效率和水泥浆在候凝过程中的压稳提出更高要求。

(二)水泥浆体系

侧钻井套管居中困难，环空间隙小，流阻大，水泥环薄，地层温度高，对水泥浆的性能要求高，需要其流动性好，稠化时间长，稳定性好，耐温性好，失水小。根据井深的不同，形成了不同的水泥浆体系，分为中温型、高温型，以满足不同侧钻井固井需要。

1. 中温型

对于井深 <3400m，循环温度 <100℃的井，优选水泥及外加剂，调整水泥浆性能，以满足施工安全及质量要求。

领浆基本配方为 G 级 +0.5% 分散剂 +0.8% 降失水剂 + 缓凝剂适量。

尾浆基本配方为 G 级 +0.5% 分散剂 +0.8% 降失水剂 + 促凝剂适量。

中温型水泥浆体系性能如表 1－4－1 所示，中温型水泥浆体系稠化时间适宜，可满足 3400m 以内侧钻井固井需要。

表 1－4－1 中温型水泥浆体系性能

水泥浆配方	稠化时间/min			21MPa、48h 抗压强度/MPa		93℃、6.9MPa API 失水/mL	游离液/mL	流变性	
	80℃、40MPa	90℃、50MPa	100℃、60MPa	80℃	110℃			*N* 值	*K* 值
G 级 +0.5% 分散剂 +0.8% 降失水剂 +1.0 % 缓凝剂	312	243	192	21.8	24.6	47.6	2.2	0.721	0.287
G 级 +0.5% 分散剂 +0.8% 降失水剂 +1.0% 促凝剂	100	85	76	22.1	23.6	46.8	0.5	0.653	0.417

2. 高温型

对于井深 >3400m 的侧钻井，循环温度 100℃以上，常规水泥浆体系满足不了其要求，为此形成了高温水泥浆体系。

(1)抗高温降失水剂

普通降失水剂形成的降滤失膜在高温下会被破坏，失去作用，为此选择了 AMPS 共聚物作为抗盐降失水剂。AMPS 共聚物可抗饱和盐水，滤失量可控制在 50～80mL，抗温可达 150℃。

(2)缓凝剂

抗盐降失水剂和缓凝剂配合可使稠化时间达到290min以上，且对加量不敏感，能满足超深侧钻井固井压稳地层需要。

高温型水泥浆体系在140℃下稠化时间可调至300min左右，失水控制在50mL以内，浆体稳定，流变性好，较适于深层侧钻井固井，见表1－4－2。

表1－4－2　高温型水泥浆体系性能

水泥浆配方	140℃，80MPa稠化时间/min	150℃，21MPa，48h抗压强度/MPa	140℃，6.9/MPa API失水/mL	游离液/mL	流变性	
					N值	K值
G级水泥＋5.0%抗盐降失水剂＋5.0%缓凝剂	325	15.2	47	1.1	0.84	0.124

(三)固井工艺

1. 井眼准备

①通井、洗井时，要彻底将油气侵钻井液替出环空。

②通井时以钻进排量的1.15～1.3倍循环洗井不少于两周，不漏后方可进行下套管作业。

③井下无坍塌，振动筛出口岩屑检查无新坍塌岩屑，钻井液的含砂量较低。

④对于漏、涌并存井，先进行堵漏、压井、防喷工作，使井内钻井液进出口密度差≤0.02g/cm^{3}方能进行下套管作业。

⑤对于送入钻具，要求必须用钻杆胶塞通径，对通过径的钻具要求单独放置，防止固井时小胶塞卡在钻杆中，造成固井失败。

⑥缩短注水泥前钻井液的静止时间，防止其黏度切力增加、絮凝，影响顶替效率。

⑦调整好钻井液流变性和动切力，施工前，在井眼条件允许的情况下，降低钻井液的黏度切力，提高N值，提高钻井液的紊流程度，达到提高顶替效率的目的。

⑧在有条件的情况下，堵漏后进行承压试验，准确掌握漏失层的压力。

⑨当套管进入易垮塌、缩径、膨胀性地层时，套管在井内的静止时间要尽量短，防止卡套管。

2. 固井设计

(1)前置液设计

①一般井采用领浆配浆水作为隔离液，占环空高度≥300m。

②如果钻井液黏度较高，而且全井降黏困难，在注入配浆水前注入低黏、低切的钻井液5～6m^{3}作为先导浆，有利于提高顶替效率。

③如果钻井液密度较高，可以使用加重隔离液，密度要求至少大于钻井液密度0.05～0.1g/cm^3；对水泥浆、钻井液有良好的相容性，按不同比例混合后测得的混浆稠化时间不少于安全施工时间；沉降稳定性要求2h密度差≤0.03g/cm^3。

(2)水泥浆设计

采用双凝水泥浆，使水泥浆“失重”呈阶梯式发展，从而分段压稳不同深度的油、气、水层，达到防窜目的，具体见表1－4－3。

表 1－4－3　水泥浆性能要求

实验项目	技术要求	实验项目	技术要求
温度	井底静止温度×(0.8～1.0)	水泥浆流动度	大于22cm
48h 水泥石强度	>18MPa	水泥浆沉降稳定性	2h 密度差≤0.03g/cm^3
水泥浆失水	>50mL	领浆稠化时间	>(施工时间＋120min)
水泥浆自由水	<0.1%	尾浆稠化时间	>(施工时间＋20～30min)

注：水泥浆实验温度：井底垂深>3400m 的，系数取 1.0，<3400m 的，系数取 0.8；尾浆稠化时间：超过 3400m 的，井稠化时间要求>施工时间＋60min，确保施工安全。

(3)压塞液设计

压塞液要求黏度>200s，具有良好的抗高温能力和悬浮性，确保测井一次到底。深层侧钻井压塞液设计数量≤3.0m^3。

(4)后置保护液设计

为了防止拔出中心管后循环时，钻井液与水泥浆直接接触，水泥浆增稠，施工泵压增大，甚至水泥浆出现“闪凝”。因此，要求后置保护液在套管内占50m，钻具内所占高度大于300m，确保多余水泥浆能顺利返出地面。

(5)施工排量控制

下完套管后循环排量小于钻进排量，即循环排量控制在5～6L/s，循环不少于两周，然后进行固井施工。固井时注替排量要求小于循环时排量及固井时排量控制在3～5L/s，既有效提高顶替效率又能防止固井过程中发生漏失。

(6)压稳设计

为了防止尾浆在候凝过程中失重，一般要求拔出中心管后大排量循环7～8h，循环摩阻产生的压力作用在环空，相当于对环空施加回压，以防止油气水层窜槽。还可将多余水泥浆全部循环出地面后，关闭封井器，在钻具内加压，根据尾浆失重的大小来确定，附加压力不超过2MPa，防止压漏地层。

3. 尾管悬挂器使用

中原油田所使用的ϕ101.6mm×ϕ127mm悬挂器主要有可分为可回插式和不可回插式两种。不可回插式悬挂器密封件是单独安装在悬挂器本体上，上提中心管时，可以将悬挂器内所有密封件全部带出，不能再次插入。可回插式悬挂器密封套设计为弹性爪套结构，装配时，密封爪套的内凸台卧在中心管下端的凹槽中，随中心管一起插入本体，当密封套到位时，中心管继续移动，将密封爪套的外凸台压入本体凹槽中，实现了密封套的两端限位，将其固定在本体上。现场应根据两种悬挂器的特点，有针对性地进行施工，确保施工安全。

二、调整井固井技术

中原油田是典型的断块油气藏，油气埋藏比较深，地层压力高。长期的开发生产使地层压力系统变得极为复杂，在调整井区块中，由于井网复杂，层间差异大，注采不平衡，地层压力由原来静态的压力层系变为动态压力层系，同一层位存在局部超高压圈闭区，不同层位压力系统紊乱。调整井钻井过程中，常发生井涌、井漏、井塌、卡钻等复杂现象，严重影响着固井质量的提高。

(一)固井特点

①由于长期注水，尤其是近几年的高压注水，油层压力普遍上升；此外，由于油层连通性差或非均质，在油层中形成局部超高压圈闭，而且层间压力差异较大，这是调整井固井的主要特点。

②欠压层的存在易发生漏失，因注采不均衡及注入水不到位，使一些层位变成了“欠压层”，钻进过程经常发生漏失。

③钻井过程中往往又漏又涌，而固井时则要求一次注水泥同时封固多压力层系。

④油田后期所钻调整井，尤其是薄油层、低渗透油层，均须酸化压裂改造，要求具有更高的固井质量。

中原油田各区块固井特征见表1－4－4。

表1－4－4　不同区块固井特点

油田区块	固井特点
濮1、濮2 濮3	井深2800～3000m，油顶2300m左右，紧靠油顶以上是100m盐层段，水泥返高2000m，封固段长800～1000m，大多不下技套，钻井和固井主要以防漏为主，部分井顶部窜槽
濮5、濮6 濮7	井深3000～3600m，技套下深2300m左右，水泥返高2200m，封固段长1200～1400m，注采不平衡，井下压力紊乱，漏、涌并存，大都发生在下部井段，钻井过程返水严重，固井后冒油、气、水窜槽严重
卫城	井深2000～3000m，大都不下技套，水泥封固段长1200～1600m，钻井液密度为$1.25g/cm^3$，油层分布广泛，油顶与油底间距大，水层发育，油层、水层交错存在，固井过程漏失严重，水浸造成第二界面封固不好
胡状	井深2500～3000m，封固段长度700～1000m，不下技套，油层分散，水层较发育。钻井液密度为$1.30g/cm^3$，固井过程中漏失、水浸，严重花窜
文东 文南	文13、文203、文88、文72断块，井深3500～3700m，地层孔隙压力较高，钻井液密度范围在1.75～$1.90g/cm^3$之间，大都下有技套，下深2800～3100m，水泥返高进入技套200m，封固段长度800～1000m，三开后在技套鞋附近有漏失现象，但堵漏后，其地层抗破能力较强，固井表现为油气窜槽
文南中部	文33、文209、文79断块，井深2900～3200m，大都无技套，即使下入技套，其深度在1200m左右。这些区块，井网较密集，注采不平衡，压力系统紊乱，同一井眼内存在多套压力系统，漏、涌、喷共存，油气水并存，漏涌密度接近，密度安全窗口窄，主力油层集中在下部，但上部有分散油层，水泥封固段长，固井漏失，油气水窜槽现象并存
文北	文101、文51断块，井深3000m左右，无技术套管，油层相对集中，油层厚度在300～500m，封固段长600～800m，部分井1200m以上，钻井液密度为$1.30g/cm^3$，该区块井网不太密，注水井影响较小，固井质量相对较平稳，油、气、水窜时有发生
桥口、白庙	该油田开发相对较晚，井深2600～3800m，地层属低渗透性，钻井液密度1.35～$1.60g/cm^3$，地下水Ca^{2+}含量较高，封固段长短不一，长的可达1700m以上，封固段内油、气、水交错分布，气层发育较好，固井后气窜严重

(二)水泥浆体系

1. 水泥浆性能要求

①将水泥浆稠化时间设计成2～3段，形成多凝水泥浆体系，以减少环空水泥浆候凝

过程中失重，对最下部的水泥浆稠化时间控制在施工时间 +30min 之内，以便确保在最短的时间内凝固阻止油气水窜。

②由于油气水活跃，在水泥浆中加入成膜降失水剂和两种膨胀剂(气锁膨胀剂 + 晶格膨胀剂)，这种水泥浆体系可以将失水量控制在 50mL 以下。气锁膨胀剂可以防止水泥浆液柱压力下降，晶格膨胀剂可以实现水泥石的微膨胀，增加第二界面的胶结力。

③水泥浆顶底部温度差别大，为防止顶部水泥浆在低温下长时间强度过低，在水泥浆中加入早强剂，以提高水泥石的早期强度。

2. 水泥浆体系配方

短段：G 级水泥 +0.8% M83S 降失水剂 +0.3% USZ 分散剂 +0.3% G502 膨胀剂 +1.5% M53S 早强剂 +0.1% XPJ 消泡剂。

长段：G 级水泥 +0.8% M83S 降失水剂 +0.5% USZ 分散剂 +0.5% G502 膨胀剂 +0.5% G301 降失水剂(浆体稳定剂) +0.1% XPJ 消泡剂。

(三)固井工艺

1. 防漏堵漏措施

对不同类型的漏失层位采取不同的堵漏方法：对轻微渗漏的井(漏速 $<3m^3/h$)当钻至漏失层位前，在钻井液中预先加入 5% ~10% 以短纤维为主的随钻堵漏剂和 2% 的井壁封固剂。对于较严重的漏失井，则分别采用以脲醛树脂为主的化学法、MTC 法以及固结法。对于地层压力系数比较低的井，为防止固井时发生井漏，可在下完套管后洗井时加入 3% ~5% 的随钻堵漏剂并循环 2 ~3 周。

2. 坚持静态固井

水泥浆初凝期，即使强度达到 14MPa 仍然发生窜动现象，要求固井后，周围 500m 内对应层位的注水井必须在测声幅之后方可打开。

3. 缩短稠化、过渡时间

对于未下技术套管，油气水层分散，封固段长的井，下部水泥可设计成快凝水泥浆，同油气水浸抢时间，一般稠化时间为施工时间 +30min。

4. 采用多凝水泥浆体系

在同一井眼中注入不同稠化时间的水泥浆，使其水泥浆“失重”时间呈阶梯状发展，从而分段压稳不同井深的油、气、水层，达到防窜的目的。

5. 物理封堵、全井防窜

采用裸眼封隔器，对油、气、水特别活跃层段进行封隔，借助井下工具，保证其他封固层段的水泥浆在一个相对平静的环境中候凝，从而防止高压油、气、水窜槽。

6. 平衡压力固井

在钻井和固井过程中，时刻考虑地层破裂压力 P_f 和最大孔隙压力 P_p，所有的施工必须保证在小于 P_f 而大于 P_p 的情况下完成。

7. 固井施工模拟

运用固井模拟软件，模拟施工过程的压力、当量密度、顶替效率等关键参数，为制定固井方案和现场操作提供技术参考。

三、水平井固井技术

水平井技术可增加储量动用程度，提高单井产量和采收率。为满足完井的需要，研发了满足水平井固井需要的水泥浆体系和工具，优化了注水泥工艺措施，实现了水泥环与套管、地层间两个界面的有效封固。

(一)固井特点

中原油田是一个典型的断块油气藏，具有断块小，油气层薄、地层岩性复杂、地下动态多变等特点，水平井固井具有以下特点：

①油气埋藏深，油气层薄、定向位置(造斜点)深，对水泥浆抗高温性能要求高。

②在重力的作用下会使套管偏心，甚至贴边，造成水泥浆顶替效率低。

③大斜度井段和水平段对井壁的侧压较大，从而增大了下套管的摩擦阻力，使套管下到设计深度的困难增大。

④井眼底边的"岩屑床"难以清除和顶替干净，从而影响到固井质量。

⑤对水泥浆性能要求高，失水小于50mL、0析水，沉降稳定性好。

⑥对工具附件要求高，水平井井下附件较多，其中一个失灵，就会导致水平井固井失败。

(二)水泥浆体系

1. 水泥浆外加剂

(1)降失水剂

对PVA类降失水剂进行化学改性，加入适量辅料，得到液体降失水剂——M-89L。M-89L由主剂和稳定剂组成，主剂为化学改性PVA及天然高分子材料，稳定剂由稀释剂及交联剂组成。M-89L中由于改性PVA及天然高分子材料的协同作用使得浆体具有较小的失水量、良好的稳定性、很好的黏弹性。并且因其是液态，易溶于水，能很快发生作用形成屏障，同时避免了干混的不均匀性，保证了水泥浆的整体性能，满足水平井固井需要。

(2)缓凝剂

中原水平井井底循环温度多在100℃以内，故应选择一种性能优良的中温缓凝剂进行调凝，以保证固井现场的施工安全。

M-61L是有机磷酸盐类和有机酸类的混合物，具有很高的稳定性，无沉降，易溶于水，是一种性能优良的缓凝剂。

(3)早强剂

M-53S的加入可使强度增强效果持续至48h，有效提高水泥石强度达30%。

2. 水泥浆体系

取G级水泥加入M-89L、USZ、M-53S、M-61L、$CaCl_2$组成水平井水泥浆体系。

缓凝段配方：

G级水泥+6.0%M-89L+1.2%稳定剂+0.4%~0.5%USZ+1.0%M-53S+0.5%~1.0% M-61L。

催凝段配方：

G级水泥+6.0%M-89L+1.2%稳定剂+0.4%~0.5% USZ +1.0%M-53S+$CaCl_2$

适量。

该体系稠化时间适宜，缓凝段在240～270min可调，催凝段在90～120min可调，初始稠度在15～25BC之间，失水控制在50mL以内，强度高，游离液为0，是一种性能优良的水平井水泥浆体系。

(三)固井工艺

1. 优选前置液

选用具有亲油性、润湿、渗透性强的冲洗液，能有效地冲洗掉黏附在套管和井壁上的污物和虚泥饼，实现水泥与套管、地层间的有效胶结。

对于水平井隔离液，除具有一般井的性能外，其悬浮携砂能力要求更高，应选用抗高温、高密度、稳定好、携砂能力强的隔离液。

2. 保证套管居中

水平井固井采用刚性扶正器。刚性扶正器具有较高的抗冲击能力和足够的抗压强度，在下入扶正器的时候不会对井口设备造成损害。

在水平井固井施工中，在水平段和大斜度段采用1～2根套管加1只扶正器，而在直井段采用3根套管加1只扶正器。

3. 套管漂浮固井

在大斜度和水平井段，套管在自身重力作用下往往贴近井壁下侧。因此，在替浆过程中，在大斜度和水平井段替入密度低的液体，如清水、压塞液或者柴油作为替浆液，尽量提高环空液体与套管内流体的密度差，增加其浮力，帮助套管扶正居中，从而提高其顶替效率。

4. 特殊封隔器

完井中往往需要在油气层顶部以上井段注水泥，为了不使水泥浆沉入筛管段，需要在油气层顶部适当位置安放裸眼封隔器以阻止水泥浆的下沉。对于水平井，将封隔器胶筒的长度由原来的1.5m增加至2.0m，接触面积增加约33%，同时将原来下一个套管封隔器改为下两个，防止发生单个封隔器失效，大大提高固井施工的可靠性。

5. 合理选择套管附件压力级别

水平井下部管串结构比较复杂，有封隔器、分级箍、尾管悬挂器等，且均为液压式。若打开压力选择不当，易出现打开顺序颠倒，导致固井失败。中原油田根据井下情况，将尾管悬挂器坐挂压力定为6～8MPa、封隔器打开压力定为10～12MPa、分级箍的工作压力定为18～20MPa。

四、天然气井固井技术

东濮凹陷深层气非常丰富，深层钻井普遍显示较好。随着钻探深度的加深，储层物性变差，低渗储层和非常规储层所占比例越来越大，由于地质条件复杂，钻井和固井难度大。

(一)固井特点

中原油田深层气勘探区块主要集中在桥口、白庙、河岸地区，主要目的层为沙三段以及沙四段，特点如下：

①气层埋藏深度较深，一般在2600～5000m，含气井段达1500m以上，气层之间压力相差较大，气层压力不稳，层间水活跃。

②气藏温度为90～150℃，地温梯度高。

③裸眼段长，水泥封固段长，易压漏地层。

④井眼掉块严重，出砂多，造成井径大而不规则，易形成"糖葫芦"状井眼。

⑤地层压力系数低，固井时易发生井漏，实施产层保护难度大。

⑥易因钻井液窜槽、界面微间隙、水泥浆失重等原因造成环空气窜。

(二)水泥浆体系

1. 膨胀水泥浆

膨胀水泥浆在水泥浆凝固过程中产生轻度体积膨胀，可以消除环空微间隙，改善水泥环与套管、地层的界面胶结状况，该水泥浆体系可增强水泥环与套管、地层的胶结力。

2. 胶乳水泥浆

胶乳中聚合物胶粒的粒径在0.05～0.5μm范围内，并具有良好的弹性。当气体与胶乳接触时或胶乳颗粒的浓度超过某一给定的临界值时，胶乳颗粒就凝聚形成一层聚合物膜，在气窜发生时，气体最先侵入水泥封固气层部位的环空，在这部分环空处气体与遍布水泥中的胶乳接触，引起胶乳颗粒凝聚，形成气体不能渗透的一层薄膜，阻止气体流窜。

3. 高温防窜水泥浆

深层气井井底静止温度高，环空间隙小，部分气层异常高压。因此，设计深层气井所用防窜水泥浆体系应具备微膨胀、低渗透、水泥石抗高温的特点。

(1)高温水泥浆体系稳定性

普通硅酸盐油井水泥在大于110℃的高温条件下，强度骤然下降，水泥石渗透率急剧增大，为防止水泥石高温强度衰退，必须在水泥中添加高温稳定剂——硅粉(SiO_2)。

(2)高效防窜性能

为有效弥补水泥浆失重引起的气窜，不仅选用了以适用于高温条件下的铝粉为主要材料的防气窜膨胀剂，还选用了具有晶格膨胀效果的早强剂，与防气窜膨胀剂结合，可较好地解决水泥石体积收缩现象，并使水泥石总体积微膨胀。选用了以优质的胶粒水溶性聚合物为主要成分的降失水剂，该降失水剂不仅可以在气窜层位形成致密的薄膜，也可以充填在水泥颗粒间，增大孔隙流动阻力，从而遏止气体在水泥浆中运行。

(三)固井工艺

1. 井眼准备

①在通井、洗井时，要彻底将气侵钻井液替出环空。

②井下无坍塌，钻井液的含砂量较低。

③对于漏、涌并存井，先进行堵漏、压井、防喷工作。

④缩短注水泥前钻井液的静止时间。

⑤调整好钻井液流变性和动切力，提高钻井液的紊流程度，提高顶替效率。

⑥大排量洗井，考验井壁，在钻井液性能达到协作会要求后，以钻井排量的1.15～1.3倍循环洗井不少于两周。

2. 防气窜措施

维持压力平衡是控制和预防气窜的基本措施，如何控制气体最易侵入水泥浆中的时间

（简称气侵危险时间）与压力的平衡关系，则是解决环空气窜的技术关键。

①提高水泥浆顶替效率，有效去除井眼中疏松泥饼，使水泥浆充分填充。

②增加水泥石内的孔隙压力，弥补水泥浆失重造成的压力降低现象。

③增加孔隙阻力，降低水泥石的渗透率，阻止气体的窜流。

④ 缩短过渡时间，使水泥浆孔隙压力降到地层压力之前，胶凝强度增加到248Pa。

3. 平衡压力固井

对于深层气井完井钻井液，必要时为平衡压稳需要进行加重处理，以及降黏、降切的处理。下套管前必须保证井底清洁，流体压力与地层压力平衡。注替水泥浆前，循环钻井液进出口密度平衡，压稳气层，力求在平衡压力条件下固井。

4. 多凝水泥浆固井

在同一井中注入不同稠化时间的水泥浆，使水泥浆“失重”呈阶梯式发展，从而分段压稳不同深度的油、气、水层，达到防窜的目的。

第二章 采油技术

采油就是将地下油藏中的原油经济高效地开采至地面，是石油勘探开发流程中至关重要的一环，它与石油勘探、油气田开发、油藏工程等环节相辅相成。中原油田投入生产开发40多年以来，历经了快速上产、中期稳产以及后期效益建产三大开发阶段。紧密结合油田开发战略调整和不同开发阶段需求，加强采油技术科研攻关与技术配套，针对东濮老区“三高一低”的储层特点，形成了以射孔、举升、分采、抽油机井工况诊断、提液和控躺为核心的技术系列，在中原油田高水平、高效益开发中做出了杰出的贡献。

第一节 射孔技术

射孔是目前油田勘探开发主要的完井方法之一，利用聚能射孔弹产生的高温、高压冲击波射穿套管、水泥环并深入地层，为油气产出及压裂等的注入建立高效通道，被原石油工业部部长康世恩喻为勘探开发的“临门一脚”。为适应油气开发对象和作业要求的变化，射孔经历了从打开油气通道到保护油气层以提高完井效果，再到与增产措施结合以进一步解放油气层的角色变化，在此过程中，发展了负压射孔、多级脉冲复合射孔、后效射孔、联作射孔、超高温超高压射孔、定向射孔、泵送桥塞分簇射孔、牵引器射孔、连续油管射孔等系列技术及配套工艺。本章主要从射孔器技术、射孔工艺技术以及射孔新技术等方面对射孔技术进行梳理总结、阐述。

一、射孔器及配套装置

射孔器是指用于油气井射孔的爆破器材(射孔弹、射孔枪、导爆索、传爆管、雷管等)及其配套件的组合体。目前常用的射孔器是聚能射孔器。

(一)射孔弹

射孔弹是目前油田大量使用的一种以炸药为动力，具有聚能效应的油气井专用爆炸工具。射孔弹由药型罩、炸药和壳体三部分组成，炸药提供射孔弹爆轰穿孔的能量，药型罩在炸药爆轰冲击作用下形成射流，对目标靶进行侵彻，实现射孔的目的。

根据射孔弹自身的结构和使用方式可分为有枪身射孔弹和无枪身射孔弹，如图2-1-1所示。

当射孔弹被引爆时，装在壳体与药型罩之间的炸药发生爆炸，压垮药型罩，使药型罩各微元向轴线加速运动并碰撞，药型罩内表面的一部分金属在轴线上汇聚，形成一股高速运动的金属射流，药型罩的其余部分形成一个跟随金属射流低速运动的杵体。射流在极其短暂的时间内(微秒级)可以穿透油井内的套管和水泥环并侵入地层，在井筒与储层之间形成油气通道，如图 2-1-2 所示。

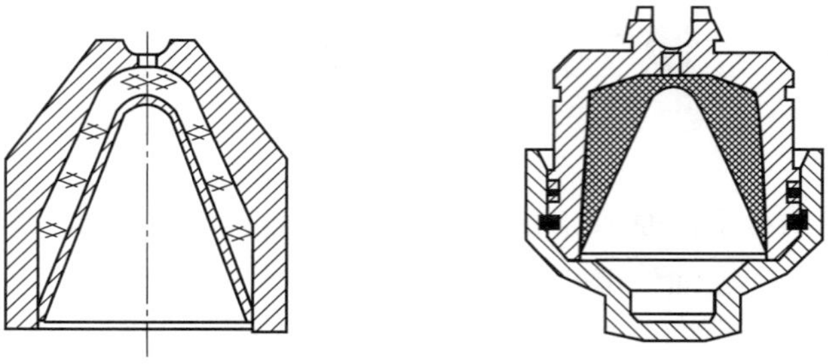

(a)有枪身射孔弹　　(b)无枪身射孔弹

图 2-1-1　两种类型射孔弹的剖面图

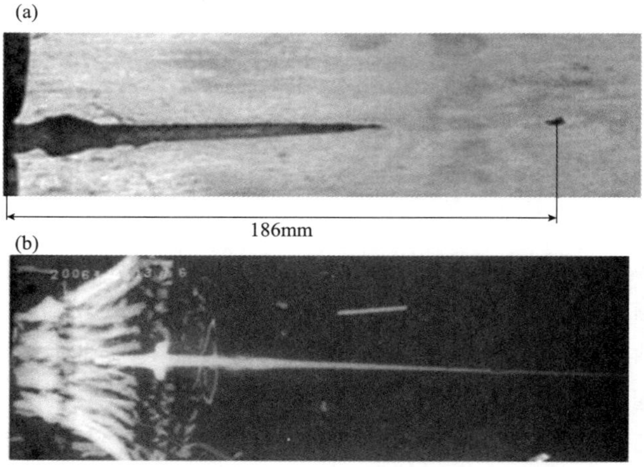

图 2-1-2　射孔弹的射流拉伸 X 射线照片及钢靶穿孔效果

(二)射孔枪

射孔枪是射孔弹的主要承载体，分为有枪身射孔枪和无枪身射孔枪。有枪身射孔枪通常由枪头、枪身、接头和枪尾形成一个完全密闭的空腔，按下井输送方式可分为电缆输送式射孔枪和油管(或连续油管)输送式射孔枪，其典型结构如图 2-1-3 所示。

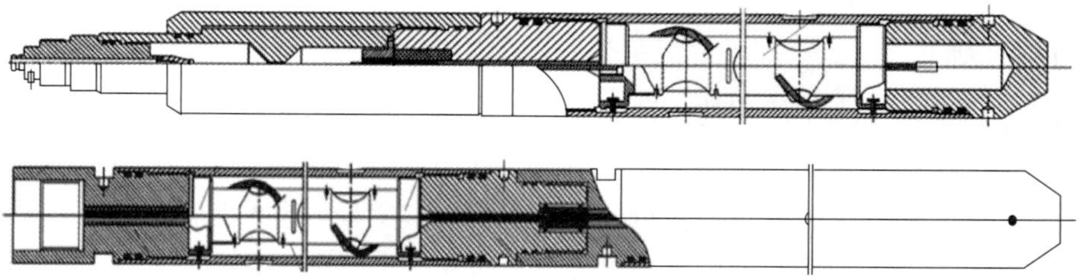

图 2-1-3　有枪身射孔枪典型结构示意图

无枪身射孔枪的结构比较简单，但弹架的型式较多，可分为钢丝弹架式、板式、螺旋式、链接式、杆式和张开式等。目前，国内常用的是板式和螺旋式两种无枪身射孔枪，如

图 2－1－4 所示。

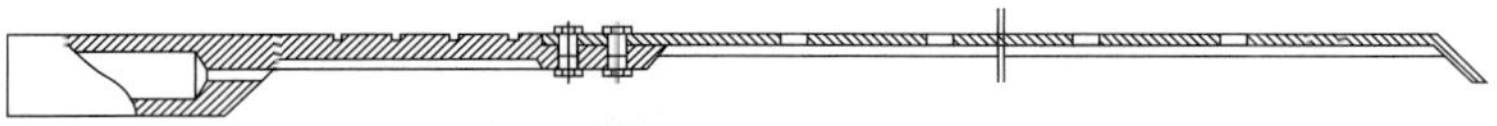
(a)板式

(b)螺旋式

图 2－1－4　板式和螺旋式无枪身射孔枪结构示意图

(三)雷管、起爆器及起爆装置

1. 雷管

雷管是管壳内装有炸药的一种火工品，为传爆序列中的一个元件，输出爆炸冲能，用来引爆其后的猛装炸药。为保障操作人员的安全，有防静电电雷管(图 2－1－5)、CL－CW180 磁电雷管(图 2－1－6)、耐压磁电雷管(图 2－1－7)、大电流机械安全雷管(图 2－1－8)等。

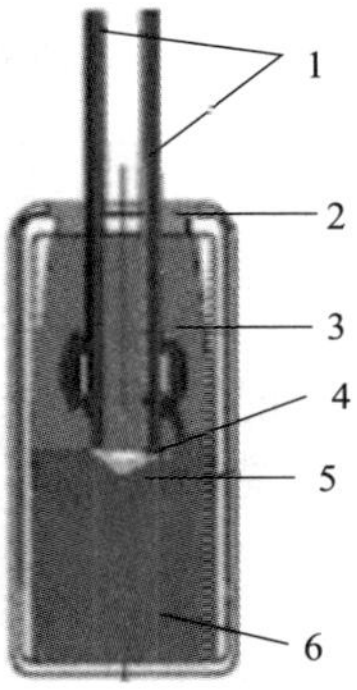

图 2－1－5　防静电电雷管结构示意图

1—脚线；2—导电孜；3—电极塞；4—桥丝；5—起爆药；6—猛炸药

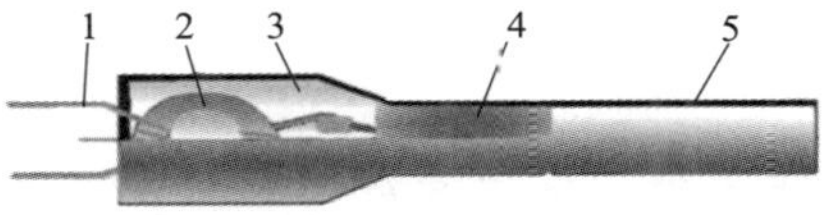

图 2－1－6　CL－CW180 磁电雷管结构示意图

1—脚线；2—磁环；3—填充物；4—电雷管；5—连接管

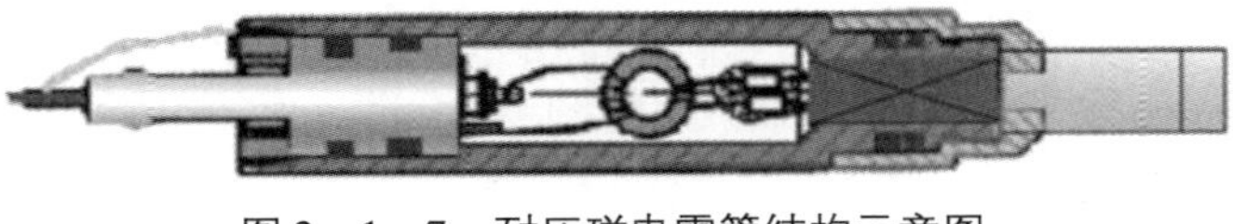
图 2－1－7　耐压磁电雷管结构示意图

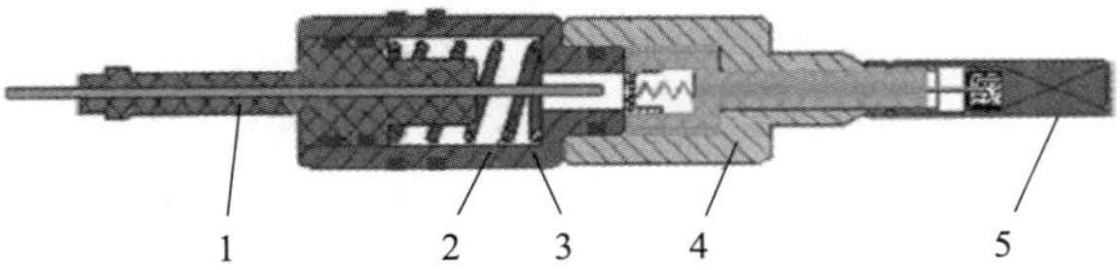

图 2－1－8　大电流机械安全雷管结构示意图

1—(耐压)插针；2—弹簧；3—开关本体；4—雷管座；5—电雷管

2. 起爆器

把由若干火工品组成的、用作起爆源的火工组件称为起爆器，常用的火工品有针刺火帽(图 2－1－9)、扩爆管等。

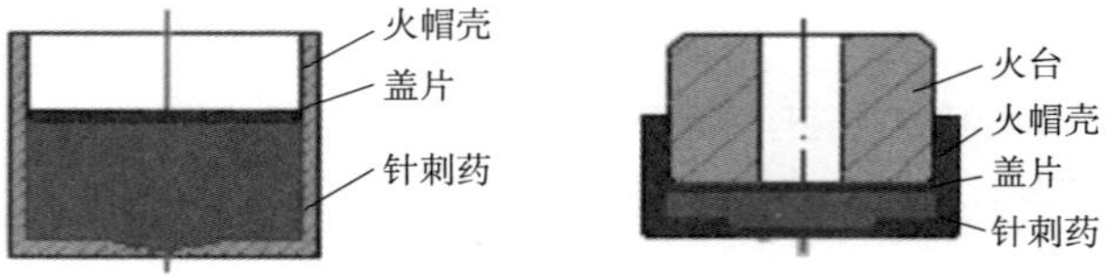

图 2－1－9 针刺火帽

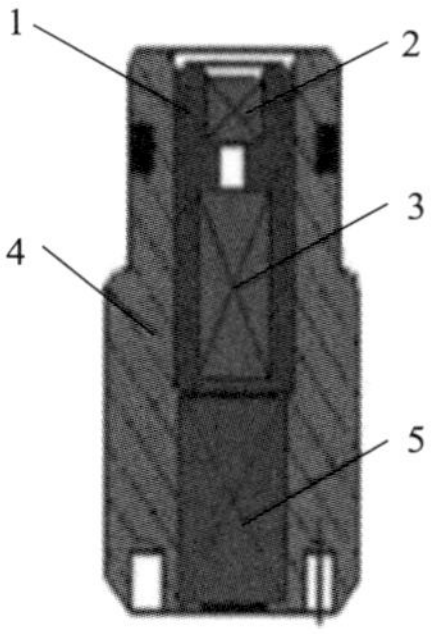

图 2－1－10 单列式的起爆器结构
1—火帽座；2—火帽；3—继爆雷管；4—外壳；5—扩爆管

(1)起爆器的原理及分类

目前，国内起爆器种类较多，其内部结构也各不相同，但其作用过程及输出效果是一样的。以常用的起爆器为例简述其作用原理。

起爆器一般由火帽→继爆雷管→扩爆管组成传爆序列，外覆以外壳构成，其结构如图 2－1－10 所示。

(2)作用原理

当具有一定冲能的击针刺入火帽时，由于“热点效应”的作用，药剂分解，产生爆轰和火焰，继而输出能量传向雷管。雷管接受能量后，起爆药开始爆轰，引爆一定密度和剂量的猛炸药，起到传爆和能量放大的作用。

3. 起爆装置

油气井油管输送射孔起爆装置由机械总成和起爆器(火工件)组成。对于起爆装置的分类，按作业方式分为撞击激发式起爆装置、压力激发式起爆装置及撞击与压力激发双效能起爆装置。

(四)传爆管、导爆索及传爆装置

1. 传爆管

传爆管由药剂和壳体组成，如图 2－1－11 所示。

传爆管的作用是“承上启下”，传爆药既要感度好，又要输出威力大，如图 2－1－12 所示。

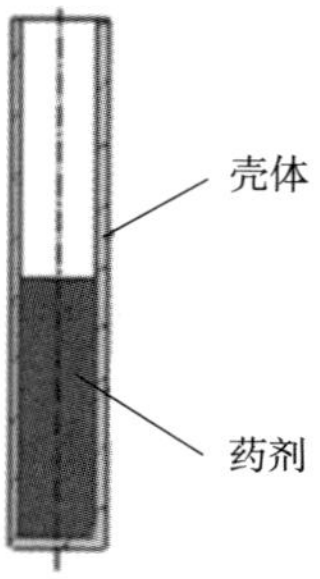

图 2－1－11 传爆管结构图

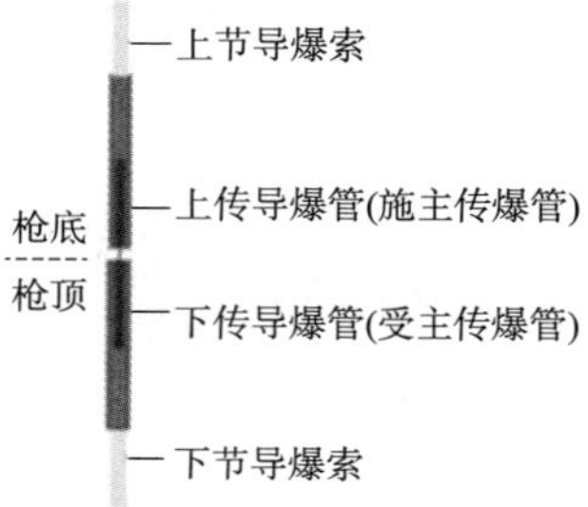

图 2－1－12 传爆管的作用原理

2. 导爆索

内装猛炸药、用来传递爆轰波的索类火工品称为导爆索。油气井用导爆索按产品的外皮材料类型分为塑料软管导爆索、线绕导爆索、编织导爆索、金属导爆索等，分类如

图 2－1－13 所示。

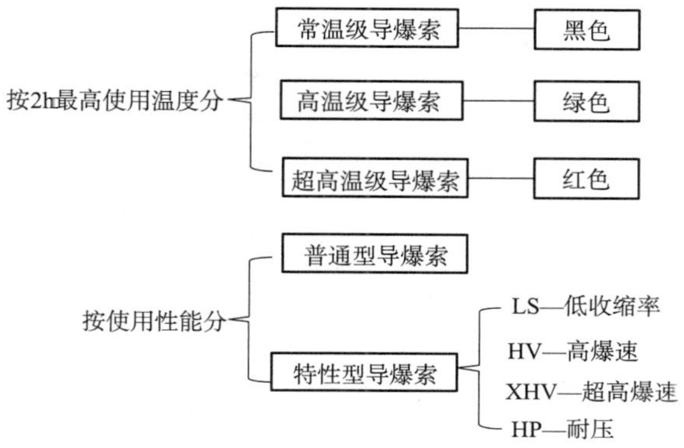

图 2－1－13 油气井导爆索分类

3. 传爆装置

(1)爆轰增能传爆装置

爆轰增能传爆装置是针对导爆索在穿过长射孔井段或通过较大夹层后能量衰减，安装在两枪之间联枪接头中提高爆轰波传爆能量、确保传爆序列可靠的装置。

爆轰增能传爆装置由联枪接头、增能器等构成，如图 2－1－14 所示。

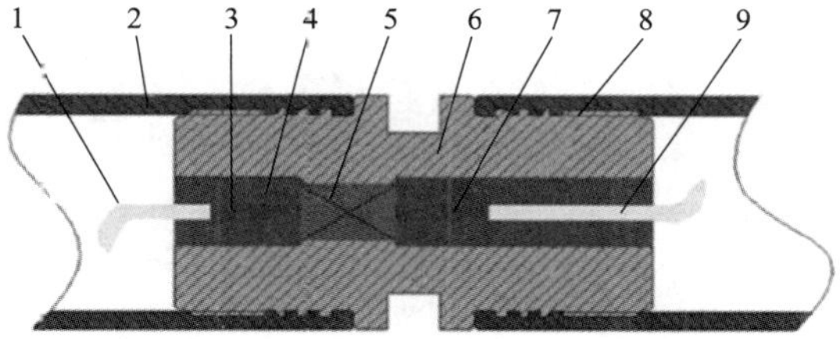

图 2－1－14 爆轰增能传爆装置结构图

1—导爆索；2—射孔枪；3—传爆管；4—扶正套；5—增能器；
6—联枪接头；7—传爆管；8—射孔枪；9—导爆索

(2)延期传爆装置

延期传爆装置可应用于压力、撞击和测试联作等多种射孔工艺，具有分钟级延时功能。延期时间可根据用户需求任意调节，使用方便、安全可靠。

延期传爆装置由接箍、点火隔板、点火延期引爆机构等构成，如图 2－1－15 所示。

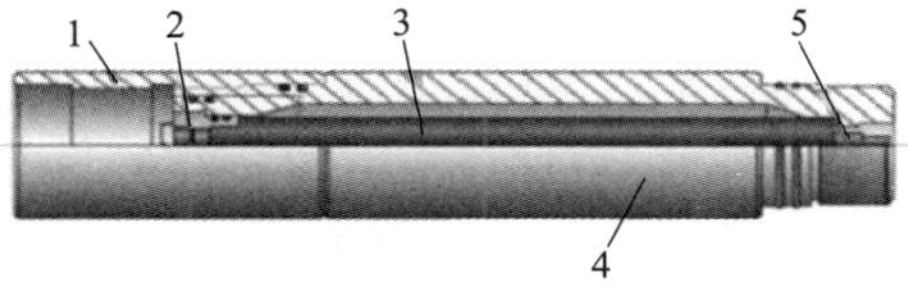

图 2－1－15 延期传爆装置结构图

1—接箍；2—点火隔板；3—点火延期引爆机构；4—本体；5—爆炸机构

(3)隔板密封传爆装置

隔板密封传爆装置可与安全枪或夹层枪连接，不仅能可靠地传递爆轰波，还能可靠地密封安全枪或夹层枪，不让井下污物进入枪内，这样不用清洗夹层枪即可重复使用。该装置具有密封隔离的功能，因而能满足某些特殊射孔工艺的需求，如用于高压油气井完井作业等。

隔板密封传爆装置由传爆组件、泄压阀、隔板等组成，如图2－1－16所示。

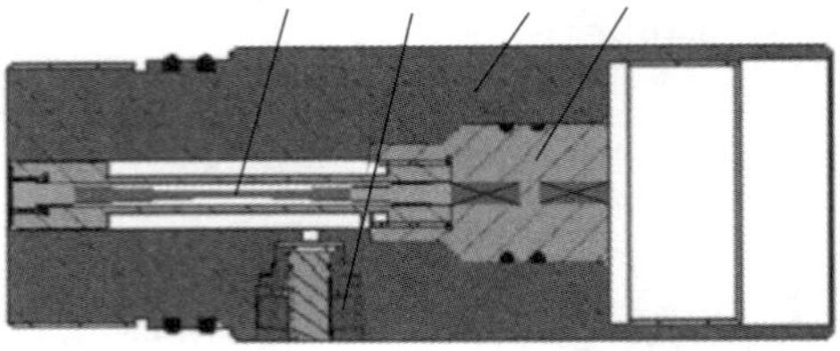

图2－1－16　隔板密封传爆装置

(五)配套工具

配套工具有电缆桥塞、桥塞坐封工具 、注灰筒、丢枪装置、减震器、筛管、打捞工具等。

打捞工具用于打捞油管输送射孔TCP作业中的投放棒。

打捞工具主要由盖帽、连接套、剪切销、保护帽和止动块等组成，其结构如图2－1－17所示。

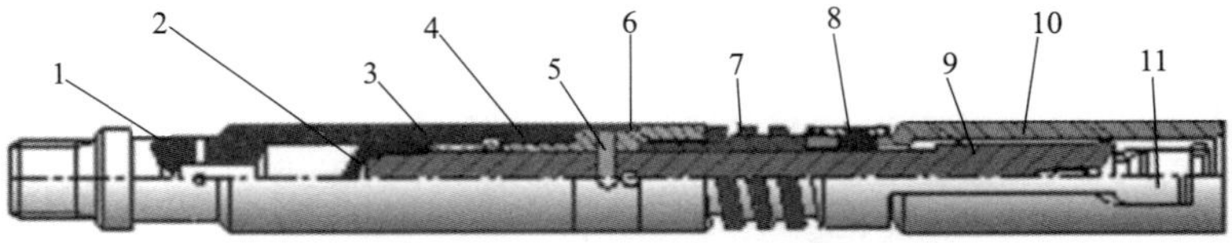

图2－1－17　投放棒打捞工具结构示意图

1—上接头；2—盖帽；3—提升弹簧；4—连接套；5—剪切销；6—保护帽；7—卡爪弹簧；8—止动块；9—芯轴；10—卡爪套筒；11—卡爪

二、射孔工艺技术

(一)射孔施工方式

1. 电缆输送射孔

电缆输送射孔是用电缆将射孔器通过井口防喷器和井内油套管输送到射孔储层，在套管内通过深度校正，然后对目的层进行射孔的一种常规射孔方法。电缆输送射孔适合于地层压力较低、自喷能力较弱、井斜较小、层位较少等油气井射孔施工。

按工艺的不同，可分为普通电缆输送射孔工艺、电缆输送过油管射孔工艺(常规式和张开式)和电缆输送密闭式射孔工艺。现场施工示意如图2－1－18所示。

电缆射孔枪串由枪身、点火头、CCL定位器和电缆接头组成。电缆射孔管柱结构示意如图2－1－19所示。

2. 电缆输送射孔分次起爆技术

电缆输送射孔分次起爆技术是一种用电缆一次将多支射孔器输送下井，对井下不同深度的射孔层位进行分次选择性射孔的工艺技术。电缆输送射孔分次起爆控制技术分为机械控制和电子器控制两种方式。

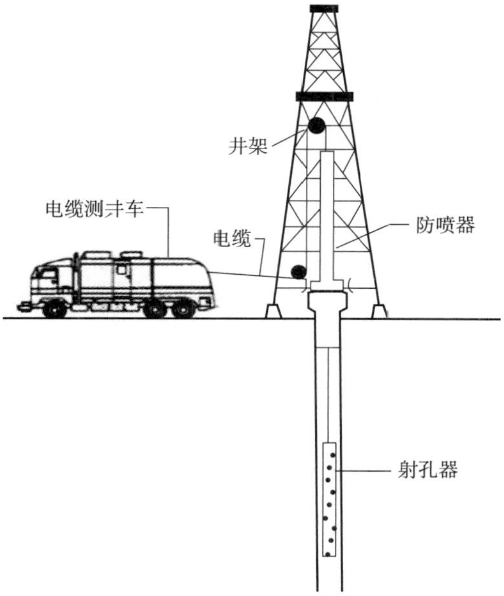

图 2－1－18　电缆射孔现场施工示意图

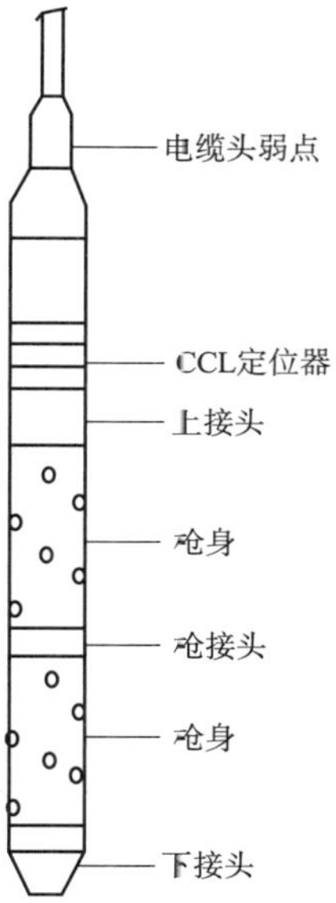

图 2－1－19　电缆射孔管柱结构示意图

电缆输送射孔分次起爆系统由井下压力开关装置、检测仪器（包括地面和井下两部分）及射孔器三部分组成，图 2－1－20 是地面检测仪器照片，图 2－1－21 是井下检测仪器照片，图 2－1－22 是电缆输送分次起爆系统结构示意图。

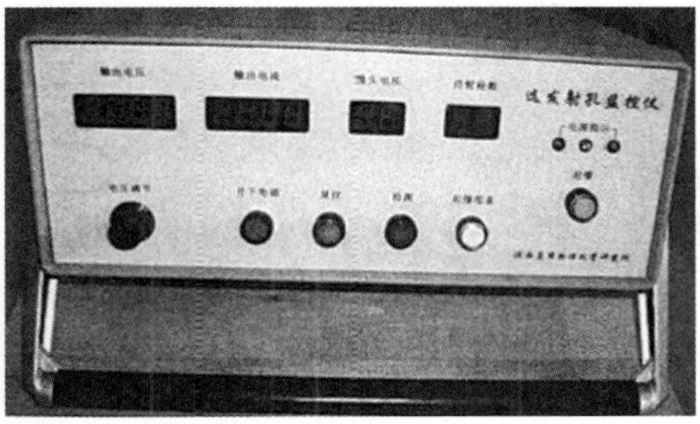

图 2－1－20　地面检测仪器

图 2－1－21　井下检测仪器

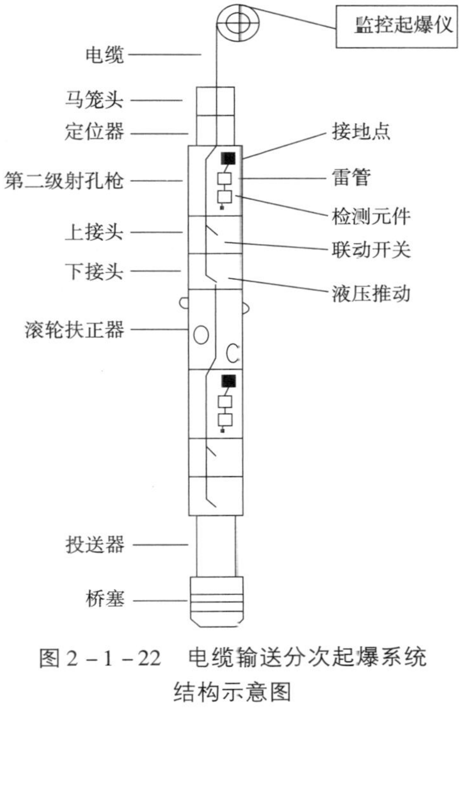

图 2－1－22　电缆输送分次起爆系统结构示意图

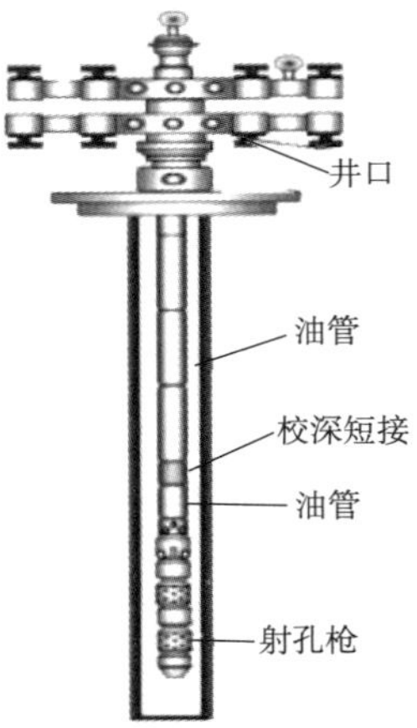

图 2－1－23 油管输送射孔结构示意图

3. 油管输送射孔

油管输送射孔简称 TCP，在大斜度井、水平井、高压气井、防砂井和低渗透地层的射孔作业中具有其他射孔方法所不具备的优势。

油管输送射孔技术是把一口井所要射开的油气层的射孔器全部串接在油管或钻杆管柱的尾端，形成一个硬连接的管串下入井中。通过测量磁定位曲线或放射性曲线校深调整管串对准射孔层位，采用撞击或加压两种方式引爆射孔器，对目的层进行射孔。油管输送射孔结构示意如图 2－1－23 所示。

4. 连续油管输送射孔

一般的连续油管输送射孔管柱，除连续油管设备，还包括射孔器总成、压力延时点火头、循环接头和连续油管接头等，如图 2－1－24 所示。

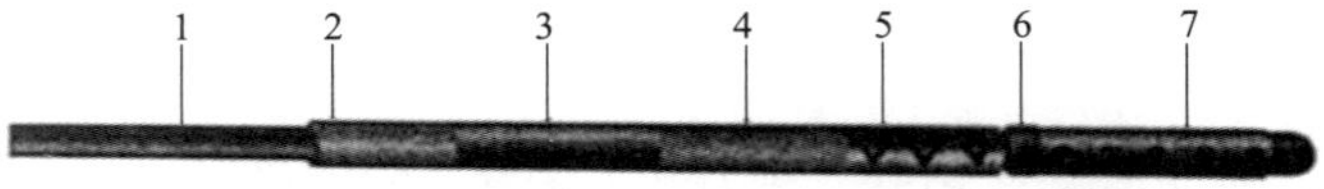

图 2－1－24 连续油管输送射孔管柱示意图

1—连续油管；2—连续油管接头；3—循环接头；4—液压投球丢手装置；5—液压减震器；6—压力延时点火头；7—射孔器总成

典型的连续油管输送作业设备如图 2－1－25 所示。

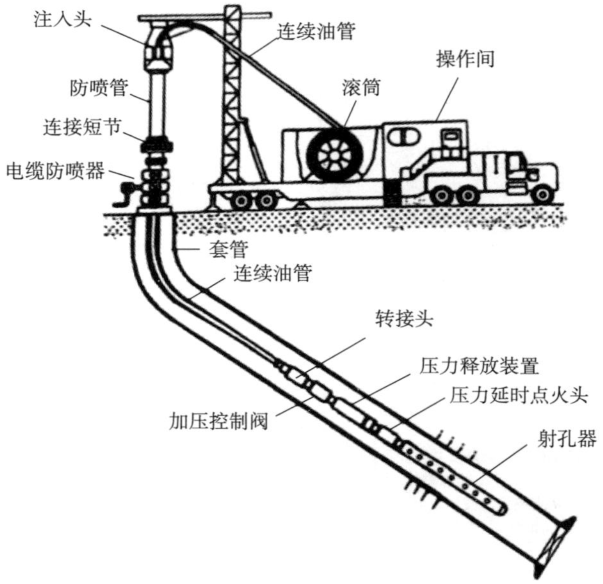

图 2－1－25 连续油管输送作业设备示意图

(二)射孔施工技术

1. 多级脉冲复合射孔技术

多级脉冲复合射孔技术是一项集射孔与高能气体压裂于一体的高效完井技术，能在射孔的同时进行高能气体压裂，类别为内置式、下挂式、外套式及组合式等系列复合射孔器，并采用电缆输送或油管输送方式输送至目的层，通过应用实现了较好的增产、增注效果。

多级脉冲复合射孔技术在射孔的同时，利用顺序燃烧的多级固体推进剂产生多次脉冲高温、高压气体，以冲击加载的形式沿射孔孔道挤压振动地层，使射孔孔道以裂缝的形式延伸扩展，并反复加载，冲刷地层并携带岩石支撑剂进入地层，防止地层生成的多条裂缝闭合。对于新井可以增加原油产量，对于污染严重的老井可以解除近井地带的污染，改善近井地带渗透性能，从而提高油气井完善程度，实现射孔完井、增产、增注的目的。多级脉冲复合射孔器结构示意如图 2－1－26 所示。

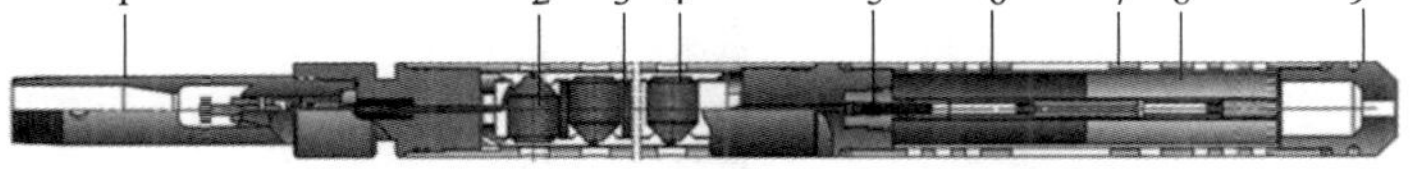

图 2－1－26　多级脉冲复合射孔器结构示意图

1—起爆器；2—射孔弹；3—增效药盒；4—前置药盒；5—隔板延时点火器；6—压裂药柱 2；7—筛管；8—压裂药柱 1；9—筛管尾

在现场应用中，当起爆器起爆之后，引爆射孔弹，高温、高压、高速微粒金属流射穿套管、水泥环及油气层岩石形成孔眼。同时，点燃射孔枪内前置药盒或旁置药盒，燃烧产生的高温高压气流，形成第 1 次加载高压脉冲冲击波，冲刷射孔通道，加大加深射孔通道，在孔眼内壁产生微裂缝。随即引燃挂接在枪尾的压裂药柱，形成 2 次以上的加载高压冲击波，对地层实施连续加压，快速延伸拓展地层裂缝。由于压裂药柱装药量大，产生大量的高温高压气体，压开地层产生裂缝，形成高速涡流，使在地层形成裂缝的速度迅速加快，充分利用高压气体产生的能量，在地层产生较长的裂缝体系，改善流体渗流环境，增加沟通地层中天然裂缝的机会，增大供给半径，同时减少射孔压实带的影响，改善射孔破坏状况，消除钻井、作业、射孔等对地层的污染。多级脉冲复合射孔器施工过程描述如图 2－1－27 所示。

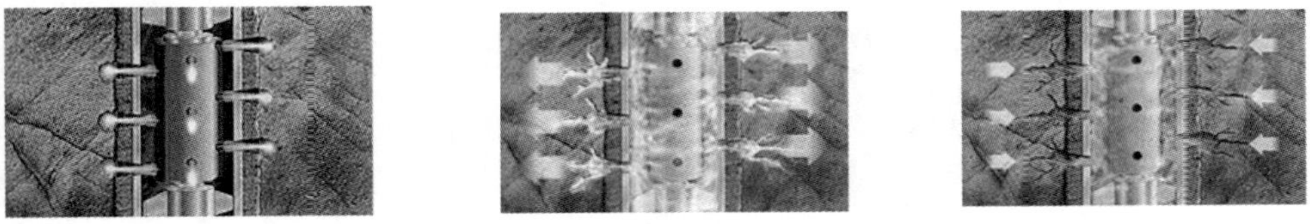

(a)射孔　(b)高能气体压力脉冲　(c)液体回流

图 2－1－27　多级脉冲复合射孔器施工过程描述图

2. 负压射孔技术

射孔弹对地层射孔产生射孔孔道，碎屑和射孔残余物在孔道内形成压实带，与原始地层渗透率相比，其渗透率要低得多，而负压射孔能够有效地缓解此问题。

静态负压射孔是射孔前井筒内液柱压力低于储层压力，由于负压差的存在，可使地层流体产生一个反向回流，能较好地清洁射孔孔道，降低射孔伤害。因此静态负压射孔的井眼压力是保持恒定的。

静态负压射孔实现方法有抽汲气举和采用负压阀等几种。

负压阀要配合封隔器使用，又分为隔离式负压射孔(管柱结构如图2－1－28所示)、撞击压力开孔负压射孔(管柱结构如图2－1－29所示)、环空加压负压开孔射孔(管柱结构如图2－1－30所示)。

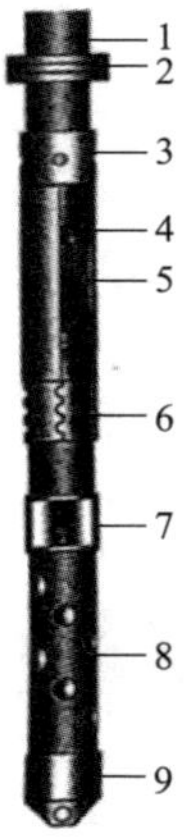

图2－1－28　隔离式负压射孔管柱结构示意图

1—油管；2—封隔器；3—负压阀；4—易碎罩；5—隔离短节；6—筛管；7—起爆装置；8—射孔器；9—枪尾

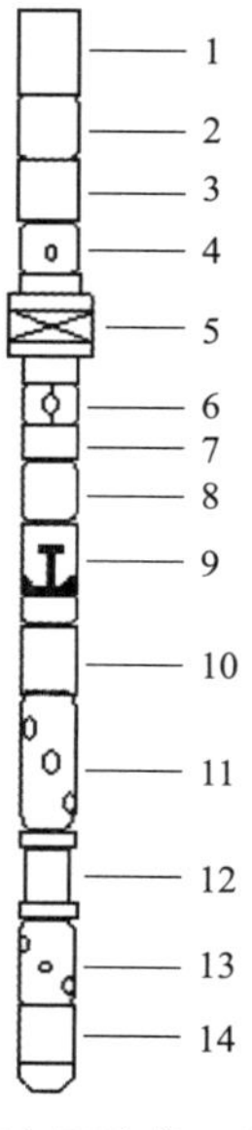

图2－1－29　撞击压力开孔负压射孔管柱结构示意图

1—油管；2—校深短接；3—提升油管；4—循环阀；5—封隔器；6—撞击压力开孔装置；7—提升油管；8—沉沙装置；9—起爆装置；10—安全枪；11—射孔器；12—多级起爆装置；13—射孔器；14—尾声弹

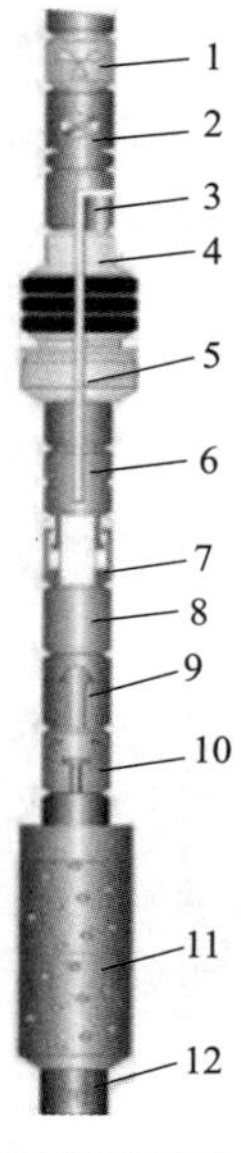

图2－1－30　环空加压负压开孔射孔管柱结构示意图

1—放射性接头；2—测试阀；3—旁通接头；4—封隔器；5—传压中心管；6—负压开孔装置；7—减震器；8—油管，9—防沉砂压力；10—缓冲装置压力延时点火头；11—射孔枪；12—压力延时点火

3. 酸性气田超长井段射孔技术

酸性气田超长井段水平井射孔施工应用了抗硫无缝钢管射孔枪、射孔枪内定向技术、双向多延时级起爆、补偿式传爆接头、抗震管柱设计等一系列适合高含硫水平井的射孔工具，并设计了相应工艺技术措施。

管柱采用多级纵向减震设计，降低了爆轰波对输送管柱的冲击，提高了输送管柱的安全系数，管柱如图2－1－31所示。

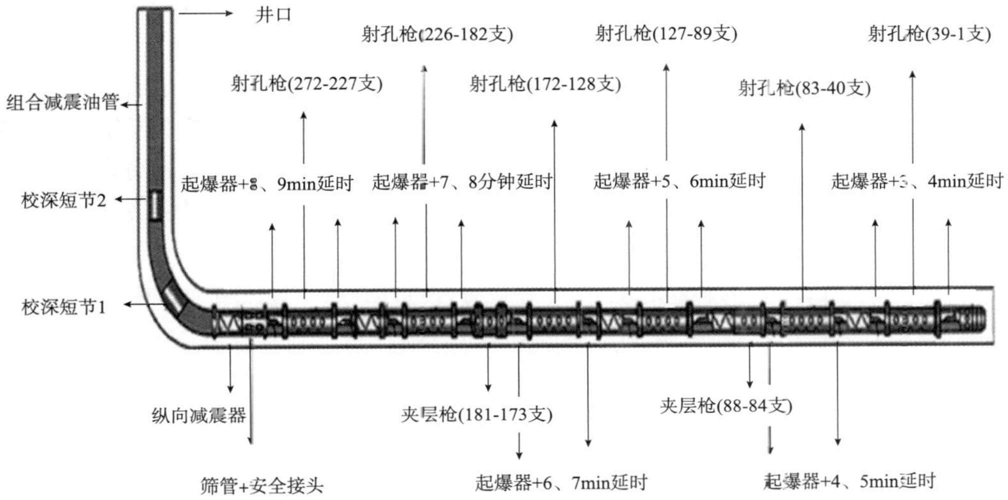

图2－1－31　酸性气田超长井段水平井射孔管柱图

采用多级压力延时起爆技术，将超长的射孔层段分为100～200m不等的独立起爆单元，既保证了起爆、传爆的可靠性，又分散了大量射孔弹同时爆轰的能量，降低了射孔瞬间爆轰波对井下套管的损害。

水平段射孔采用弹架旋转定向方式。当射孔枪送到大斜度或水平井段时，弹架上的偏重块在重力作用下，会自动调整定位射孔弹发射角度，实现定向射孔(实际装配如图2－1－32所示)。

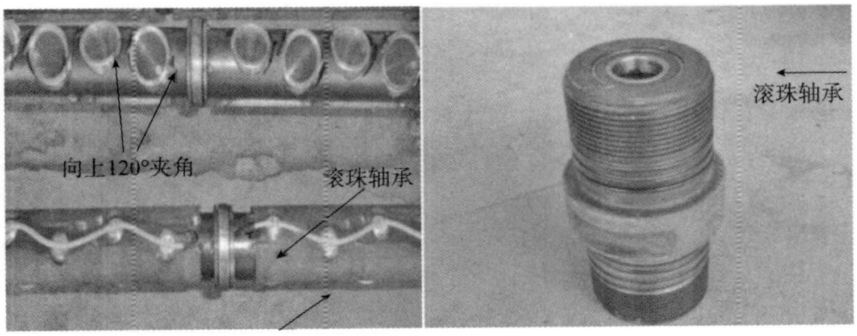

图2－1－32　装配好的射孔弹架射孔枪接头

起爆、传爆技术措施有多级压力延时起爆技术、补偿式传爆技术、低碎屑射孔弹等。

4. 后效射孔技术

粉尘爆炸是严重的工业灾害。在军事上，利用这一现象制造出了云爆弹，用于毁伤敌军舰船及消灭丛林敌人。利用这一原理，在射孔弹口部加装由新型功能性材料组成的后效体，借助射孔弹爆炸后产生的涡流场引力，将这些不同粒度的雾状高能粒子曳入射孔孔道内，对孔道、储层做有效功。

5. 射孔－测试联作技术

射孔－测试联作技术主要用于勘探井。本部分分别对陆上和海上的射孔－测试联作技术进行叙述。测试器的种类比较多，如 MFE、HST、PCT、APR 等，本部分将仅介绍 MFE、APR 这两种常用测试器与射孔的联作技术。

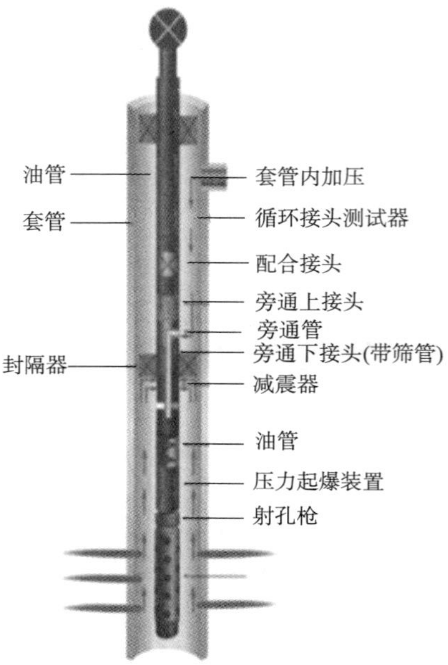

图 2－1－33 油管输送射孔－MFE 测试地层联作管柱结构示意图

(1) 油管输送射孔(TCP)－MFE 地层测试器联作

油管输送射孔－MFE 地层测试器联作工艺技术是将 TCP 器材与测试器组合在一趟管柱上，一次下井可同时完成油管输送射孔和地层测试两项作业，能提供最真实的地层评价信息，获取动态条件下地层和地层流体的各种特性参数。管柱结构示意如图 2－1－33 所示。

(2) 油管输送射孔－APR 全通径测试器联作

APR 全通径测试器是一种压控测试器，由环空压力控制测试阀的开关。由于它的通径大，除具有常规测试器的功能，还适合于高产油气井的测试，并且下一趟管柱能完成射孔—测试—酸化(压裂)—再测试等综合作业以及电缆作业。管柱结构示意如图 2－1－34 所示。

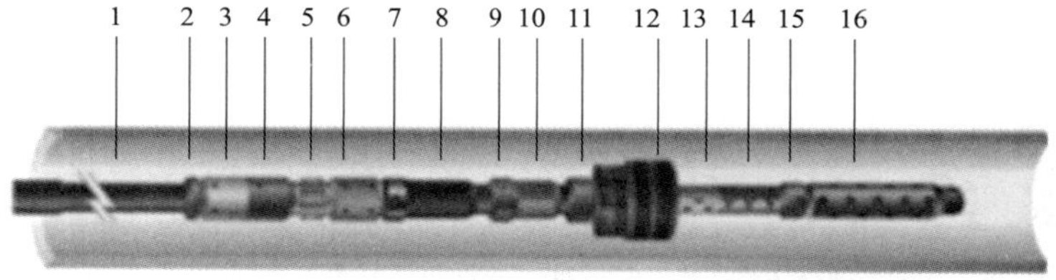

图 2－1－34 全通径测试器联作管柱结构示意图

1—油管；2—配合接头；3—OMNI 阀；4—RDS 循环阀；5—放样阀；6—LPR－N 阀；7—RD 取样阀；8—压力计托筒；9—液压旁通阀；10—振击器；11—安全接头；12—RTTS 封隔器；13—筛管；14—减震器；15—起爆装置；16—射孔枪

三、射孔新技术

(一) 泵送桥塞－射孔联作技术

水平井分段压裂泵送桥塞射孔联作技术是国外页岩气、煤层气以及低渗透致密油气藏分段压裂完井的一项主流技术。

将定位仪、多根射孔枪、坐封工具及复合桥塞等串联在一起，采用电缆输送射孔 + 桥塞联作施工，水平段通过向井筒泵送液体的方式将射孔枪及桥塞输送到目的层，坐封桥塞后上提电缆，在预定的不同深度处逐级定位，多个射孔枪依次在不同的深度点火射孔，最后起出电缆再进行水力压裂。如此循环即可对整个水平层段完成分段射孔和压裂。

该工艺技术井口上部配接电缆防喷装置，下井工具串结构如图 2－1－35 所示，分段点火示意如图 2－1－36 所示。

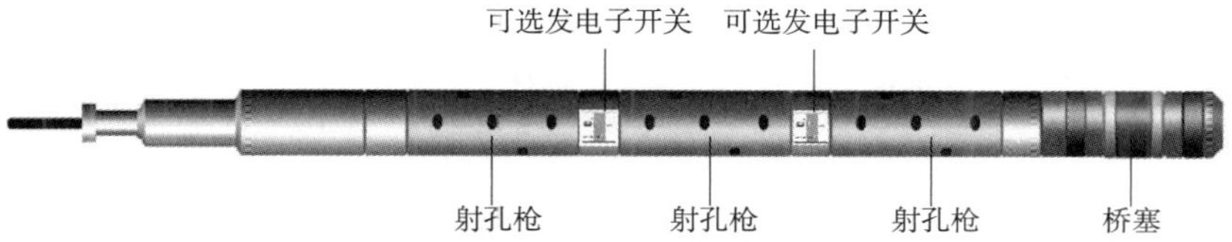

图 2－1－35　射孔器与桥塞联作管串图

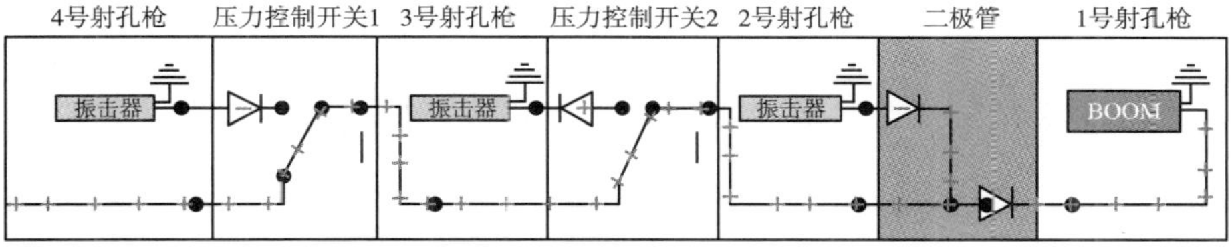

图 2－1－36　射孔器分段点火示意图

(二) 定方位射孔技术

定方位定射角射孔技术主要应用于薄储层与复杂储层的开采射孔作业。定方位定射角射孔技术是通过预先调整射孔弹射流方向与射孔枪间夹角，通过特定的定方位结构，使射孔弹射流方向平行于油气储层射出(或朝向指定方位射出)。图 2－1－37 是定方位定射角射孔技术与普通射孔效果对比示意图。根据井斜不同，主要分为直井定方位射孔技术和斜井定方位射孔技术。

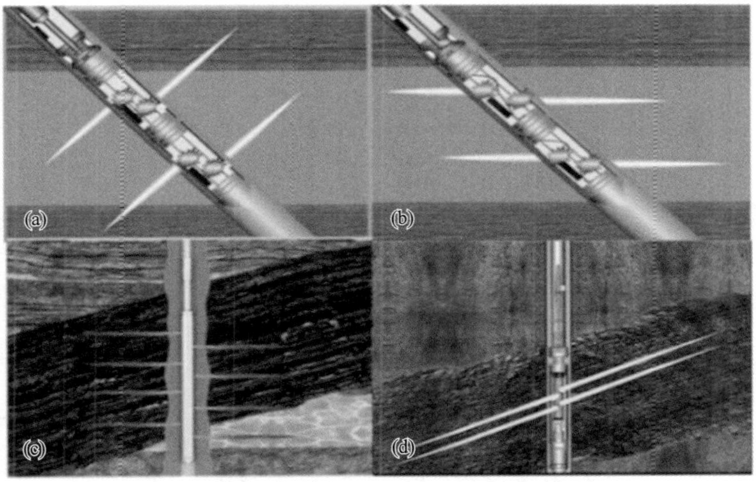

(a)、(b)普通射孔　　(c)、(d)定方位定射角射孔

图 2－1－37　定方位定射角射孔技术与普通射孔效果对比示意图

油管输送直井定方位定射角射孔管柱结构示意如图 2 – 1 – 38 所示。

斜井油管输送定方位射孔管柱结构示意如图 2 – 1 – 39 所示。

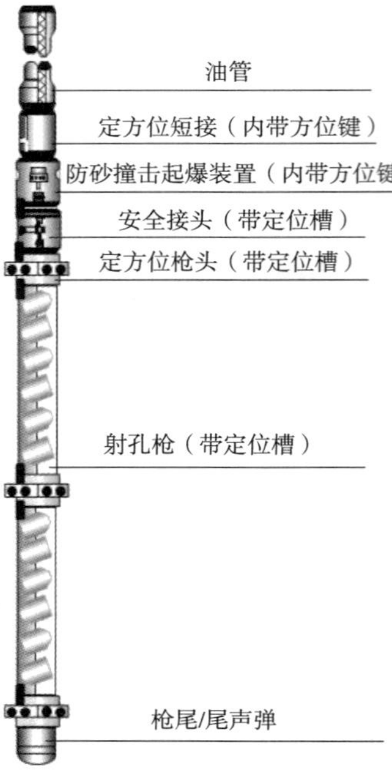

图 2 – 1 – 38　直井定方位定射角射孔管柱示意图

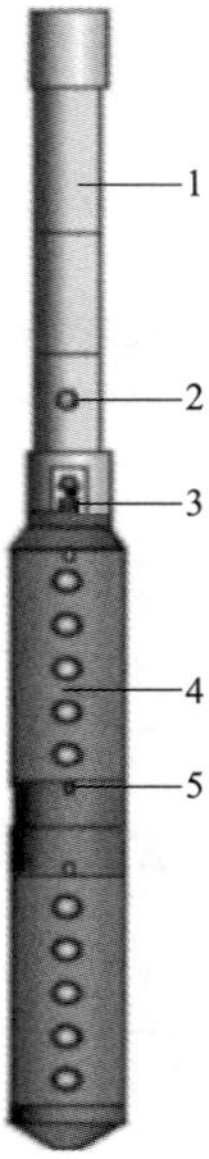

图 2 – 1 – 39　斜井油管输送定方位射孔管柱结构示意图

1—方位短接；2—方位键；3—起爆装置；4—射孔器；5—连接键

电缆输送定方位射孔管柱结构如图 2 – 1 – 40 所示。

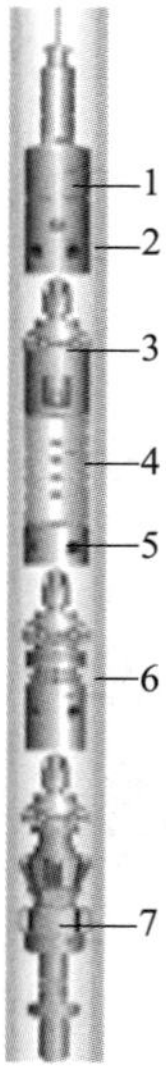

图 2 – 1 – 40　电缆输送定方位射孔管柱结构图

1—深度定位仪器；2—投送/回收工具；3—导向器；4—射孔器；5—定向器；6—深度 – 方位补偿器；7—射孔器支撑器

水平井泵送桥塞－射孔联作定方位射孔技术，能够有效控制裂缝走向，降低地层破裂压力，如图2－1－41所示。压裂时的裂缝走向沿井筒横向扩展，避免段与段之间压裂裂缝的交叉串通，完善缝网系统，提高产能，如图2－1－42所示。

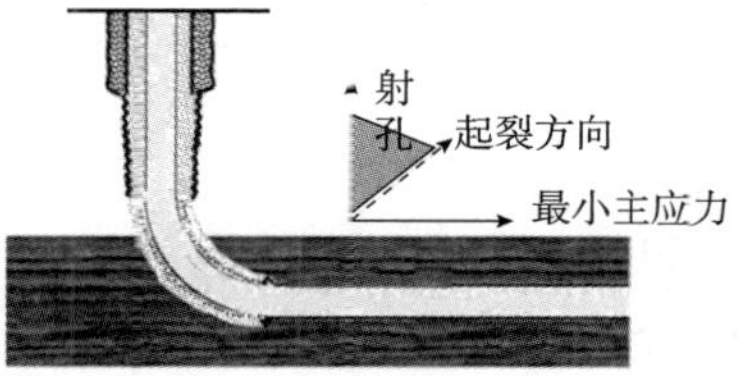

图2－1－41　横向起裂示意图

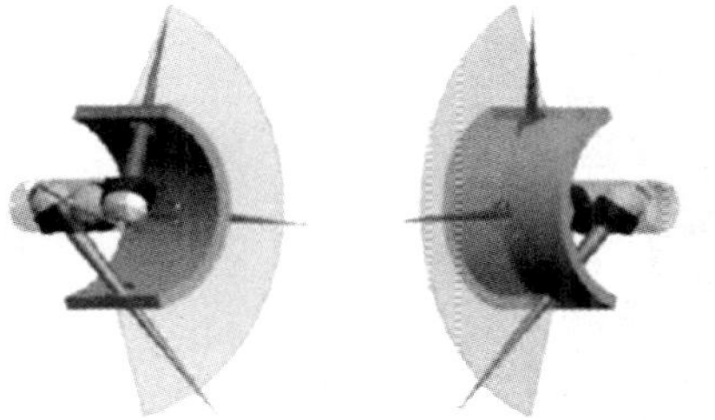

图2－1－42　定向、定面射孔示意图

采用泵送桥塞－射孔联作定向(弹架旋转定向)射孔，结构示意如图2－1－43所示。

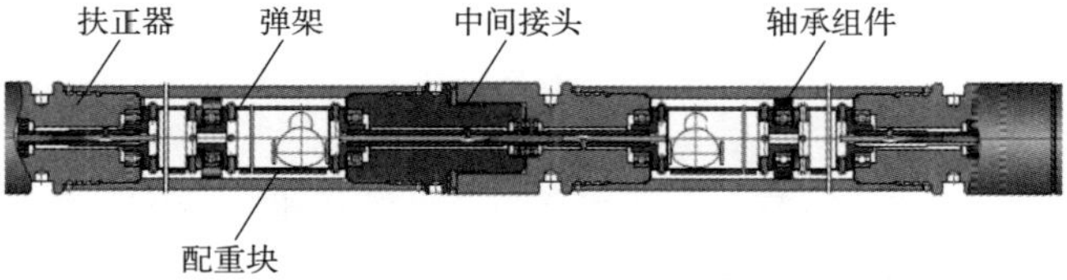

图2－1－43　定向射孔枪基本结构示意图

内定向定方位定射角射孔技术，结构示意如图2－1－44所示。

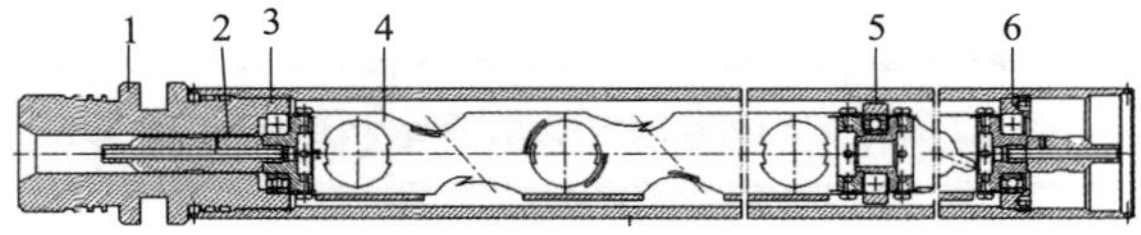

图2－1－44　内定向定方位定射角射孔器结构示意图

1—中间接头；2—上扶正管；3—射孔枪；4—定射角弹架；5—中间轴承组件；6—下轴承组件

定方位离不开陀螺仪，测试管柱结构示意如图2－1－45所示。

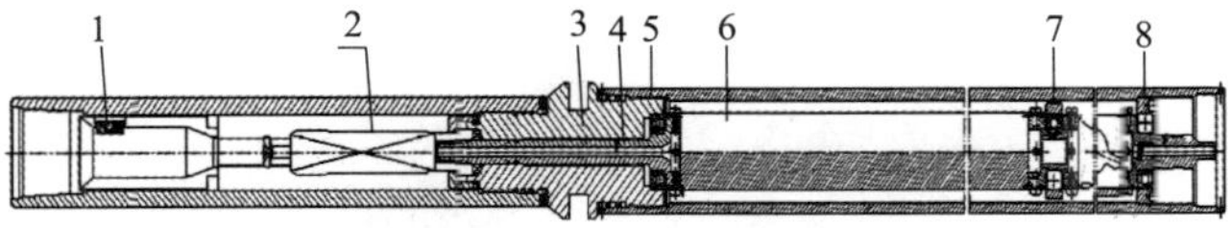

图2－1－45　陀螺测试管柱结构示意图

1—方位键；2—自旋转起爆装置；3—起爆器接头；4—枪头扶正器；5—射孔枪；6—能量弹架；7—中间轴承组件；8—下轴承组件

(三)动态负压射孔

动态负压射孔管柱由射孔器及降压装置组成，如图2－1－46所示。其中，降压装置由带有若干降压孔的开孔器和具有一定容积的降压枪组成。在射孔爆炸瞬间，降压装置上开孔器的降压孔被打开，其周围的液体以非常大的加速度向降压枪内流动，而其造成的惯性力使快速降压装置周围的液体产生了极大的负压差，图2－1－47是动态负压射孔测试曲线。在动态负压过程中，利用快速冲击回流，清洁射孔孔道及压实带。

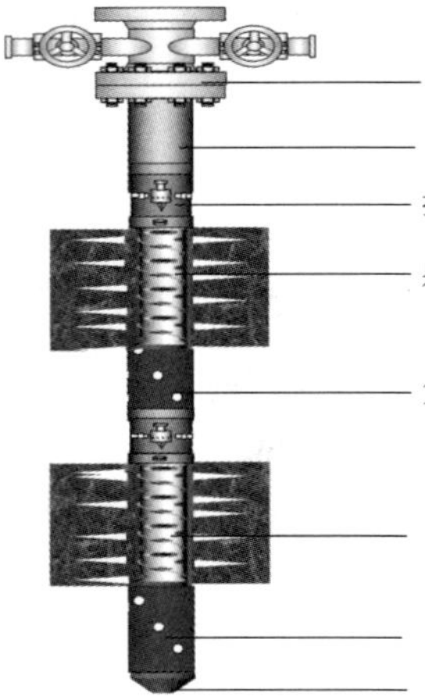

图 2－1－46　动态负压射孔管柱结构示意图

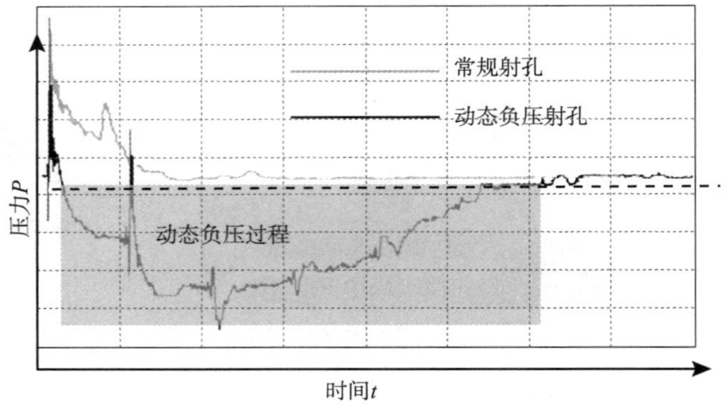

图 2－1－47　射孔后井筒压力随时间变化曲线

(四)牵引器射孔

牵引器主要由 CCL 磁定位短节、电子线路短节、液压推靠及牵引短节等组成，如图 2－1－48 所示。通过地面控制使推靠牵引臂紧贴套管内壁，并控制牵引滚轮转动，实现牵引器向前或向后的牵引功能。当实施牵引器输送射孔时，直接在牵引器末端配接抗震及电气安全隔离等功能短节及射孔枪，通过牵引器将射孔枪输送到位，即可进行射孔作业。

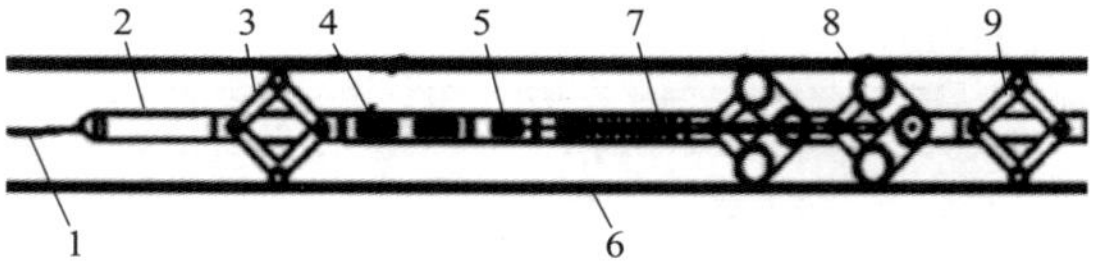

图 2－1－48　推靠牵引短节及牵引滚轮

1—电缆；2—马龙头；3—扶正器；4—CCL；5—电子线路；6—套管；7—液压推靠；8—推靠牵引；9—扶正器

第二节　举升技术

油田开发过程中面临着稠油(高黏原油)、高含砂、高气油比等难题。针对不同工况的油井，中原油田先后引进应用了空心杆电加热稠油举升技术，气举、直线电机驱动采油技术，地面驱动螺杆泵技术，液力采油技术等各种新型人工举升技术，为油田的稳产、提产做出了重大贡献。

一、稠油举升技术

稠油开采过程中存在原油举升困难、抽油杆负荷过重、下行困难、抽油机载荷加大、原油进泵困难等问题。空心杆电加热工艺技术是伴热采油工艺技术的一种，常用于机抽井及螺杆泵井两种类型井中，可高效开展稠油、高凝油以及含蜡井的原油举升，同时还能避免常规热洗污染油层的问题。

（一）抽油机井空心抽油杆电加热装置

1. 技术原理

以连续或间断方式通过空心抽油杆内腔，向油管内注入热油、热水、蒸汽或化学药剂等热载体来提高井筒温度，降低原油黏度、消除井筒结蜡，使油井能正常生产。热载体由地面流程，经高压软管注入悬接器、空心光杆、空心抽油杆、单向掺水阀进入油管与空心抽油杆的环空中，在油管内与原油混合，举升至地面采输系统空心抽油杆注入热载体采油装置如图 2－2－1 所示。

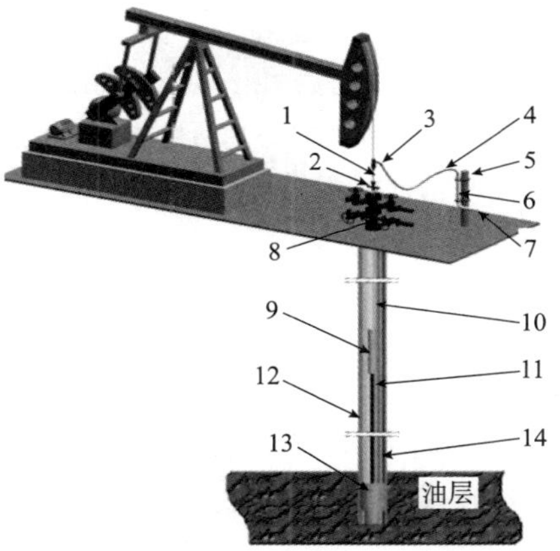

图 2－2－1　空心抽油杆注入热载体采油装置

1—空心光杆；2—防喷盒；3—悬接器；4—掺入软管；5—掺入立柱；6—掺入立管；7—热载体入口；8—井口四通；9—单向掺水阀；10—空心杆；11—实心杆；12—套管；13—抽油泵；14—油管

2. 技术特点

采用空心杆电加热工艺可使原油黏度显著下降，油井提升阻力明显降低，油井泵效一般可提高 20% 以上；油井的生产效率提高，生产周期延长，其装置安装、管理方便，无须对油井进行周期性热洗、加药，一线采油工的管理强度显著降低；综合经济效益显著。

3. 适用范围

原油黏度：100～10000mPa·s，胶质沥青：≤40%，含蜡量：≤45%，凝固温度：≤50℃，加热深度：＜2000m。

4. 应用情况

白音查干油田已有 8 口井应用抽油机空心抽油杆电加热装置，取得了很好的现场应用效果。措施后免修期较措施前平均延长了 73d，清蜡费用比只有常规热洗费用的 19%，单井节省10680元；大幅降低了人工劳动强度，空心抽油杆中频电热采油装置清蜡或解卡只需两人，清蜡或解卡时间一般在8～10h，清蜡或解卡效果明显。

(二)螺杆泵井空心抽油杆电加热采油装置

1. 基本结构

螺杆泵井空心抽油杆电加热采油装置主要由电源控制柜、送电转换器、加热电缆、螺杆泵专用驱动空心杆四部分组成。其结构如图2－2－2所示。

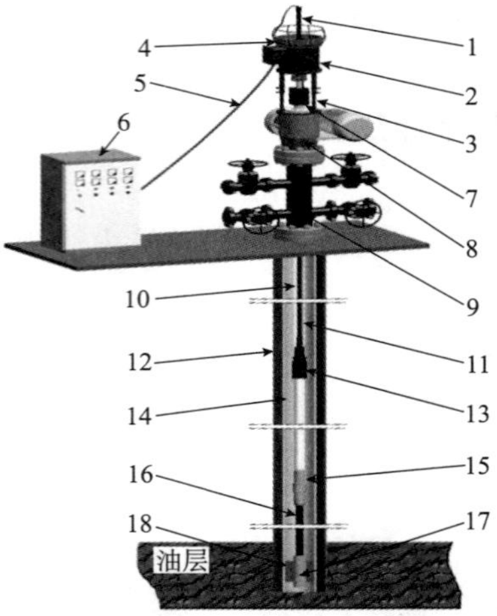

图2－2－2　螺杆泵井空心抽油杆电加热采油装置

1—光杆接箍；2—送电转换器；3—支架；4—整体电缆；5—二次电缆；6—电控柜；7—承扭和承拉卡瓦；8—驱动头系统；9—井口四通；10—空心抽油杆(驱动杆)；11—加热电缆；12—套管；13—终端器；14—油管；15—变扣接头；16—实心杆；17—转子；18—定子

2. 技术原理

利用螺杆泵专用驱动空心杆(抗扭能力大，抗断脱性好)，使泵上原油全程加热，提高整套装置的性能，弥补了实心抽油杆带动螺杆泵承扭能力小、易断脱、旋转阻力大等不足，减少了事故概率，达到高效开采高黏、稠油、高凝油的目的。

3. 技术特点

可实现螺杆泵转子到地面之间的全程均匀加热，热效率高，提高原油的流动性，减小空心抽油杆(螺杆泵专用驱动杆)的旋转扭矩。加热温度可调控，达到高效节能地开采高黏、高凝油的目的；现场操作简便，容易管理。

二、气举和直线电机驱动采油技术

(一)气举采油技术

气举采油技术既能突破有杆泵和无杆泵的限制，又可充分利用天然气资源，中原油田自20世纪80年代开始采用该技术取得了良好的效果并推广使用。

1. 技术原理

气举采油技术是依靠从地面注入井内的高压气体与油层产出流体在井筒中混合，利用气体的膨胀使井筒中的混合液密度降低，将流入井内的原油举升到地面。气举采油系统如图2－2－3所示。

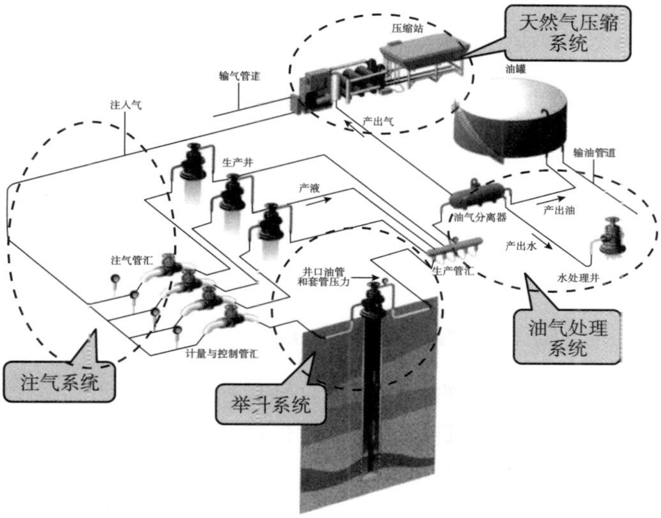

图2－2－3　气举采油系统示意图

(1)气举类型

按注气方式不同，气举采油可分为连续气举和间歇气举。连续气举就是将高压气体连续地注入井内，排出井筒中液体的一种举升方式，适用于供液能力较好、产量较高的油井；间歇气举就是向井筒周期性注入气体，推动停注期间在井筒内聚集的油层流体段塞升至地面，适用于油层供给能力差、产量低的油井。

(2)气举过程

当油井停产时，井筒中的积液将不断增加，随着压缩机压力的不断提高，环形空间内的液面最终将到达油管鞋(注气点)处，此时井口注入压力达到的最高值称为启动压力。当高压气体进入油管后，由于油管内混合液密度降低，液面不断升高，液流喷出地面，井底流压随着高压气体的进一步注入也将不断降低，最后达到一个协调稳定状态。气举井(无阀)启动过程如图2－2－4所示。

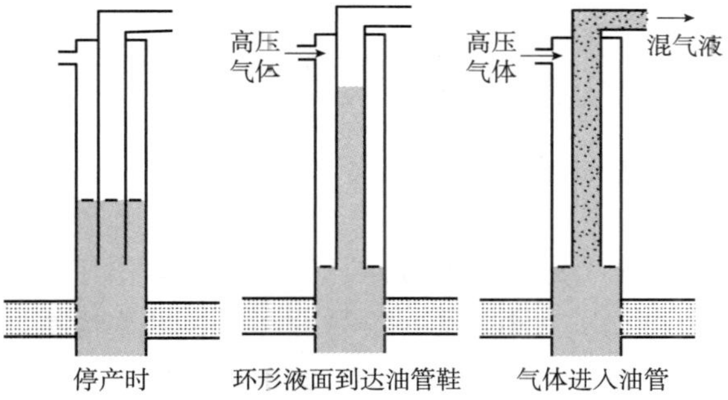

图2－2－4　气举井(无阀)启动过程示意图

在此过程中，井口注入压力随时间变化而变化(图2－2－5)，P_e 为启动压力，是气举井启动过程中的最大井口注入压力；P_o 为趋于稳定时的井口注入压力，称为工作压力。当井底流压低于油层压力时，液流则从油层中流出，这时混合液密度有所增加，压缩机的注入压力随之增加，经过一段时间后趋于稳定。气举井的启动过程实际上是降低井内流体载荷的过程，也称为卸荷过程。

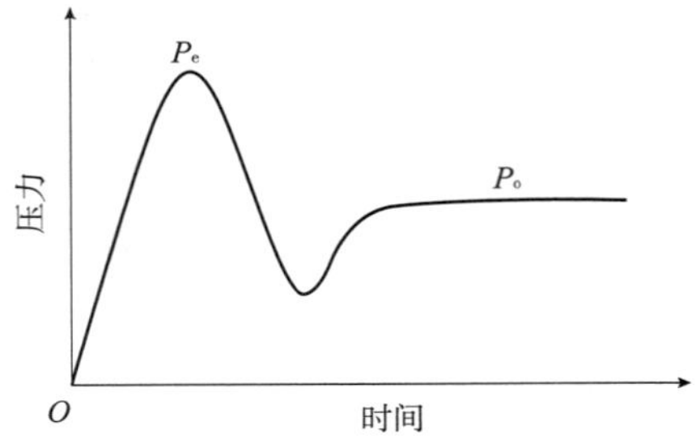

图 2-2-5　气举启动时压缩机压力与时间变化曲线

启动压力与油管下入的深度、油管和套管直径以及静液面的深度有关。当静液面深度一定时，降低油管下入深度，可降低启动压力，但随着静液面的下降，油井将无法正常生产，故计算启动压力时，必须考虑三种情况。

第一种情况：环空液面降低到油管鞋时，液体并未从井口溢出，启动压力与油管液柱相平衡，即：

$$P_e = \rho g(h + \Delta h) \qquad (2-2-1)$$

式中　h——静液面距油管鞋深度，m；

Δh——油管液面上升高度，由油管外径 d 和套管内径 D 确定，m。

第二种情况：静液面接近井口，环形空间液面还没有到油管鞋时，油管内液面已到达井口，液体中途溢出井口，启动压力等于油管中液柱压力，即：

$$P_e' = \rho g L \qquad (2-2-2)$$

式中　P_e'——最大启动压力，MPa；

L——油管长度，m。

第三种情况：当油层的渗透性较好，且被液体挤压的液面下降很缓慢时，从环形空间挤压出的液体有部分被油层吸收。在极端情况下，液体全部被油层吸收。当高压气体到达油管鞋时，油管中的液面几乎没有升高。在这种情况下，启动压力由油管中静液面下的沉没深度确定，即：

$$P_e'' = \rho g h \qquad (2-2-3)$$

式中　P_e''——最小启动压力，MPa。

一般情况下，气举系统的启动压力介于 P_e'和 P_e''之间。

2. 气举阀

气举生产过程中，启动压力较高，则要求压缩机额定输出压力较大，但由于气举系统在正常生产时工作压力比启动压力小得多，会造成压缩机功率浪费，增加投入成本。

为了减小压缩机启动压力与工作压力之差，必须降低启动压力。在油管不同深度安装多级气举阀，阶段排出井筒中的积液，使油井正常工作。气举阀按安装方式分为投入式和固定式；按使阀保持打开或关闭的加压元件分为封包充气阀、弹簧加压阀及充气室和弹簧联合加压的双元件阀；按井下阀对套压和油压的敏感程度又分为套压控制阀与油压控制阀。套压控制气举阀结构如图 2-2-6 所示：

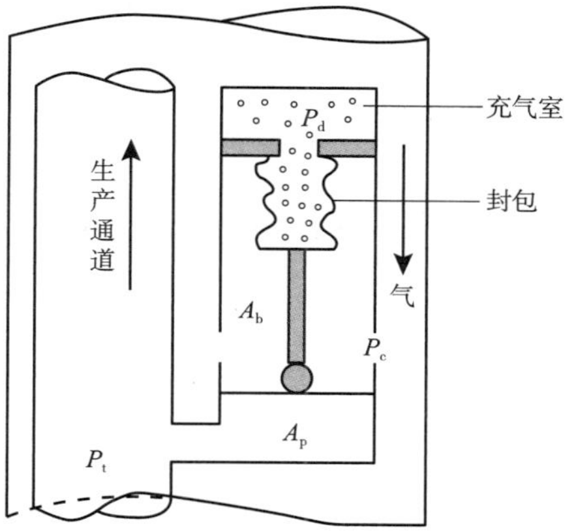

图 2－2－6　套压控制气举阀结构示意图

P_c—套管压力；P_t—油管压力；P_d—气室压力；A_b—封包面积；A_p—阀孔面积

3. 气举管柱类型

气举管柱类型(图 2－2－7)按气举方式不同分为开式管柱、半闭式管柱和闭式管柱。开式管柱仅用于连续气举，后两种管柱则均可使用。

开式管柱为井下油管柱，不带封隔器、无单流阀，适用于液面高的连续气举井或因井况质量问题不能使用封隔器的井。

半闭式管柱为在开式管柱下部配套封隔器，将油管与套管分隔开，避免注入气窜入油管，同时可避免套压作用于地层，适用于连续气举井或间歇气举井，是最常用的管柱结构。

闭式管柱是在半闭式管柱结构的基础上，油管底部安装固定阀(单流阀)，为了间歇气举时油管内的压力不作用于地层，一般用于间歇气举井。

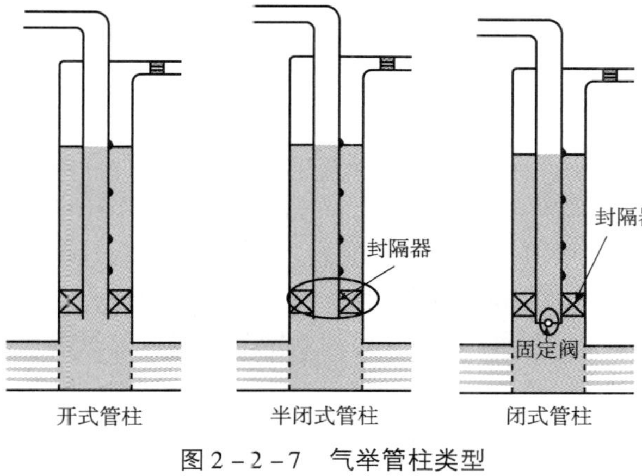

图 2－2－7　气举管柱类型

4. 方案设计要点

设计方案时，先确定是采用连续气举还是间歇气举。对于低压、低采油指数的油井通常都采用间歇气举。气举设计主要内容包括：气举设计的基本资料、气举井压力分布如图 2－2－8 所示，气举方式和气举管柱类型的选择、气举井内的压力及分布。

(1)注气压力分布曲线(图 2－2－8)

注气量不很大时，可不考虑气体在环空中流动的摩擦阻力。油管内的压力分布以注气点为界，分为两段。在注气点以上，由于注入气进入油管而增大了气液比，故压力梯度明显低于注气点以下的压力梯度。生产时的压力平衡等式：

$$P_{wh}+G_{fa}L+G_{fb}(D-L)=P_{wf} \tag{2-2-4}$$

式中 P_{wh}——井口油压，MPa；

G_{fa}——注气点以上的平均压力梯度，MPa/m；

G_{fb}——注气点以下的平均压力梯度，MPa/m；

D——油层中部深度，m；

L——注气点深度，m；

P_{wf}——井底流动压力，MPa。

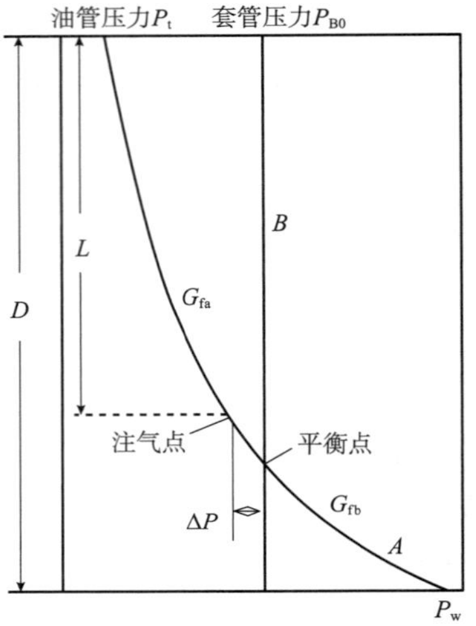

图2-2-8 气举井压力分布图

(2)注气点深度和注气量的确定

如图2-2-8所示，由油井流入动态曲线(IPR曲线)和配产确定井底流压 P_{wf}；依据配产、气液比等以井底流压为起点计算压力分布曲线 A；由地面注气压力计算环空注入气体的压力分布曲线 B，于曲线 A 的交点为平衡点；由平衡点沿曲线 A 向上平移 ΔP，得到注气点，对应的压力为工作阀处的油压 P_{t1}；注气点以上的总气液比为油层生产气液比与注入气液比之和；根据结果绘制总气液比与井口压力关系曲线；根据总气液比减去油层生产气液比可得注入气液比；根据注入气液比和规定的产量可计算需要的注入气量。

(3)气举阀位置的确定

一般采用图解法或计算法来确定阀的位置和数量；必须充分利用压缩机具有的工作能力以及必须在最大可能的深度上安装，力求下井阀数量最少、下入深度最大。各级气举阀的下入深度，可根据压缩机的最大工作压力和管内外最大压差来计算。

5. 应用场景

气举采油工艺具有产液量范围大、举升度深、抗腐蚀、操作管理方便的特点，气举采油工艺适用于高气液比井、深井、出砂井和斜井，是一种理想的提液手段，适用于增加自喷井产量、水淹气井排液采气、排液求产、排液找水、注水井排液等情况。套管损坏的井，原油含蜡高和黏度高的结蜡井或稠油井不宜采用。

6. 应用情况

中原油田于20世纪80年代主要在文留采油厂文东区块开展气举采油技术应用，最高时期应用120口井，日产油500t。2006年，因油井产能不足，全部转为其他采油方式。

（二）潜油直线电机驱动采油技术

直线电机驱动采油技术是一种以直线电机为动力，将电能转化为直线运动，驱动专用柱塞泵进行采油。

1. 技术原理

通过直线电机与柱塞结合，安装在井底，利用直线电机往复运动的特点（电机定子通电后，驱动动子做上下往复运动），驱动柱塞做周期往复运动，将油液举升至地面，可通过地面控制装置调整冲次达到控制产量的目的。

2. 基本构成

直线电机驱动采油技术由地面设备和井下部分组成。地面设备由变压器、控制柜、特殊井口装置等组成；井下部分由潜油电缆、柱塞、潜油直线电机、井下传感器组成。如图2－2－9所示。

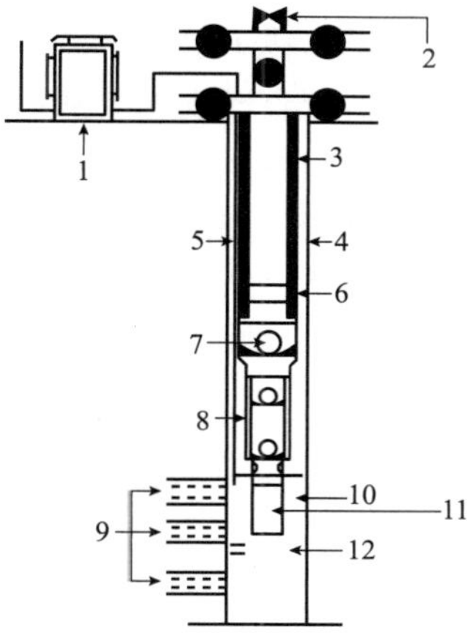

图2－2－9 管柱结构示意图

1—控制系统；2—井口；3—输油管；4—套管；5—电缆；6—泄油阀；7—固定凡尔；8—泵筒；9—油层；10—定子；11—动子；12—弹性扶正器

3. 技术特点

无杆采油彻底解决采油过程中杆管偏磨导致的检泵作业问题。

4. 技术参数（表2－2－1）

表2－2－1 直线电机柱塞泵技术参数表

序号	参数名称	取值
1	最大排量/(m^3/d)	≤100
2	最深泵挂/m	≤4000
3	吸入口含气量/%	≤60
4	吸入口含砂量/%	≤5

续表

序号	参数名称	取值
5	百米吨液耗电/kW·h	0.7
6	功率范围/kW	35~80
7	冲次范围/(次/min)	0.1~8
8	泵效/%	70~85
9	系统效率/%	24~32.2

5. 选井条件

适用5~$9\frac{5}{8}$in套管井，井斜≤90°，井温≤180℃，最大狗腿度≤7°/30m，原油黏度≤5000mPa·s，矿化度≤50000mg/kg。

三、地面驱动螺杆泵技术

(一)结构及工作原理

螺杆泵又称渐进容积式泵，由定子和转子组成，转子采用高强度钢加工而成，定子是模压高弹性合成橡胶，两者呈螺旋状，配合形成连续密封的腔体。转子是螺杆泵中唯一的运动部件，当转子转动时，封闭腔沿轴向由吸入端向排出端运移，在排出端消失，同时吸入端形成新的封闭腔，其中空腔内所盛满的液体又随着封闭腔的运移由吸入端推挤到排出端。这种封闭腔和空腔的不断形成、运移、消失的过程，最终起到泵送液体并将液体排出井口的作用。

(二)螺杆泵简介

螺杆泵型号表示方法如图2-2-10所示，根据型号计算出理论排量及扬程，见式(2-2-5)及式(2-2-6)：

$$Q = 1440 \times q \times n \times 10^{-6} \tag{2-2-5}$$

式中　Q——螺杆泵理论排量，m^3/d；

q——螺杆泵每转排量，mL/r；

n——转子转速，r/min。

$$H = T \times s \tag{2-2-6}$$

式中　H——螺杆泵理论扬程，m；

T——转子导程提供的扬程，m；

s——螺杆泵泵级数。

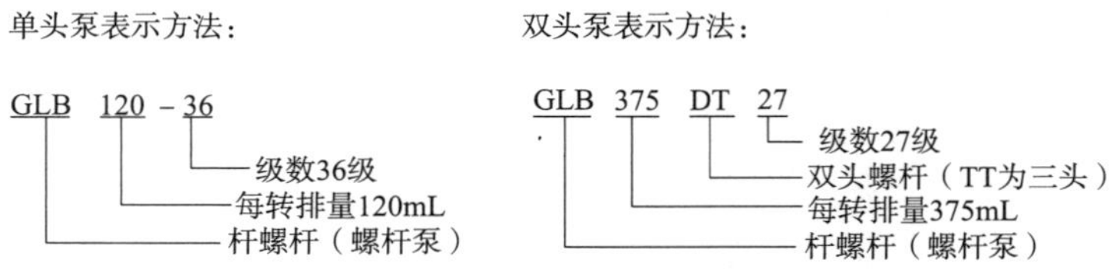

图2-2-10　螺杆泵型号表示方法

1. 选泵原则

需满足油井的产能需求，泵排量、压头合理，达到供排协调、节能高效，确保举升系统稳定，使用寿命长。泵型排量选择在泵效 80% 左右、转速 100 ~ 120r/min，满足生产液量要求为宜。下泵深度与理论扬程相差 100m 左右为宜，保障节能、高泵效。典型螺杆泵特性曲线如图 2－2－11 所示。

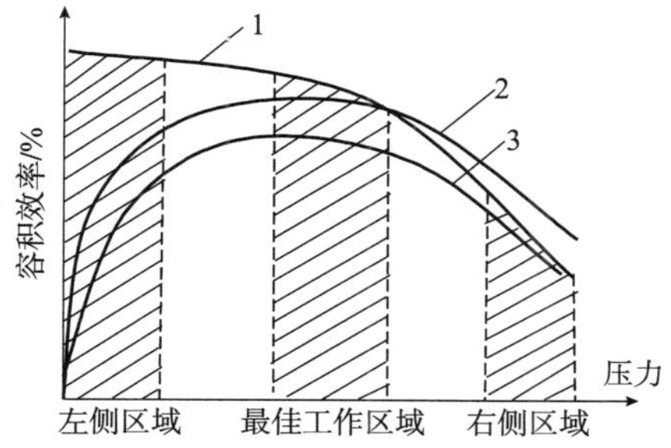

图 2－2－11　典型的螺杆泵特性曲线

1—容积效率曲线；2—机械效率曲线；3—总效率曲线

2. 选井条件

套管内径不小于 118mm，泵深以上套管无损坏无套漏。泵上井深狗腿度小于 8°/30m，泵深处狗腿度小于 4°/30m，泵深处最大井斜角小于 90°。气液比高于 200m^3/m^3，应加气锚，尽量增加下泵深度，减小气体影响。沉没度为 100 ~ 300m。

（三）技术特点

采用螺杆泵替代抽油机，节能，平均单井电量节约 15.01%；占地面积小、易于管理；安全环保，适用于地层出砂井、稠油井及聚合物驱和三元复合驱的油藏；产液连续稳定，检泵周期较长。

（四）故障诊断

螺杆泵采油井常见故障有抽油杆断脱、油管漏脱、泵失效、蜡堵，砂堵等。经过实践摸索，总结出电流法、憋压法两种诊断方法，见表 2－2－2 和表 2－2－3。

表 2－2－2　憋压诊断方法

序号	油、套压情况	工况特征	故障诊断
1	油压不上升且与套压不同	无排量	①抽油杆断脱； ②尾管或泵内砂堵死
2	①油压不升、压力值接近套压； ②油压上升缓慢且与套压变化一致	无排量或排量很小	①油管断脱； ②油管漏失严重
3	油压上升缓慢，压力值不同于套压		①泵压重漏失； ②气体影响； ③油层供液能力差； ④尾管或泵内部分空腔存砂
4	油压与套压接近	油套压偶尔连通	定子脱胶

表 2-2-3 电流诊断方法

序号	工作电流	工况特征	故障分析
1	接近电机空转电流	无排量、油管不连通	抽油杆断脱
		无排量、油管连通	油管断脱或油管漏失严重
2	接近正常运转电流	相对理论排量，排量较小、液面较浅	①下部油管漏失； ②定子橡胶磨损严重，失效； ③尾管或泵体内部分空腔存砂； ④气体影响严重
3	明显高于正常运转电流	相对理论排量，排量较小、液面较深	①泵严重漏失； ②油层供液不足； ③气体影响
		排量正常、回压正常	结蜡严重
		排量降低、回压升高	输出管线堵
		不出液	尾管或泵砂堵或蜡堵
4	电流波动明显	间歇出液或不出液	①防冲距不够，转子磨尾管销； ②油井含气过高，气体影响严重； ③砂卡、蜡卡或异物卡

四、液力采油技术

液力采油技术是一种液压传动的无杆抽油技术，采用 U 形管原理平衡产液液柱和动力液液柱，地面动力泵通过闭式循环系统将动力液经油管送到井下，带动井下抽油泵进行工作。

（一）主要结构

液力无杆采油系统可分为井下液力抽油系统、液动力传输系统、地面液压驱动系统等三大系统，结构如图 2-2-12 所示。

（二）技术原理

上行程：地面液力驱动系统提供的动力液，通过中心油管传递到井下，进入液动活塞下的环形空间，推动液动机构上行，抽油泵柱塞在液动机构的带动下同步上移。此时游动凡尔关闭，固定凡尔打开，井液在动液面压力的作用下通过固定凡尔进入柱塞缸，产液通过柱塞上举排出井口，实现吸液过程。

下行程：上行程动作完成后，中心油管的动力液失压，井下液力抽油泵柱塞在配重重力的作用下向下移动，此时游动凡尔打开，固定凡尔关闭，井液通过游动凡尔进入柱塞腔，实现排液过程。

当中心油管的动力液由低压再一次变换成高压时，液动机构又一次上举做功，实现下一次抽油过程。下面以一撬双井为例进行介绍，如图 2-2-13 及图 2-2-14 所示。

1#井上行程：中心管打入高压动力液，进入动力泵内腔，动力泵缸筒上行，带动柱塞上行。抽油泵游动阀关闭，固定阀打开，排液。

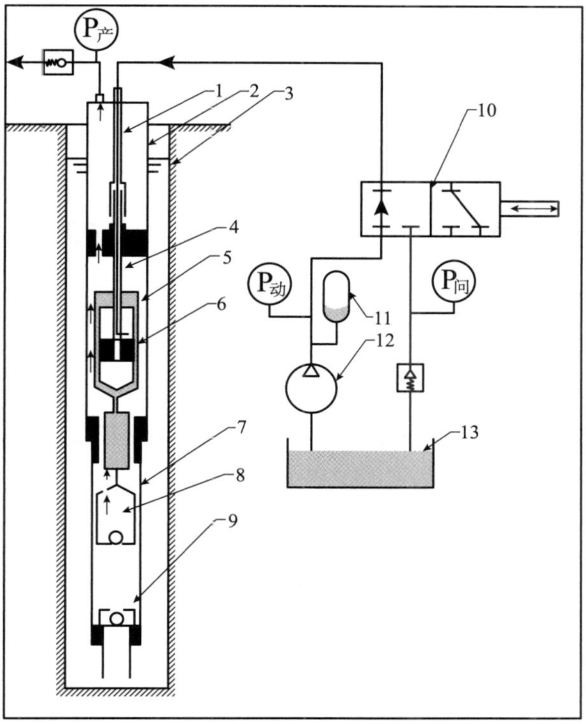

图 2－2－12 液力无杆采油系统示意图

1—动力液、乏动力液通道；2—产液油管；3—套管；4—动力泵空心活塞杆；5—动力泵缸筒；6—动力泵活塞；7—采油泵泵筒；8—采油泵柱塞；9—底阀；10—换向阀；11—蓄能器；12—泵；13—动力液储存罐

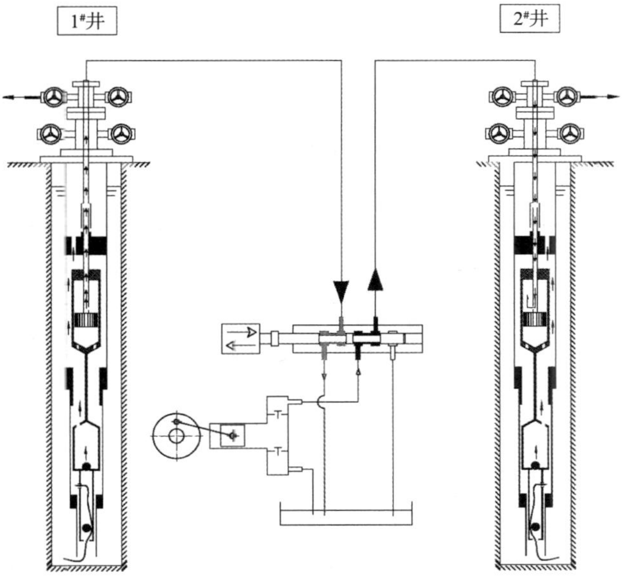

图 2－2－13 一撬双井工艺技术方案 1#上行程 2#下行程

2#井下行程：地面动力液压力降低，产液回压形成液力反馈力；配重杆的重力带动柱塞下行。抽油泵游动阀打开，固定阀关闭，泵筒产液穿过柱塞进入油管。

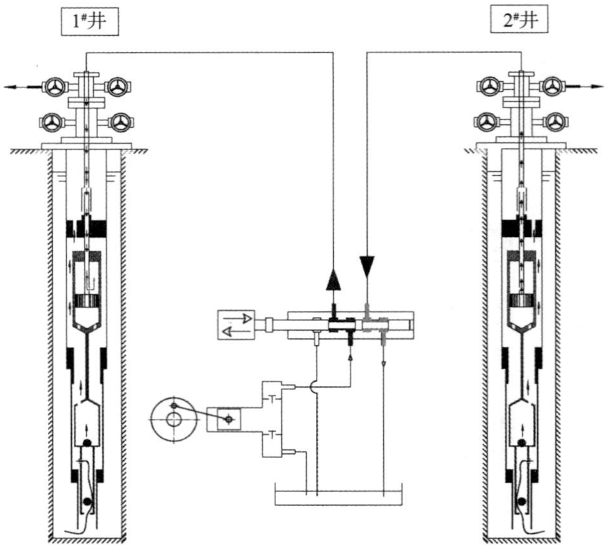

图 2－2－14　一撬双井工艺技术方案 1#上行 2#下行

(三)技术特点及参数

动力液参数见表 2－2－4，井下动力泵技术参数见表 2－2－5。

表 2－2－4　动力液参数表

项目	参数
动力液额定工作压力/MPa	0～28
动力液排量/(L/min)	30～55
液压系统使用介质	水基动力液
换向冲次/(次/min)	2～8
电机功率/kW	22

表 2－2－5　井下动力泵技术参数

液力缸泵径 D/mm	作用面积 S/mm^2	压力比 P/E	冲次	行程	最大上行动力/kg	最大下行动力(600m 动液面)/kg
56/38	13.29	0.49	5.5	3	6787	680
70/38	27.15	1.42				660
70/44	23.29	1.42				900
83/56	29.48	1.98				1476

(四)选井条件

井斜大、狗腿度大、偏磨严重的油井；套管内径大于 121.36mm；泵挂深度小于 3000m。

(五)现场应用情况

累计实施液力无杆采油工艺5井次，成功4井次(马11-132因动力液管摩阻大造成产液量低)，平均系统效率提升22%，平均单井日节电84kW·h。

第三节 分采技术

油田进入水驱开发后期，油井含水大幅上升，层间矛盾加剧，开采难度增大。为缓解矛盾，实现控水稳油，分层采油工艺技术得以广泛应用，有效改善了注水开发效果。本节主要从常规机械分采技术、智能分采技术两方面进行介绍。

一、常规机械分采技术

常用的机械卡堵水管柱按不同位置的出水层可分为封上采下、封下采上、封中间采上下、封上下采中间等四种结构形式；按管柱种类可分为丢手管柱和连泵管柱。从而实现不同的工况下卡堵任意水层，开采所需油层的目的。

(一)封上采下堵水管柱

1. 技术原理

封上采下堵水管柱主要采用Y221、Y211、Y241封隔器配套连接抽油泵，封隔器坐封后有效封隔上部出水层或低压漏失层，形成连泵管柱(图2-3-1)，开采下部生产层。

管柱结构1：Y221+抽油泵。

管柱结构2：Y241+伸缩管+抽油泵，可适度降低管杆偏磨。

管柱结构3：双皮碗封隔器+抽油泵。

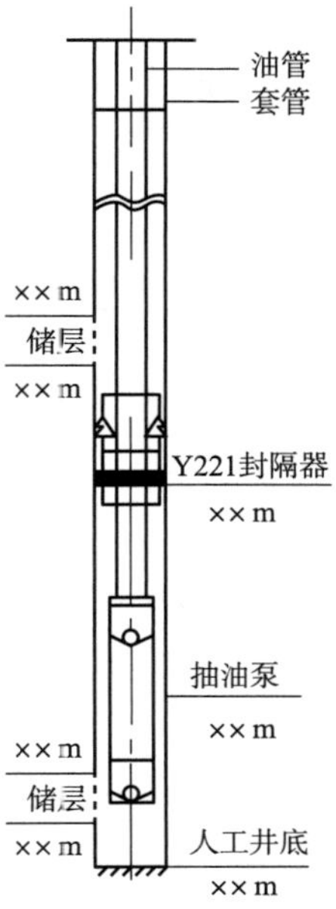

图2-3-1 连泵管柱结构示意图

2. 技术特点

①成本低、操作简单、现场应用广泛。

②封隔器坐封后管柱变形，导致抽油杆和油管偏磨严重，缩短油井免修期。

③连泵卡封管柱无法进行洗井、加药、测液面等措施。

④皮碗封隔器管柱封堵浅层套漏点成功率高、堵漏管柱可洗井加药及堵漏完井。

3. 应用场景

①连泵管柱适用于浅层套漏生产井、层间压差小的油井。

②皮碗封隔器管柱适用于套漏点小于100m、漏点位置在5m以内的油井。

(二)封下采上堵水管柱

1. 技术原理

采用实心桥塞工具，投送器连接下入设计位置，坐封封隔下部水层，丢手后起出投送器，再下入抽油泵管柱，实现封下采上，结构示意如图2-3-2所示。

①空心桥塞+丝堵(实心桥塞)。

②防顶卡瓦+Y221(Y211)+丝堵。

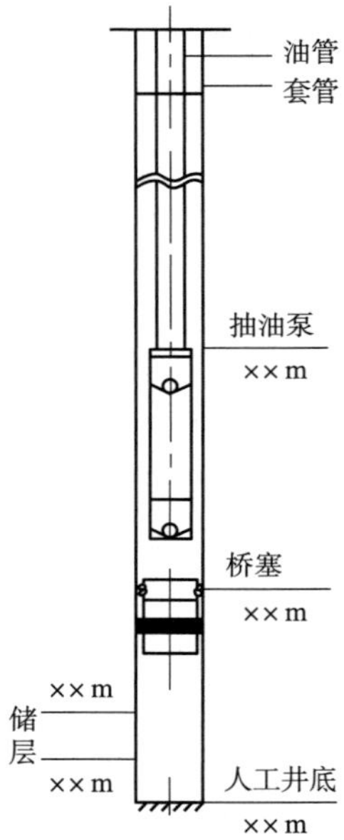

图2-3-2　封下采上管柱结构示意图

2. 技术特点

①成本低、操作简单、现场应用广泛。

②卡封管柱可留在井下，不影响检泵作业。

3. 应用场景

防顶卡瓦管柱最大下深不超过3500m。

(三)封中间采上下堵水管柱

1. 技术原理

采用Y241、Y341、Y441等封隔器组合成两级封隔器，配套丢手工具；封隔器坐封后打压丢手，实现封中间采上下，其结构示意如图 2－3－3 所示。常用的丢手管柱结构形式有以下几种：

①液压丢手＋Y341＋油管锚＋Y341＋定压滑套＋筛管。

②液压丢手＋Y441＋油管＋Y441＋定压滑套＋筛管。

③液压丢手＋Y441＋油管＋Y341＋机械支撑器＋定压滑套＋筛管。

④液压丢手＋Y441＋油管＋Y241＋定压滑套＋筛管。

⑤防顶卡瓦＋Y111＋Y221(Y211)。

⑥防顶卡瓦＋Y111＋Y241＋坐封球座＋筛管＋丝堵。

⑦多功能丢手＋窗式双向锚＋Y341＋Y341＋坐封球座＋筛管＋丝堵。

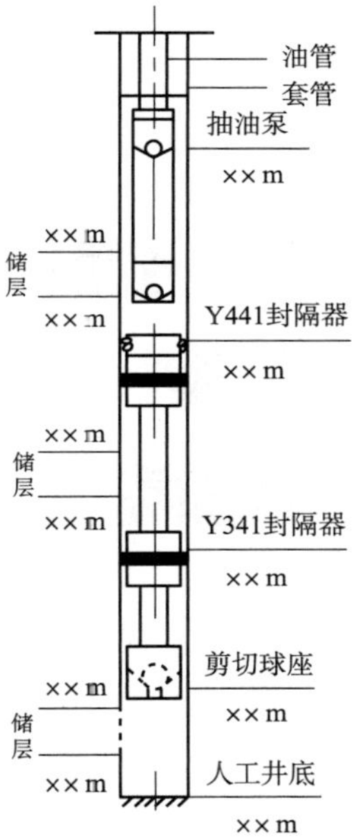

图 2－3－3　封中间采上下管柱结构示意图

2. 技术特点

①平衡式封隔器设计，管柱受力均衡，不受外力影响。

②管柱采用单向卡瓦支撑，确保管柱有效期及打捞安全可靠。

③防顶卡瓦与丢手一体化设计，避免丢手后管柱的振动，提高管柱的可靠性。

④具有防砂卡、防沉积、易打捞、解封负荷小等优点。

⑤液压＋重力坐封式管柱适用于卡距小于 200m 的井。

⑥液压坐封式管柱适用于任意卡距井，可实现多级卡封。

3. 应用场景

①适合于大斜度井。

②不影响油井小措施执行。

③避免连泵管柱坐封后导致的弯曲偏磨问题。

④卡封管柱可留在井下，不影响检泵作业。

二、智能分层采油技术

(一)技术原理

智能分层采油技术利用封隔器将井下各油层分隔开，每一层段对应一个智能开关器，控制相应油层的打开或关闭。通过定时控制实现油层轮采，从而认清各油层产能状况(找水)；通过地面泵车打压产生压力脉冲控制信号，控制井下开关器动作，实现任意选层开采(堵水)。智能分层采油技术原理如图 2-3-4 所示。

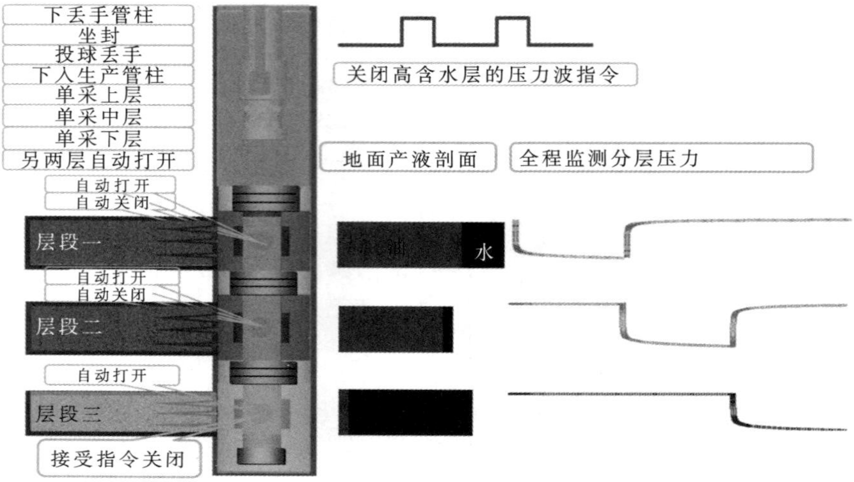

图 2-3-4 智能分层采油技术原理示意图

(二)技术特点

1. 定时分层轮采找水

井下各智能开关器按预设工作时序自动执行动作，逐一打开单层进行生产，掌握各层含水、液量、矿化度等数据。定时分层轮采，方式灵活，有自上而下、自下而上、中上下、中下上等。周期设定简单，天数不受限制。见表 2-3-1，每个层段对应的智能开关器时序单独设置，以天为单位。

表 2-3-1 智能分采时序设计表(三级三段例)

时间 层位	X(d)	X(d)	X(d)	分层认识结束
第一段/m	开	关	关	开
第二段/m	关	开	关	开
第三段/m	关	关	开	开
说明	单采(包含作业时间)	单采	单采	单采结束全部开关都打开，等待堵水

如图 2-3-5 所示，该井设计三级三段智能分层采油完井管柱，先认识中间层段 S2X7.5 ~ S3S2.1(2842.6 ~ 2968.5m)，再认识上部层段 S2 下 6.3 ~ 7.3(2799.4 ~ 2835.5m)，最后认识下部层段 S3 上 6.1 ~ 8.4(3086.9 ~ 3176.4m)，完井管柱中智能开关

器后边的序列号即为分层认识的先后顺序。

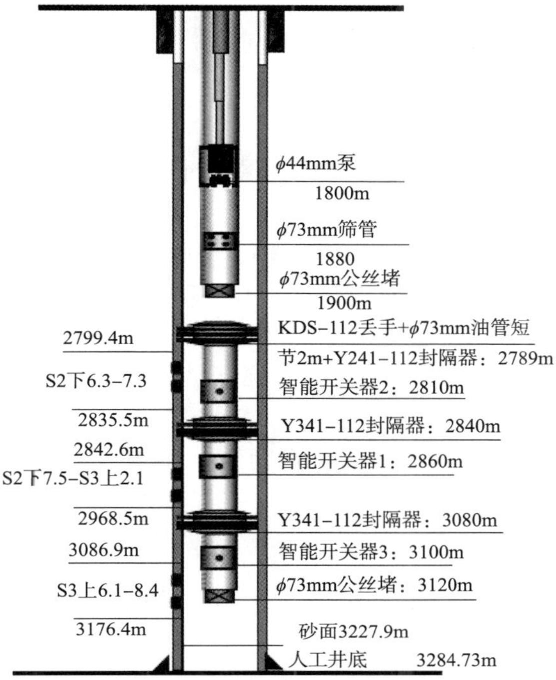

图 2－3－5　智能分采管柱结构示意图

2. 打压调层堵水

不动管柱条件下，泵车打压实现任意选层开采，封堵高含水层，解决层间矛盾和注入水低无效循环，控水稳油。现场施工需采油区配合并提供 700 型水泥车一辆，15m^{3}罐车两辆，通过地面泵车打压，采用“一个脉冲信号＋脉冲时间的方式”控制井下开关的动作，完成高含水层封堵或任意选层开采。

如图 2－3－6 所示，开展调层施工步骤为：

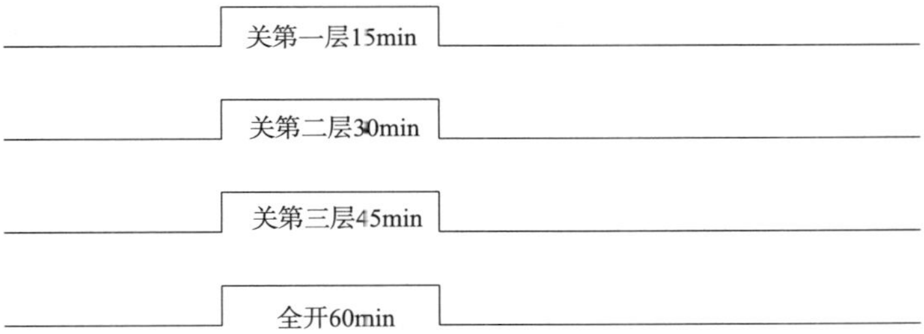

图 2－3－6　智能开关器压力波指令示意图

①抽油机停抽。如有套压，先放空套压。水泥车管线连接到油井套管出口上，打开套管阀门。

②水泥车从井口将套管注满水，选择“第一层位—关”，进行“打压 15min—泄压 20min—打压 15min—泄压并停止”操作，即可关闭第一层位的智能开关器。

③选择“第二层位—关”，进行“打压 30min—泄压 20min—打压 30min—泄压并停止”操作，即可关闭第二层位的智能开关器。

④选择“第三层位—关”，进行“打压 45min—泄压 20min—打压 45min—泄压并停止”操作，即可关闭第三层位的智能开关器。

⑤选择“所有层位全开”，进行“打压 60min—泄压 20min—打压 60min—泄压并停止”操作，即可打开所有层位的智能开关器。

注意事项：

①泵一律起压 10MPa，随后可停泵保压，保压过程中压力不能低于 8MPa，若压力下降，应及时补压。

②起压和泄压操作迅速，要求起压小于 30s，平稳泄压将泵压泄至 0。

③调层施工过程中的打压、泄压并停止的时间应严格按指令表时间操作，正负误差不能超过 1min。

④调层的压力、时间等数据根据各井的井况不同进行调整。

3. 技术指标

适用于 4in 及以上套管，智能开关器耐温为 150℃，耐压为 60MPa。

(三)应用场景

1. 地质需求

①层间差异大，层间矛盾突出，潜力层受抑制，需调层增产；

②产能状况不清，需要分层认识；

③高含水井找堵水，减少注入水低无效循环；

④开发井效果评价，为制定开发政策提供数据支撑；

⑤新射层段产能认识或压裂效果评价；

⑥油水井动态调配，提升井组开发效果。

2. 井况条件

①无严重套变，保证工具正常下入；

②无套漏和管外窜，保证层能分得开，后期打压施工能稳压；

③无严重出砂、结垢、结蜡井；

④油层间距大于 2m，便于用封隔器卡开油层。

(四)现场实施主要步骤

①起出原井管柱；

②通井、探砂面、刮削；

③下验套管柱，坐封、验套；

④下丢手管柱；

⑤校深；

⑥坐封、丢手；

⑦下泵完井。

(五)注意事项、防控措施

1. 地质选块选井

①选井分析。包括区块情况、注采关系、生产井史、分采目的、层间差异矛盾、潜力分析等。

②地质方案设计。明确段数、轮采周期、注采调控等工作实施方案。

③选井原则。以区块整体实施为主导，优先选择重点治理单元、对应水井具备分注工艺的油井。

2. 工艺可行性评价及配套

①井况条件分析。综合分析作业井史，评价套变、腐蚀、井斜、出砂、固井质量等井况问题，优选出工艺可行的实施井。井龄大于5a的应开展井况监测。

②工程方案设计。完成施工步骤设计，定时轮采、遥控调层等控制设计，验套管柱、丢手管柱、完井管柱设计。

③工具配套。开展核心工具准备，完成智能开关器高压密封测试、高温稳定性校准测试、封隔器高温高压测试。

3. 现场实施与效果跟踪评价

①现场实施。严把施工质量，紧盯通井、探砂面、刮削、验套、井况监测、下丢手管柱、校深等重点工序。丢手管柱应使用新油管。

②资料录取。找水期间，开关调层前后3d每天计量一次产液量、含水、矿化度、动液面，生产稳定后每3d计量一次产液量、含水、矿化度、动液面。

③效果分析与下步措施制定。结合注采井的动态数据监测，分析评价油井各层产状及水井分注效果，找到无效水循环主力层段，井组及区块进行平面、层间调整，进行有效的分层动用，提高水驱开发效果。

第四节　抽油机井工况诊断技术

游梁式抽油机采油系统是陆上油田主要的机械采油设备，其运行状况直接影响着油田的生产效率。因此，及时、准确地对它进行工况诊断非常重要。示功图测试技术是获得游梁式抽油机井工况信息的最常用手段，它是通过检测抽油机光杆周期性上、下运动时不同位移处悬绳器上所承受的载荷来反映油井的工作状况的。通过分析示功图的形状、面积、闭合性等特征，可以判断油井是否处于正常生产状态，是否存在如气体影响、供液不足、抽油杆断脱、泵漏失等异常情况。示功图可以间接反映油井的产能情况、评估油井产能的变化趋势，为制定生产计划和调整抽油参数提供依据。

定期人工测量示功图的方法主要存在不能及时反映抽油井工况变化，拆装传感器操作不方便，且对抽油机、抽油杆柱及抽油泵产生不良冲击，进而影响其使用寿命等问题。早期的示功图自动测试技术一般是在抽油机驴头下的悬绳器中安装固定式载荷传感器来测量抽油机悬点载荷，如图2-4-1所示。该方法的缺点是每次作业都要拆卸传感器，极易损坏传感器，维护工作量大，长期承载运行，载荷传感器易老化或受冲击载荷而损坏，直接影响测量精度和设备可靠性。抽油机井非承载式工况监测技术能够实现示功图连续测试，及时反映抽油井工况变化的同时，还能够解决现有示功图测试技术操作烦琐、传感器易损坏、可靠性低等问题。

图2-4-1 早期的示功图自动测试技术示意图

(一)技术原理

1. 基本原理

抽油机的游梁近似一个简支梁，中间为支点，两端为自由端。分析游梁抽油机结构和运动规律可知，游梁抽油机的游梁承载了抽油机的全部载荷，游梁的倾角变化反映了抽油机的悬点位移变化。因此，通过检测抽油机游梁受力产生的应变和倾角变化，可以比较精确地计算出抽油机悬点载荷和悬点位移，进而获取油井的示功图，用于油井工况监测分析。

2. 系统构成及功能

该系统由现场检测装置、功图识别智能专家系统和功图计产软件组成，并与油田数字化网络有机集成。

(1)现场检测装置

检测装置的主要功能是定时检测应变电桥、倾角传感器和温度传感器的输出信号，并将检测到的信息通过无线发射模块发射出去。检测仪器电路的原理如图2-4-2所示。整个电路以单片机为控制核心，应变电桥的输出信号经放大电路放大后送到单片机内部自带的A/D转换器的输入端口，倾角和温度传感的输出信号直接输入单片机内部自带的A/D转换器的输入端。以上信号经A/D转换后，由单片机控制无线发射模块将它们发送到井场的油田数字化RTU采集箱，再经由数字化网络传输到监控中心数据接收显示终端。

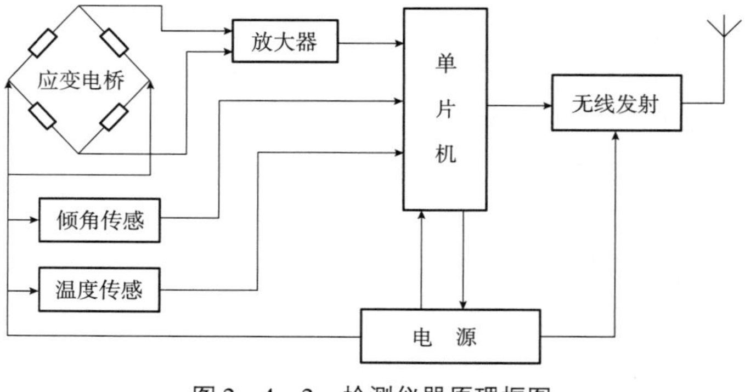

图2-4-2 检测仪器原理框图

(2)功图识别智能专家系统

功图识别智能专家系统是基于Windows操作平台，采用VB6.0等编程语言，应用OOP、OLE、SQL等编程技术，建立在数据库基础上、面向有杆泵井管理的应用软件。

按功能可分为七大部分：数据管理、数据分析、系统选项、神经网络训练、工况诊断、数据输出和帮助。功能框图如图2-4-3所示。

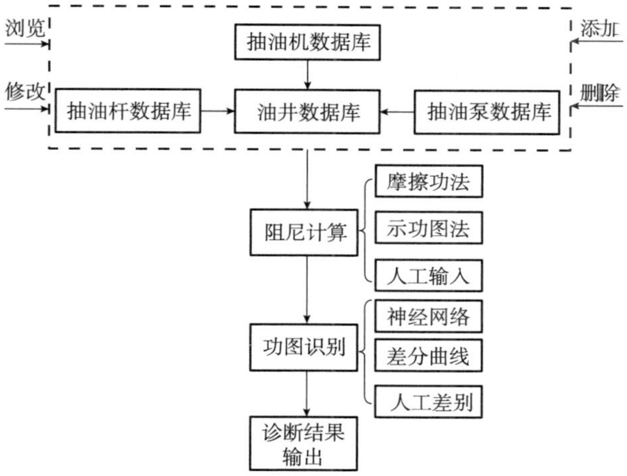

图 2－4－3 功图识别智能软件功能框图

①数据管理。

数据管理模块的功能主要是对油井数据库、抽油机数据库、抽油杆数据库和抽油泵数据库进行维护，包括记录的浏览、添加、修改和删除，也是用户为优化设计和诊断选定数据的地方。

②数据分析。

数据分析模块是为了验证基础数据的合理性而设置的。通过分析油井的产能、油井目前的生产状况，以及油井基础数据之间的关系，排除人为因素或其他原因使数据不准确而导致设计或诊断无法正常进行的情况。

③系统选项。

在进行优化设计前，可以通过系统选项模块选择不同的设计方法、抽汲设备参数以及进行其他的设定。通过一系列的选择可以使用户参与到设计的过程中来，充分发挥经验优势，在软件的支持下设计出更加合理的方案。

④神经网络训练。

软件提供给用户开放性的神经网络训练平台，可以使用户针对特定的区块和特定的抽油机井工况进行神经网络训练，并应用训练出来的神经网络进行工况识别，这不仅使软件更具有油田区块特色，也增加了软件的识别能力和灵活性。

⑤工况诊断。

工况诊断模块是本软件的另一个核心，可以通过摩擦功法、示功图法或人为指定的方法得到阻尼系数；通过傅氏级数法求解波动方程得到泵功图；利用神经网络、差分曲线或人工经验判别得到诊断结论。

⑥数据输出。

数据输出模块可以输出对目前生产情况分析的结果、优化设计的结果和诊断的结果。输出形式多样，有诊断报告，也有相关的各种图表供用户分析。

⑦帮助。

本软件提供了详细的帮助系统，使操作者能够尽快熟悉本软件的使用。

(3) 功图计产软件

功图计产软件采用有效冲程法计算油井的日产液量，主要步骤如下：

①利用波动方程理论将采集的地面示功图转化为泵示功图。

②采用曲率计算方法确定泵示功图的阀开闭点位置，进而确定泵示功图有效冲程。根据泵示功图，阀开闭点处曲率变化较大、固定阀的开闭点在上冲程的高载荷段、游动阀的开闭点在下冲程的低载荷段，在高载荷段找出曲率变化最大的两个尖峰点，位移小者为固定阀开启点，反之为固定阀关闭点；在低载荷段找出曲率变化最大的两个点，位移小者为游动阀关闭点，反之为游动阀开启点。分别计算固定阀开闭点的位置差和游动阀开闭点的位置差，则有效冲程为其中较小者。

③计算日产液量。根据泵的有效冲程，同时考虑到井液体积系数的影响，单张示功图计算日产液量的公式如下：

$$Q_{实} = 1440 \times \frac{\pi d^2 S_e n}{4B_1} \qquad (2-4-1)$$

式中 $Q_{实}$——油井产液量，m^3/d；

d——泵径，m；

S_e——有效冲程，m；

n——冲次，次/min；

B_1——井液体积系数，无因次。

每张示功图计算日产液量对时间加权平均，日产液量的平均值计算公式如下：

$$Q = \frac{Q_{实1} T_1 + Q_{实2} T_2 + \cdots + Q_{实m} T_m}{1440} \qquad (2-4-2)$$

式中 Q——示功图计算日产液量，m^3/d；

$Q_{实m}$——采集第 m 张示功图工况不变，持续 T_m 时间产液量，m^3/d；

T_m——每采集两张示功图时间间隔，min。

(二)技术特点及技术指标

1. 技术特点

①寿命长：只检测游梁应变和倾角，不直接承受杆柱载荷及其瞬态冲击，且不受施工作业影响，稳定性好，使用周期长。

②集成度高：检测装置的采集、处理及供电单元采用模块化设计，一体化安装设计，安装维护简便，有利于大规模推广。

③安全高效：安装检测装置无须对抽油机反复卸载，减少了冲击影响，且安装位置位于游梁上，不易被人为破坏，具有防盗防破坏的效果，可长期连续在线监测油井工况。

2. 主要技术指标

①载荷测量误差 <1%，位移测量误差 <1%；

②工况诊断符合率 >95%；

③功图量油误差 <10%。

(三)应用场景

该项技术适用于游梁式抽油机井示功图监测、工况诊断以及功图计产。

(四)应用情况

该技术配合中原油田数字化改造已在中原油田全面推广应用，在中原、辽河、大庆等油田已有现场应用，其中中原油田已经无故障运行 3 年多。目前正在编制中国石化该项技术的使用标准，将来一定会在全国乃至更大的范围推广应用。

该技术实现了游梁抽油机井工况在线连续监测、智能诊断、自动计量以及集群控制调参，帮助技术人员、管理人员随时掌握油井的生产状况，代替了传统的建计量站的计量模式，极大地提高了采油管理效率，大幅降低了人工劳动强度，改善了劳动条件，保障了安全生产，取得了良好的效果，是老油田提质增效的关键技术支撑。

（五）注意事项、防控措施

（1）技术实施过程按照 Q/SH 1025 1065—2019《非承载式示功图监测技术规程》、Q/SH 1025 1171—2021《非承载式示功图测量装置校准方法》的要求执行。

（2）高处作业安全要求应符合中原油田高处作业安全管理实施细则》[JZYYT－B0803－43－317－2022－1]的规定。

（3）作业人员劳保齐全，劳保配备应符合 Q/SH 0096.1—2013《个体劳动防护用品配备要求　第1部分：油田企业》的规定。

第五节　提液技术

经过多年开发，油田进入高含水阶段，为充分发挥井筒潜力、提高单井产液量，提升水驱效率，油井提液技术是区块稳产的有效手段。常规提液技术主要包括大排量电泵提液、大泵提液以及小泵深抽技术。

一、大排量电泵提液技术

1985 年，中原油田引进潜油电泵提液技术，1994 年，潜油电泵井达到峰值 394 口，占机械采油井总数的 14%。潜油电泵作为一种重要的机械采油设备，具有提液快、注采一体等特点，在油井开采过程中发挥着重要的作用，是保障油田长期稳产的重要手段之一。

（一）潜油电泵简介

潜油电泵主要由井下部分、地面部分及相关配件部分组成，如图 2－5－1 所示。

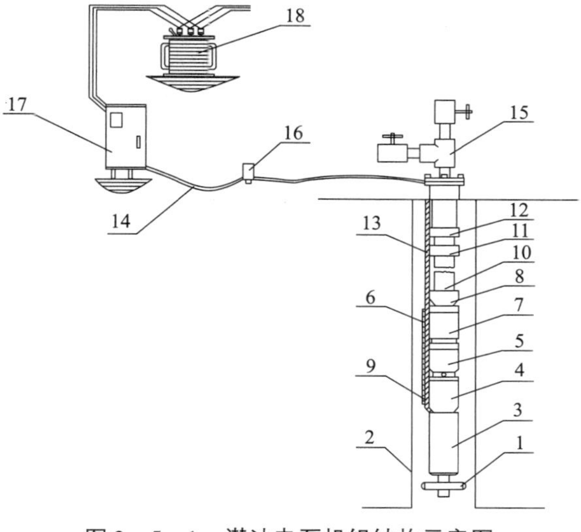

图 2－5－1　潜油电泵机组结构示意图

1—扶正器；2—套管；3—电机；4—保护器；5—吸入及处理装置；6—电缆护罩；7—泵；8—泵出口接头；9—引接电缆；10—油管；11—单流阀；12—泄油阀；13—动力电缆；14—地面电缆；15—井口装置；16—接线盒；17—控制柜；18—变压器

1. 井下部分

井下部分主要由电机、泵、保护器、吸入及处理装置、电缆等组成，相互配合保障潜油电泵持续稳定运行。

①电机为两极三相鼠笼式异步电动机，为潜油电泵提供动力。电机可以通过串联的方式增加功率，电机轴之间通过花键套连接。

②保护器主要由机械密封、沉淀室、沉淀管、轴及止推轴承组成。其主要作用为密封电机的输出端，平衡电机内外压差，向电机补充电机油；承担潜油电泵的轴向力；连接电机与吸入及处理装置，传递动力。

③吸入及处理装置有吸入口和分离器两种类型，安装在保护器与泵之间，主要作用是降低气体对泵工作性能的影响。

④离心泵由多级叶轮、导壳组成，叶轮、导壳的结构形式决定泵的排量，叶轮、导壳的级数决定泵的扬程及所需匹配的电机功率。

⑤电缆为潜油电泵输送电能的通路部分，电缆包括潜油动力电缆和电机引接电缆，分为圆电缆和扁电缆两种。中原油田使用的动力电缆为扁电缆。

2. 地面部分

①控制柜可以实现潜油电泵的启动和停机以及运行中的一系列控制，分为手动、自动两种控制方式，具有短路、单相、三相过载等保护和欠载停机、延时自动启动功能。通过仪表可随时监测电机运行电压、电流参数，并自动记录电机运行电流，便于管理人员及时掌握和判断电机的运行状况。

②变压器：通常供电线路上是高电压，不能直接使用，为了保证供给电机的额定电压和补偿潜油动力电缆的电压损失，潜油电泵配套变压器将电源电压降至电机所需的工作电压。

③接线盒：设置在控制柜和井口之间。主要作用：一是连接控制柜至井口的潜油动力电缆；二是排除由电缆芯线内上升至井口的天然气，防止天然气直接进入控制柜出现电火花而引起爆炸，三是在此处可测量潜油电泵对地绝缘电阻及直流电阻。

3. 技术特点及技术指标

排量大，可达 $3000m^3/d$，中原油田电泵排量适用范围为 $30\sim300m^3/d$；扬程高，可达 $3500\sim4000m$；可以根据产液变化要求进行变频调速；地面设备占用面积和空间小，便于管理；适用于斜井、水平井。

4. 应用场景

(1)井下环境

①井下环境温度的高低对电机、电缆绝缘性能的影响很大。按井下环境温度(90℃、120℃、150℃、180℃)配备能满足绝缘等级要求的电机、电缆。

②泵吸入口井液黏度的高低对泵的效率影响很大。泵适合黏度 $\leq 7mm^2/s$ 的井液，黏度越高，泵的效率越低。

③泵吸入口气液比对泵的泵效影响很大，一般选取气液比 ≤ 0.3 的油井。

④电机工作时电机外壳井液流速不宜过低(一般 $\geq 0.3m/s$)，井液流速过低会造成电机温度偏高，影响电机绝缘，严重影响机组使用寿命。

⑤井液中含砂量高容易造成泵砂卡。砂对泵的叶导轮也具有一定的磨损。因此，对井液中的含砂量有一定的要求($\leq 500g/m^3$)，以满足泵正常的工作。

⑥全角变化率要求≤3°/30m，全角变化率过大，起下潜油电泵时会造成潜油电泵卡死，并且容易挤伤电缆。

⑦腐蚀性介质对潜油电泵各零配件造成腐蚀，结垢容易造成叶导轮流道变化、泵卡、影响电机散热，严重影响机组的使用寿命。

(2)地面工作环境

地面工作环境要求包括环境温度、相对湿度、海拔高度等，对潜油电泵的起下作业、运行控制都有很大的影响。应符合下列条件：环境温度：-40～40℃；相对湿度：年平均不大于85%；海拔：不超过1000m。

5. 现场应用

目前，中原油田潜油电泵井160余口，该技术也应用在国内其他油气田。为应对复杂的井况与作业难题，潜油电泵提液技术逐步开发出防砂、防腐、智能控制、投捞式电缆、非金属连续复合敷缆管、同井采注等工艺技术，配合油田数字化改造，帮助技术人员与管理人员随时掌握潜油电泵井生产状况，保障了安全生产，提高了人力利用效率，是老油田提质增效的关键技术支撑。

(二)潜油电泵防砂技术

油井出砂对潜油电泵的工作状态影响很大，会使泵的叶导轮严重磨损，使其扬程、排量和泵效下降，严重时会造成卡泵现象，使机组过载停机、断轴、机组落井等故障出现，同时增大电机的工作负荷，使潜油电泵寿命缩短，影响潜油电泵井的运行寿命。

1. 防砂离心泵

防砂离心泵与常规离心泵相比，主要采用了硬质合金轴承、全压紧式的防砂导轮，结构示意如图2-5-2所示。

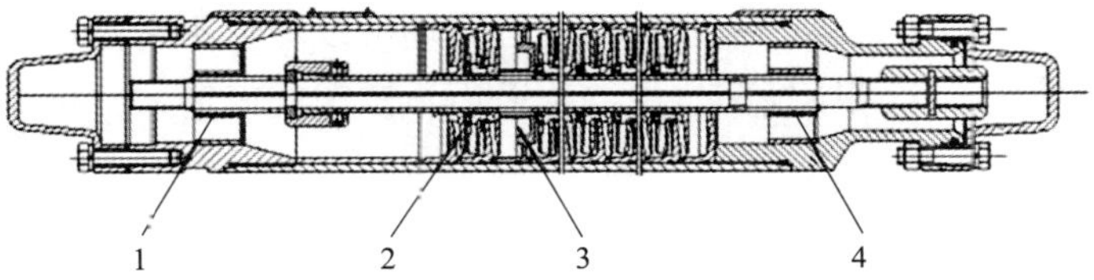

图2-5-2　防砂泵结构示意图

1—硬质合金轴承；2—全压紧式叶导轮；3—沉砂导轮；4—硬质合金轴承

2. 防砂防垢器

防砂防垢器采用防砂、防垢一体化结构设计。防砂管由防砂内管和不锈钢过滤网组成；过滤网可有效阻隔粒径大于0.1mm的砂粒进入泵内，可取得较好的防砂效果，改善离心泵的工作环境。

3. 应用范围及效果

适用范围：排量为30～300m³/d；扬程可达4000m；防砂含量达到2%，现场应用效果好、运转寿命长。

(三)潜油电泵防腐技术

中原油田一些区块采用二氧化碳驱油技术提高油田采收率，但随之而来的是对井下设备的腐蚀。在最早实施二氧化碳驱油技术的濮城油田沙一下油藏，常规潜油电泵的平均检泵周期仅为3个月，严重影响了原油生产。

1. 腐蚀对潜油电泵造成的损害

腐蚀介质对潜油电泵部件的腐蚀类型主要有以下表现形式：

①均匀腐蚀和点腐蚀，这是腐蚀介质腐蚀阳极铁溶液的结果，造成潜油电泵接头、壳体局部厚度减薄、坑蚀或穿孔。

②应力腐蚀开裂，造成连接螺栓、接头等断裂，导致电泵机组落井。

2. 潜油电泵防腐技术

针对潜油电泵的防腐措施，一般采取四种方法。

①在油井中注入缓蚀剂，减缓腐蚀介质对泵的腐蚀。因井液流速快，加入的缓蚀剂与介质接触时间较短，对易腐蚀部位的防腐效果不够理想。

②采用涂层防腐。涂层防腐操作方便，不受场地、形状和尺寸的限制，但使用时维护成本较高，同时需要专用设备。

③采用镀层防腐。在普通钢材的表面镀一层耐腐蚀的合金，如蒙乃尔合金，镍合金、铬合金等。这种方法的优势在于不会影响钢铁的强度和韧性等材料本身的性能，同时保持良好的耐腐蚀性能。

④采用耐腐蚀材料，镍铸铁、1Cr13、42CrMo、蒙乃尔合金、1Cr18Ni9Ti 等材质耐腐蚀性能比较强，不需要进行防腐蚀处理，但此方法成本高。

上述四种防腐措施各有特点，可按照需求组合应用。

3. 防腐优化改进措施

在合金钢材中，含较多数量 Cr 和 Ni 的合金耐蚀性能最好。按照这个原则综合考虑，改进措施如下：

对于井下设备中与井液接触的接头、壳体、注油阀等配件，一是采用不锈钢、镍铸铁、蒙乃尔等材质；二是表面镀合金。这两种方式均可以增强耐腐蚀性。电缆铠皮采用不锈钢或蒙乃尔，电缆护罩采用不锈钢，电缆头采用不锈钢或镍铸铁，单流阀和泄油阀等一些辅助部件采用不锈钢或镍铸铁。

4. 现场应用

防腐潜油电泵自 2020 年开始在中原油田进行现场应用后取得很好的应用效果，电泵井检泵周期由 3 个月延长到 300d 以上，最长已达到 834d。

(四)潜油电泵智能控制技术

智能控制技术可根据运行工况调节运行参数，使其实现排量与油井工况最佳协调，达到节能降耗、降本增效以及潜油电泵自动化管理的目的。

1. 潜油电泵运行现状

中原油田电泵井主要是在工频全压下运行。潜油电泵工频控制具有以下弊端：

①电机效率与功率因数较低，耗电量大且浪费严重。

②不能实时高效合理运行，系统效率低下。工频工作时，潜油电泵始终在额定转速下工作，井下工况变化时无法即时调整运行参数。

③运行成本偏高。工频控制时启动电流约为额定电流的五倍，对电网容量要求过高，并对供电电网及机组造成严重的电冲击和机械冲击，也影响机组的运行寿命。

④日常管理依赖人工，获取参数实时性较差，且容易人为误判。

2. 智能控制系统组成及功能

智能控制系统由井下监测系统、远程信号传输系统、电泵井智能控制系统、智能平台系统组成，并与油田数字化网络有机集成。

(1)井下监测系统

主要是实时监测井下吸入口压力、吸入口温度、电机温度和排出口压力等参数，并上传到地面。结构包括井下数据采集单元和地面数据处理单元，如图2－5－3所示。其中，井下数据采集单元安装在井下潜油电泵的最下端，主要包括信号采集、调理、传输以及密封和保护壳体等功能，地面数据处理单元安装在地面，主要包括信号采样、数据处理、显示、供电等功能。

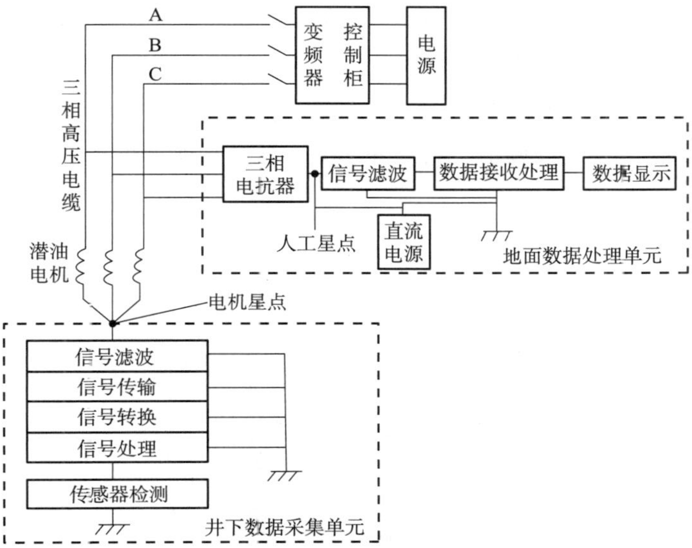

图2－5－3　潜油电泵井下监测系统总体结构图

(2)远程信号传输系统

主要是远程监测潜油电泵井生产运行参数及井下参数、远程数据调参以及远程启停机。

(3)电泵井智能控制系统

主要是根据井下运行工况以及油井参数的变化，通过智能控制技术根据需要自动调整运行参数，保证潜油电泵实时高效合理运行，实现自动化管理，达到节能降耗的目的。各模块间通信如图2－5－4所示。

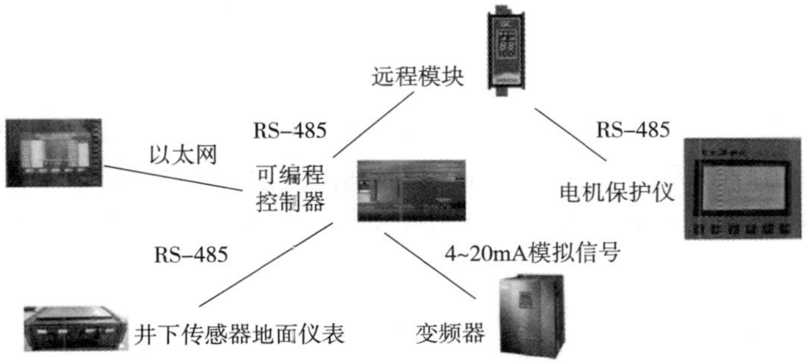

图2－5－4　模块间通信示意图

包括四种控制模式：手动控制、比例控制、两位式控制、PID 控制。

①手动控制。通过手动设置频率来进行控制。

②比例控制。控制器的输出信号 $c(t)$ 能够成比例地反映其输入信号 $\varepsilon(t)$。即 $c(t)=k_p\varepsilon(t)$。式中，k_p为比例系数。

③两位式控制。两位式控制即控制输出只有 100% 输出和 0 输出两种状态。当测量值（被控量）小于设定值时，控制输出为 100%；当测量值大于设定值时，控制输出为 0。

④PID 控制。PID 控制器由比例单元(P)、积分单元(I)和微分单元(D)组成。其输入 e_t与输出 u_t的关系为：$U_t = K_P\left[e_t + \frac{1}{T_I}\int_0^t e_t d_t + T_D \times de_t/d_t\right]$，其传递函数为：$G(s)=\frac{U(s)}{E(s)}=k_p\left[1+\frac{1}{T_I \times s}+T_D \times s\right]$，其中，$k_p$为比例系数；$T_I$为积分时间常数；$T_D$为微分时间常数。

(4)智能平台系统

该系统主要功能是将潜油电泵井生产动态纳入油田内网管理，实现潜油电泵井工况数据在网页端的显示查询及远程调参、启停等功能，并在页面上生成数字化电流卡片，如图 2－5－5 所示。

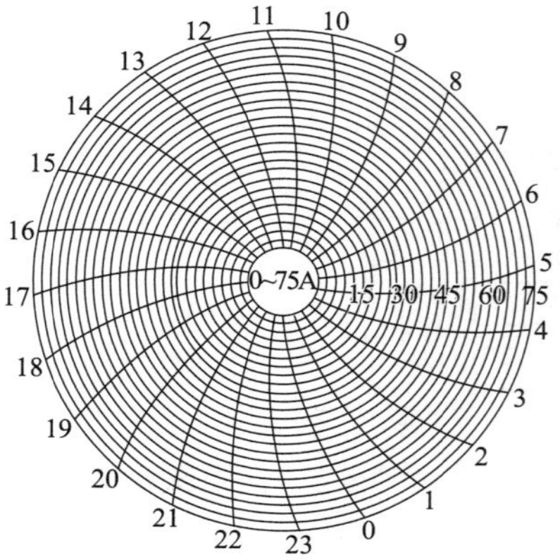

图 2－5－5　数字化电流卡片

3. 现场应用

该技术已在中原油田进行现场应用，监测数据显示系统始终处于最优调控状态，系统效率得到提高，平均吨液节电达到 21.7%，同时大幅提高了潜油电泵井生产管理效能和技术服务水平。

二、大泵提液技术

常规大泵提液技术主要是指下入泵径 70mm 及以上的抽油泵进行油井生产。经多年攻关研究与现场试验，油田形成了 63mm 管式泵、ϕ70－ϕ57－ϕ70 新型双作用管式泵等特种抽油泵技术，并配套高强度脱接器，可满足注采完善井组或能量充足的高渗透层油井提液措施需求。

(一)大泵脱接器

脱接器是实现 ϕ63～95mm 大泵柱塞与抽油杆之间对接、脱开的关键工具。现场使用的脱接器主要有卡爪式脱接器与旋转式脱接器。

1. 结构及原理

(1)卡爪式脱接器

①结构。

卡爪式脱接器分为上总成(图2－5－6)和下总成(图2－5－7)，主要由卡爪、下连接头、滑套、锁紧套、下中心轴、弹簧等组成。使用时，脱接器下总成连接在柱塞总成上部，随泵筒一起下入井中，脱接器上总成则连接在抽油杆柱最下端，随抽油杆柱一起下入井中。

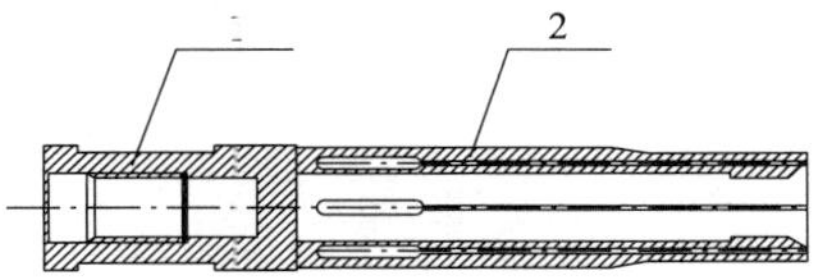

图2－5－6　卡爪式脱接器上总成

1—抽油杆扣；2—卡爪

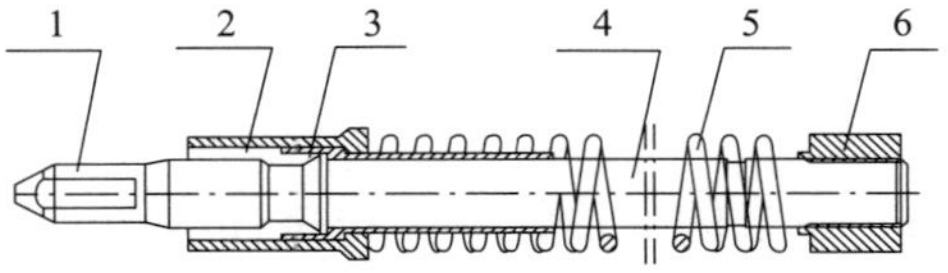

图2－5－7　卡爪式脱接器下总成

1—下连接头；2—锁紧套；3—滑套；4—下中心轴；5—弹簧；6—备帽

②工作原理。

对接：当抽油杆柱下到设计深度，上、下总成接触，卡爪被下连接头顶部的锥面涨开，推动锁紧套压缩弹簧一起下行，当卡爪头部与下中心轴凹槽对接上时，涨开的卡爪自动复位卡进凹槽，锁紧套在弹簧作用下复位锁紧卡爪，防止脱开，完成对接。

脱开：上提抽油杆柱，当到达释放接头处，由于脱接器锁紧套最大外径大于释放接头内径，锁紧套上行受阻，这时继续上提杆柱所产生的力使弹簧压缩，锁紧套松开卡爪，卡爪与下中心轴的对接部分在上提力的作用下脱开，完成分离。

③技术参数(表2－5－1)。

表2－5－1　主要技术参数

型号	连接抽油杆螺纹/mm	上总成外径/mm	下总成外径/mm	释放接头内径/mm	对接力/kN	脱锁力/kN
TJK－57	CYG19	40	52	50	2～5	4～10
TJK－70	CYG19	50	56	54	2～5	4～10
TJK－83	CYG22	58	78	75	2～5	4～10
TJK－95	CYG25	64	78	75	2～5	4～10

④主要优缺点。

主要优点：结构简单、强度高，且卡爪具有扶正功能；带有大面积过液通道，可洗井处理堆积杂物。

主要缺点：长时间运行产生疲劳，破坏卡爪，易断裂，爪片易从锁套内脱出失效。

(2)旋转式脱接器

①结构。

旋转式脱接器分为上总成(图 2-5-8)和下总成(图 2-5-9)。

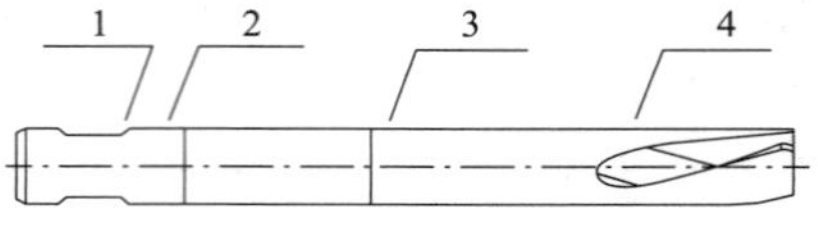

图 2-5-8　旋转式脱接器上总成

1—抽油杆扣；2—上接头；3—导向接头；4—上螺旋接头

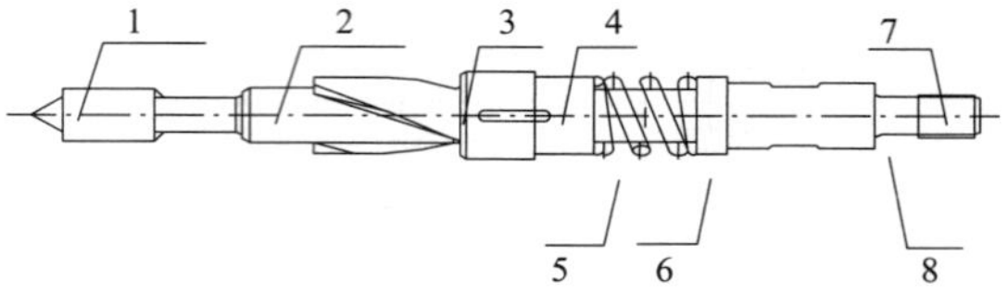

图 2-5-9　旋转式脱接器下总成

1—连接杆；2—下螺旋接头；3—导向键；4—卡环；5—弹簧；6—挡环；7—柱塞扣；8—下接头

②工作原理。

对接：下放接有脱接器上总成的抽油杆柱，连接杆的导向端首先进入上螺旋接头内，继续下放杆柱，连接杆进入导向接头内，杆柱施加的压力使弹簧收缩；当连接杆端部完全进入导向接头内时，脱接器的上、下总成发生相对旋转 90°，弹簧复位，完成对接。

脱开：上提抽油杆柱，带动脱接器、柱塞总成一起上行，到达释放接头处，由于脱接器下总成最大外径大于释放接头内径，下螺旋接头上行受阻，这时继续上提抽油杆柱所产生的力使弹簧受到压缩，上、下螺旋接头开始发生相对转动 90°后，脱接器上、下总成脱开。

③技术参数(表 2-5-2)。

表 2-5-2　主要技术参数

脱接器型号	XT-25	XT-22	XT-19
上总成最大外径/mm	63.5	57	46
下总成最大外径/mm	78	60	50
连接抽油杆螺纹	CYG25	CYG22	CYG19
脱接器型号	XT-25	XT-22	XT-19
释放接头内径/mm	70	58	47
对接力/kN	2~6		
脱锁力/kN	4~10		

④ 主要优点：导向性好，操作简单，可靠性好。

2. 应用场景

(1)可用于 ϕ101.6mm、ϕ139.7mm 等油层套管井；

(2)井斜 <45°，脱接器所在部位不能有狗腿度拐点；

(3)不适用于出砂严重井。

(二)ϕ63mm 管式抽油泵

1. 基本结构

该泵由工作筒、柱塞、游动阀(出油阀)和固定阀(进油阀)四部分组成(图 2-5-10)。

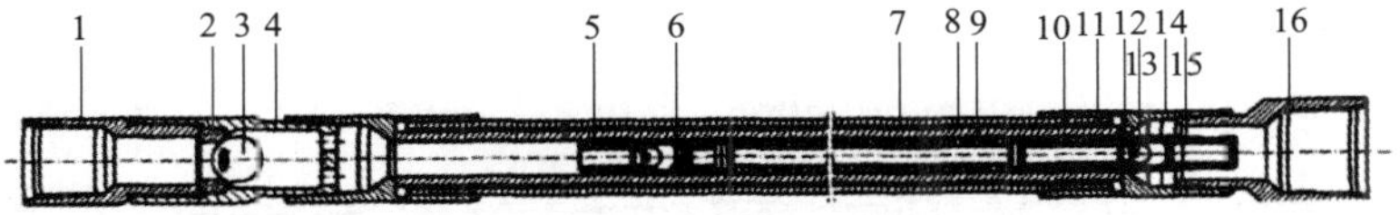

图 2-5-10 ϕ63mm 普通管式抽油泵结构

1—进油阀座接头;2—进油阀座;3—进油阀球;4—进油阀罩;5—下出油阀座接头;6—下出油阀罩;7—外筒;8—泵筒;9—柱塞;10—上出油阀座接头;11—扶正套;12—出油阀座;13—出油阀球;14—接箍;15—上出油阀罩;16—转换接头

2. 工作原理

上冲程时活塞上行,游动阀关闭,泵筒内压力下降,当泵筒内压力低于泵入口处压力时,固定阀打开,液体进入泵内,同时井口排出活塞让出泵筒体积的液体。下冲程时活塞下行,泵筒内压力升高,游动阀打开,固定阀关闭,液体从泵内排出到活塞以上的油管中,同时井口排出由光杆进入的液体体积。

3. 技术参数(表 2-5-3)

表 2-5-3 ϕ63mm 管式抽油泵的主要技术参数

型号	泵筒尺寸规格						柱塞尺寸规格			
	最大外径/mm	本体外径/mm	长度/m	上接头扣型	下接头扣型	适用套管/mm	上凡尔罩外径/mm	长度/m	扣型	拉杆长度
ϕ63mm×5.1m 普通管式泵	108	80	7.1	3in 平式	$2\frac{7}{8}$in 平式	$5\frac{1}{2}$in	63	1.6	ϕ22mm	ϕ22mm×8m
ϕ63mm×5.1m 4in 套专用泵	80	80	9.6	2in 加厚	2in 平式	4in	63	1.6+0.4	ϕ19mm	ϕ19mm 杆+脱接器上半套

4. 应用情况

在濮东采油厂累计应用 152 井次,目前 10 口井在用,平均日产液 44.04m^3,平均日产油 1.08t,平均冲次 3.61 次/min,平均泵深 1480m,平均泵效 57.47%。

(三)新型双作用抽油泵

传统大直径管式抽油泵因受套管尺寸的影响泵径尺寸受限、抽油泵排量系数降低,受抽油机负荷影响泵挂深度受限;常规双作用抽油泵结构复杂、加工难度大、故障率高,新型 ϕ70-ϕ57-ϕ70 双作用抽油泵,突破井筒条件限制,凸显大排量,采用同级组合双柱塞结构设计,配套高效脱接器实现油井高效举升。

1. 基本结构及工作原理

新型 ϕ70-ϕ57-ϕ70 双作用抽油泵,主要由组合式柱塞、组合式泵筒、上下接头组成。上冲程(红色流线),进油阀开启,出油阀关闭,井液通过进油阀先后进入下泵筒、柱塞串中心孔、$\phi70-\phi57$ 柱塞环隙空间，完成吸液过程，上泵筒完成排液过程。下冲程(黑色流线)，进油阀关闭，出油阀开启，上泵筒完成进液，下泵筒完成排液过程，如图 2－5－11 所示。

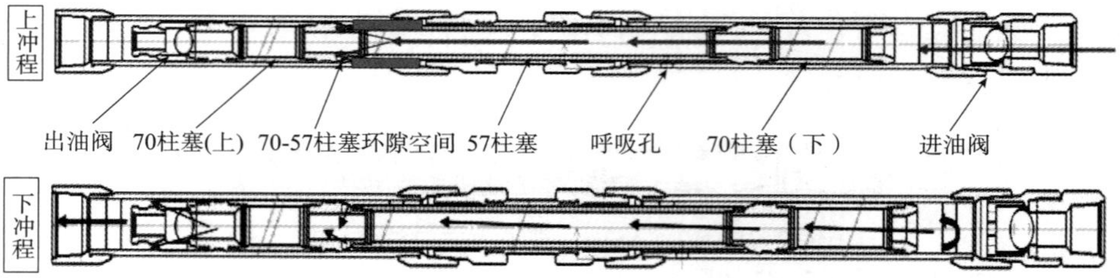

图 2－5－11 新型 $\phi70-\phi57-\phi70$ 双作用抽油泵工作原理图

2. 技术特点及技术指标

$\phi70-\phi57-\phi70$ 新型双作用抽油泵，泵常数达 7.47，理论排量 $108m^3/d$，$\phi57-\phi38-\phi57$ 抽油泵，泵常数达4.96，理论排量 $88.1m^3/d$，较常规同直径抽油泵排量可提升 35%，泵效提升 5%，关键技术参数详见表 2－5－4。

表 2－5－4 新型双作用抽油泵关键技术参数表

型号	长度/m	最大外径/mm	阀球直径/mm	防冲距/mm	泵挂深度/m
$\phi70-\phi57-\phi70$	15.5	107	45/57	≤1100	≤1400
$\phi57-\phi38-\phi57$	15.5	78	35/38	≤1500	≤1800

3. 应用场景

适用于 4in、5 ½in 套管内，地层供液能力充足，动液面高，不出砂、油气比低的油井。

4. 现场应用情况

该抽油泵在文留采油厂累计应用 10 口井，平均单井日产液提升 35%，泵效提升 5%，累计增油 600t。

三、小泵深抽技术

油田中后期开采阶段，地层压力逐渐降低，对应水井补能见效慢，需要采用深抽工艺技术。随着泵挂的加深，抽油泵的工作环境更加恶劣。井下泵筒内外压差已近 20MPa，甚至更高，泵筒膨胀变形，漏失量增大，泵效降低。一方面通过研制超深低漏特种抽油泵，另一方面采用深抽减载技术及特种抽油杆技术可有效解决深抽提液工艺面临的各种问题。

(一)超深低漏特种抽油泵

1. 结构及工作原理

超深低漏特种抽油泵主要由内泵筒、外泵筒、连通孔、柱塞和固定阀连接而成，内外泵筒下端螺纹完全处于密封连接状态，外泵筒上端通过丝扣螺纹连接，内泵筒上端处于浮动连接状态，柱塞位于内泵筒内，固定阀位于内泵筒的底部，如图 2－5－12 所示。

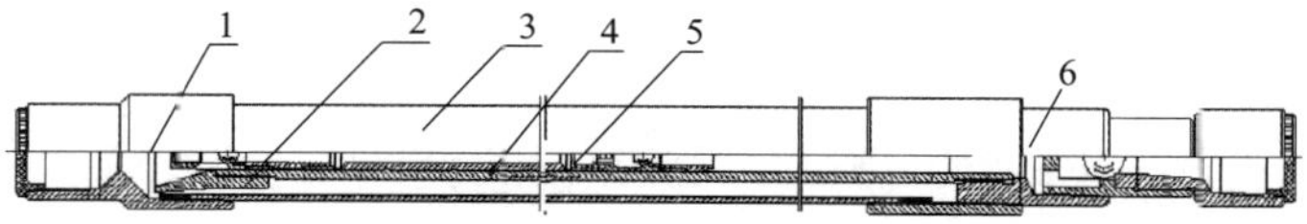

图 2－5－12　超深低漏特种抽油泵结构示意图

1—外管上接头；2—扶正环；3—外管；4—泵筒；5—柱塞总成；6—固定阀总成

泵工作期间，受力部位主要集中在承力外管上。同等下井深度的情况下，普通抽油泵受到的压力是超深低漏特种抽油泵的 4 倍。因此，该泵可下入更深、承受更大的压力。该泵的工作泵筒悬浮于外管油液内，处于无压力的工作环境中，可有效减少泵筒变形，消除“鼓胀效应”，减少漏失量。

2. 理论计算及试验验证

(1)理论计算

抽油泵下入井底后，泵筒所承受的压强见式(2－5－1)：

$$P_1 = F_1/S_1 \tag{2-5-1}$$

超深低漏特种抽油泵的外管下入井底后，外管所承受的压强见式(2－5－2)：

$$P_2 = F_2/S_2 \tag{2-5-2}$$

式(2－5－2)中，在同一个井位中，将抽油泵下入同等深度，即：

$$F_1 = F_2 \tag{2-5-3}$$

则：

$$P_1/P_2 = S_2/S_1 \tag{2-5-4}$$

S_1和 S_2分别为常规泵泵筒内孔截面积、承力外管内孔截面积，以 ϕ38mm 泵为例，常规泵内孔直径为 ϕ38mm，而超深低漏泵承力外管内孔直径为 ϕ76mm(其材料为 N80 型 ϕ89 油管)，则：

$$\frac{S_2}{S_1} = \frac{R_2^2}{R_1^2} = \frac{76^2}{38^2} = 4 \tag{2-5-5}$$

式中，R_1为常规泵泵筒半径，R_2为承力外管内孔半径，即在同等下井深度的情况下，普通泵受到的压强是超深低漏特种抽油泵的 4 倍，因此同型号的超深低漏特种抽油泵在抽油机的承载负荷允许情况下可将此泵下入更深。

常规泵在井下工作时，由于泵挂深及管柱压力大，难免使抽油泵产生微量变形，使抽油泵的漏失量增大，继而降低泵效，依据漏失量的计算公式(2－5－6)：

$$q = (\pi D\delta^3 \times \Delta p)/(12\mu L) \tag{2-5-6}$$

式中　q——漏失量，m^3/s；

D——柱塞或泵筒直径，m；

δ——单面间隙，m；

Δp——柱塞上下压差，Pa；

μ——井液动力黏度，Pa・s；

L——柱塞长度，m。

根据上述公式，泵筒漏失量的大小与单面间隙的立方成正比，在发生微小变形的情况下，对漏失量的影响相当明显。

(2)试验论证

检验方法：以配合间隙为Ⅰ级的常规泵 ϕ38mm 为例，依次组装成常规泵和超深低漏特种抽油泵，然后进行分段试验，测量。试验结果见表2－5－5。

表2－5－5　泵漏失速率试验数据

压强/MPa	漏失速率/(mL/min)	
	常规 ϕ38mm 泵	超深低漏特种抽油泵 ϕ38mm
10(标准压力)	85	65
12	100	75
14	150	110
16	170	125
18	215	140
20	260	150
22	300	165

以中原油田为例，目前 ϕ38mm 泵普遍泵挂在2000m以上，在此种深度下泵筒实际承受的压强：

$$P=\rho gh \tag{2-5-7}$$

式中　P——泵筒承受的压强，MPa；

ρ——原油(含水)的密度，约为 0.95×10^3 kg/m^3；

h——液柱高度，m。

从表2－5－5可以看出，常规泵在井下工作时承受压强为18～19MPa，其实际漏失量值约为215mL已接近国标规定的最高值235mL，而超深低漏特种抽油泵的漏失量为140mL仅约为国标最高值的59%。因此，随着油田抽油泵泵挂的加深，造成泵所受压力的增大，导致漏失量增大，从而降低泵效率。根据试验结果分析，在标准压力10MPa下超深低漏特种抽油泵的漏失量比普通泵减少了25%左右，随着压力的逐渐增大，到20MPa时，此泵与普通泵相比可以减少42%左右的漏失量，更显示出该装置的低漏效果。可以推断，随着泵挂的加深，常规泵的漏失量会逐渐加大，与标准漏失量差值更大，而超深低漏特种抽油泵的漏失量将在30MPa压力甚至更大压力下，才可能会接近 ϕ38mm 常规泵的极限漏失量。

由以上理论计算及试验数据可以推断，超深低漏泵可以实现超深井作业，即使在下入同等深度的情况下其漏失量问题也得到了很好的解决，从而实现了高效的超深井采油。

3. 技术特点及技术指标

(1)技术特点

①超深低漏特种抽油泵在抽油机承载允许的情况下，可以下入更深。

②可以有效减少泵筒变形，从而减少漏失量，提高泵效率。

(2)主要技术指标(表2－5－6)

表 2－5－6　超深低漏特种抽油泵的主要技术参数表

规格型号	工作泵筒 内径/外径/mm	冲程/m	承力外管 内径/外径/mm	联接油管 外径/mm	泵常数/(m^3/d)	联接抽油杆 直径/mm
25－125TH	32/48			73.0	1.140	19
25－150TH	38/54			73.0	1.642	19
25－175TH	44/60	5.1	76/89	73.0	2.235	19
25－200TH	50/66			73.0	2.935	19
25－225TH	57/73			73.0	3.691	19/22

4. 应用场景

①超深低漏特种抽油泵适用于低冲次井、顶封井等，可代替普通泵和过桥泵，可根据需要加装泄油器及沉砂装置，达到泄油防砂的目的。

②适用于供液不足的深抽井，可有效降低泵漏失量，提高泵效率。

(二)深抽减载技术

常用的深抽减载技术受抽油机驴头额定载荷和抽油杆质量、材料性能极限的制约，下泵深度难以满足油田开发的需要。深抽减载技术可以较大地减轻抽油机驴头悬点载荷，现场应用效果显著。

1. 工作原理

由特殊装置组成的抽油机减载器，使减载活塞的上下端面分别处在油套不同的压力系统中，由于该减载器所下位置油管内液柱压力远大于套管内的压力，这样形成的压力差所产生的力作用于减载活塞的下端面，使其产生一个向上的举升力，当抽油机驴头上行时，减载活塞在该举升力的作用下，带动下面的抽油泵杆柱随同上面的抽油杆柱一起向上运动，从而达到减轻抽油机驴头悬点载荷的目的；当抽油机驴头下行时，减载活塞被其以下的抽油杆带动向下运动，如此完成一个工作过程。结构示意如图 2－5－13 所示。

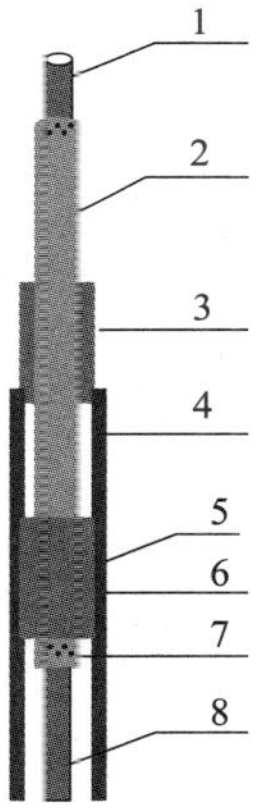

图 2－5－13　深抽减载器结构示意图

1—抽油杆；2—柱塞管；3—上密封管；4—呼吸孔；5—减载活塞；6—下密封管；7—过液孔；8—抽油杆

2. 技术特点及参数(表 2－5－7)

减载器能大幅减轻抽泊机驴头悬点载荷及抽油杆柱质量，降低能耗；减轻机械磨损，减少机械事故的发生。悬点载荷可减少 35% 以上，能有效地提高抽油井的系统效率，降低成本。

表 2－5－7　抽油机减载器相关技术参数

型号	最大外径/mm	连接油管螺纹	连接抽油杆螺纹	适应冲程/m	适用泵型	试验压力/MPa	总长/mm
JZQ－Ⅰ－5	107	上管 3 ½in 母扣	上 7/8in 母扣	5	φ70mm	25	8320
		下管 2 ⅞in 公扣	下 1in 母扣				

续表

型号	最大外径/mm	连接油管螺纹	连接抽油杆螺纹	适应冲程/m	适用泵型	试验压力/MPa	总长/mm
JZQ－Ⅱ－3	107	上管3 $\frac{1}{2}$in 母扣	上7/8in 母扣	3	ϕ70mm	25	6370
		下管2 $\frac{7}{8}$in 公扣	下1in 母扣				

3. 应用场景

①抽油机冲程＜5m。

②油井套管5 $\frac{1}{2}$in以上，套管完好。

③井斜＜45°，特别是减载器所在部位不能有狗腿度拐点。

④油井液面较低，但加深后有一定的供液能力；高压低渗井一般不选，以免泵挂加深而液量不增，达不到提高系统效率的目的。

⑤油井出砂不太严重，砂卡泵的概率低。

⑥不采取其他技术措施而能够正常生产的稀油井。

4. 应用效果(表2－5－8和表2－5－9)

表2－5－8　安装减载器前后及泵挂加深比例对比表

项目	安装减载器前		安装减载器后		最大载荷相同时泵挂加深比例	
泵径/mm	泵深/m	最大静载荷/kN	泵深/m	最大静载荷/kN	泵挂加深/m	泵挂加深比例/%
38	2520	94.27	3380	91.93	860	34.13
44	2250	95.26	3010	91.35	760	33.78
57	1660	93.15	2100	90.16	440	26.51
70	1350	93.19	1620	92.10	270	20.00

表2－5－9　安装减载器前后及最大静载荷降低率对比表

项目	安装减载器前		安装减载器后		泵挂深度相同时最大静载荷降低率	
泵径/m	泵深/m	最大静载荷/kN	泵深/m	最大静载荷/kN	最大静载荷降低/kN	最大静载荷降低比例/%
38	2520	94.27	2520	56.39	37.88	40.18
44	2250	95.26	2250	57.83	37.43	39.29
57	1660	93.15	1660	59.84	33.31	35.76
70	1350	93.19	1350	74.76	18.43	19.78

(三)特种抽油杆技术

油井长期开采，腐蚀问题加剧，井况逐年恶化，普通钢杆不能完全满足目前油井生产。近年来，通过引进应用碳纤维、玻璃钢等特种抽油杆，有效缓解了上述问题，并取得了良好的应用效果。

1. 碳纤维复合材料连续抽油杆

(1)结构材料

碳纤维复合材料连续抽油杆(以下简称碳纤维抽油杆)是一种由以碳纤维为增强体、以树脂为基体的先进复合材料，经拉挤工艺成型的一种特种抽油杆。本体采用“碳纤拉挤层＋玻纤缠绕层＋玻纤拉挤层”三层圆柱杆体结构，两端为钢制连接头，如图2－5－14所示。

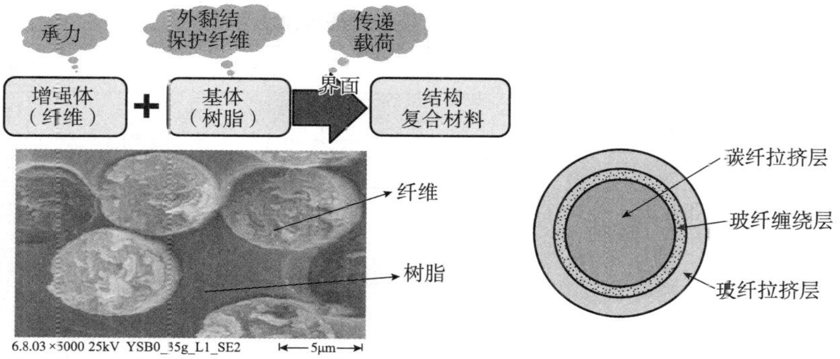

图2－5－14　碳纤维复合材料结构组成示意图

（2）碳纤维复合材料抽油杆的优点和缺点

碳纤维抽油杆密度小、质量轻，是钢抽油杆的1/4；同泵挂深度杆柱载荷减轻50%，大幅降低悬点载荷；强度高，抗拉强度介于钢抽油杆与玻璃钢抽油杆之间，是钢抽油杆的2倍，是玻璃钢抽油杆的1/2；耐腐蚀、抗疲劳性能好；弹性大，连续无接箍，可有效降低活塞效应。同时存在碳纤维抽油杆和钢抽油杆连接处转换接头易脱开，碳纤维抽油杆冲程损失大，提液增油效果不明显。

（3）技术参数（表2－5－10）

表2－5－10　碳纤维抽油杆技术参数对比

项目	钢抽油杆	碳纤维抽油杆	玻璃钢抽油杆
公称尺寸/mm	ϕ19、ϕ22、ϕ25	ϕ16、ϕ19、ϕ22、ϕ25	ϕ22、ϕ25、ϕ32
比重/(g/cm^3)	7.85	1.8	2.46
拉伸弹性模量/10^3MPa	212	≥110	49.6
抗拉强度/MPa	965～1136	≥1800	793
工作温度/℃	<350	80、120、150	80

（4）现场应用情况

自2018年以来，文留采油厂成功应用碳纤维连续抽油杆深抽工艺33口井，35井次，其中深抽提液井27口（小泵深抽24口井、泵升级提液3口井），防腐延寿井6口。累计下入碳纤维抽油杆约4000m，平均泵挂加深441.4m，最大悬载降低27%～45%，泵效提升2.3%～18%，日用电量下降10%～32%，功图明显改善。不完全统计显示，累计增液10433m^3，累计增油2876t，累计节电727334kW·h，取得了显著的深抽提液增油节能效果。

2. 玻璃钢抽油杆

（1）结构

玻璃钢抽油杆由玻璃钢杆体和两端带螺纹的钢接头组成，杆本体是由高强度玻璃纤维和增强塑料经过特殊的挤压固化工艺加工而成，钢接头是用高强度黏合剂与杆体黏结连接而成。

(2)技术参数(表2-5-11)

表2-5-11　玻璃钢抽油杆技术参数表

参数型号	ϕ22mm	ϕ25mm	ϕ32mm
杆体直径/mm	22.23 ±0.38	25.40 ±0.38	31.75 ±0.38
10m杆单位杆质量/(kg/m)	1.0397	1.3448	2.1306
11.43m杆单位杆质量/(kg/m)	1.0108	1.3076	2.0682
接箍规格/mm	19	22	25
接头直径/mm	$38.10^{-0.254}_{+0.127}$	$41.28^{-0.254}_{+0.127}$	$50.80^{-0.254}_{+0.127}$
扳手方尺寸/mm	25.4	25.4	28.6
接头最大抗拉强度/MPa	793	793	793
最大工作负载/kN	89	120	187
最大工作应力/MPa	241	241	241
最大短时负载/kN	140	182	289
最大短时应力/MPa	365	365	365
最大设计温度/℃	115	115	115

(3)玻璃钢抽油杆的优点和缺点

①优点：质量轻，1000m玻璃钢抽油杆比钢抽油杆轻2t左右；弹性大，可实现超冲程，可以提高泵效；具有耐酸、抗碱性，抗拉强度高、防蜡效果好。

②缺点：玻璃钢抽油杆不能承受压应力，如果压应力过大，超过玻璃钢抽油杆的承受载荷后，玻璃纤维就会断裂，造成杆体破损，导致玻璃钢抽油杆断裂，这样会造成作业成本升高。

(4)现场应用情况

玻璃钢抽油杆自2002年在采油一厂开始应用，目前应用规模仍保持在10口井左右的规模，单井平均泵挂加深300～500m，单井日增油1t，年增油500t，对比配套钢质抽油杆，单井日节电50kW·h，取得了显著的深抽提液增油节能效果。使用ϕ32mm玻璃钢抽油杆配套大泵深抽采油，ϕ57mm长泵泵挂1900m，ϕ70mm大泵泵挂1600m。

第六节　抽油井控躺技术

随着油田开发进入中后期，泵挂不断加深，受砂、蜡、盐、气、腐蚀等因素影响和管杆老化偏磨加剧，抽油杆频繁断脱、卡，油管、泵漏失严重，泵效低，躺井率居高不下，严重影响油井的生产周期，使采油井难以达到稳产。搞好井筒设备管理，做好防砂、防蜡、防盐、防垢、防气、防腐及防偏磨等控躺防治工作，发现故障，及时采取措施，保证井下设备正常工作，延长抽油井免修期。

一、油井防砂(防井筒脏物)技术

油层出砂后，容易造成管、杆、泵的严重磨损，随着井底砂柱逐渐增高，掩埋油层，堵塞油流通道，甚至造成井下事故，严重影响了油水井的正常生产。防砂工艺主要分为化学防砂、机械防砂以及集成配套的复合防砂。

(一)化学防砂

1. 技术原理

化学防砂主要包括人工胶结固砂和人工井壁防砂。

人工胶结固砂采用固结树脂对地层砂或充填砂进行固结，提高近井地带骨架颗粒的固结强度和抗冲刷、抗拖曳能力，形成挡砂屏障，达到减缓和防止地层出砂的目的。

人工井壁防砂采用支撑剂、胶结剂等加工成胶结砂，采用挤注的方式在低于储层破裂压力的条件下用携砂液将胶结砂携送到井底，堆积到油层亏空部位及炮眼处，固化形成具有很高强度及高渗透率的人工井壁。

2. 技术特点及指标

(1)技术特点

人工胶结固砂具有工艺简单、防砂后井内无残留、后期处理方便等优点，胶结强度高，对地层砂粒度范围适应性强，但施工后渗透性差，增产、增注效果不理想，有效期短。人工井壁防砂技术施工成功率90%以上，对储层渗透率影响小，但施工流程复杂，作业成本高，后期处理难度大。

(2)技术指标

人工胶结固砂技术指标：抗压强度≥5MPa；渗透率≥1μm^2。人工井壁防砂技术指标：耐温≥120℃，并且长期保持稳定；抗压强度≥20MPa；渗透率≥12.5μm^2。东濮老区历次化学防砂效果统计见表2－6－1。

表2－6－1 东濮老区历次化学防砂效果统计

井别	采油厂	化学防砂工艺	井次	防砂、增油(增注)有效率/%	平均日增油(增注)/t	平均有效期/d	平均单井增油(增注)/t	备注
油井	濮东	胶结固砂	22	32	0.40	135	86.2	13井次措施无效，2井次措施后未增油
	文留	胶结固砂	9	78	2.12	119	240.2	2井次措施后未增油
	文卫	胶结固砂	80	36.3	0.41	292	131.4	9井次措施无效，42井次措施后未增油
	濮城	胶结固砂	3	67	0.4	171.7	101.7	1井次措施无效
加权平均值				39.8	0.54	218.9	130.5	
水井	文留	胶结固砂	10	40	17.8	160		1井次措施无效，5井次措施后注水量降低
		人工井壁	2	50		300		1井次措施无效
加权平均值				41.7	14.8	183.3		

3. 应用场景

人工胶结固砂技术：早期轻微出砂井；地层砂粒度范围广的出砂井；无法开展机械防砂施工的出砂井；不宜用于多层长井段和严重出砂井。

人工井壁防砂技术：施工成功率高，可用于严重出砂的老井；不宜用于多油井，长井段；不能用于裸眼完井。

4. 应用情况

中原油田于2010年开展化学防砂技术应用，先后应用人工胶结固砂技术124井次、人工井壁防砂技术2井次，后因措施增油增注产生效率低、平均有效期短、作业成本较高等问题，限制了该项技术的推广应用。

(二)机械防砂

机械防砂主要有排砂、挡砂两种技术。排砂：采用防砂泵或旋流沉砂器把产出的地层砂一部分随产出液带出井筒，另一部分在重力作用下沉积在泵下沉砂尾管内，实现机械排砂。挡砂：利用不锈钢绕丝防砂管、激光割缝防砂管、金属滤砂管等各类防砂筛管工具靠孔隙进行封挡，实现机械挡砂。常规机械防砂工艺优选见表2-6-2。

表2-6-2 疏松砂岩油藏机械防砂方法优选

防砂工艺		适用范围		优点	缺点
		出砂量/%	出砂粒径/mm		
机械防砂	长柱塞防砂泵	<3	≤0.07	能将细粉砂排出，防卡泵	出砂量大、粒度大、效果差
	金属棉滤砂管	<3	0.07~0.1	使用方便，价格便宜	黏度大、油稠井易堵塞
	激光割缝防砂管	<3	0.05~0.08	可根据需要生产各种尺寸	出砂量大的井易堵塞
	绕丝防砂筛管	3~4.67	≥0.1	可多次使用	粒径小的井防砂效果差

1. 防砂抽油泵

井内液体通过桥式进油阀总成的侧向桥式进油孔进入泵内，由柱塞排至泵上，完成排液；抽汲过程中，井液内砂粒通过外管与泵筒之间的环形空间沉到泵下的沉砂管内，从而有效防止砂卡。长柱塞防砂泵结构示意如图2-6-1所示。

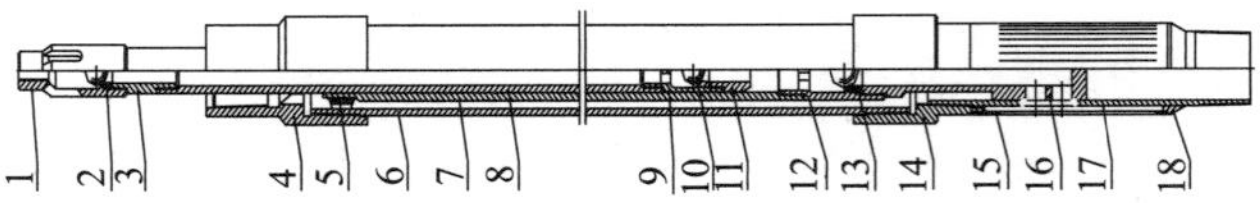

图2-6-1 长柱塞防砂泵结构示意图

1—加强上出油阀罩；2—上出油阀；3—双公接头；4—导向接箍；5—扶正套；6—外管；7—泵筒；8—长柱塞；9—下阀罩；10—下出油阀；11—压帽；12—固定阀罩；13—进油阀；14—接箍；15—外筛管；16—桥式短节；17—桥式外管；18—挡环

2. 防砂滤管

防砂滤管以不锈钢纤维细丝金属棉制成一定密集度、不同规格的金属棉滤网，过滤网中的金属棉纤维以无序的束状或者曲径排列成大量的毛细孔道，毛细孔道与金属棉纤维组成多重纤维栅栏。当地层携砂流体经过金属棉滤网时，大于毛细孔道的颗粒被阻挡在栅栏之外，小于毛细孔道的细粉砂随着油流进泵筒排出地面。同时，由于金属纤维的弹性，通过抽油杆下行及洗井，就可恢复金属棉滤网原有参数，避免滤管堵死。金属棉防砂滤管结构示意如图 2－6－2 所示。

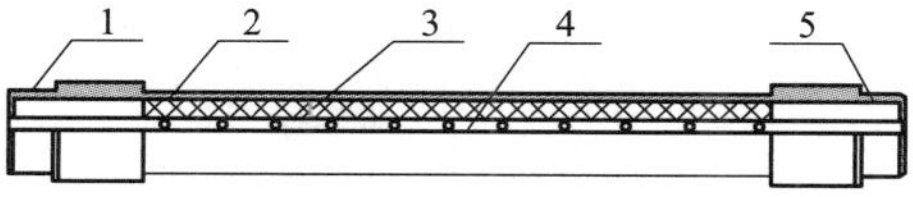

图 2－6－2　金属棉防砂滤管结构示意图

1—上接头；2—外管；3—金属棉滤网；4—中心管；5—下接头

3. 金属绕丝防砂筛管

V 形筛管由截面为 V 形的筛条绕制熔焊形成微小缝隙组成挡砂栅栏，当地层携砂流体经过筛管时，大于 V 形筛管缝隙的颗粒被阻挡在栅栏之外，小于缝隙的细粉砂随着油流通过中心管进泵筒排出地面。金属绕丝防砂筛管结构示意如图 2－6－3 所示。

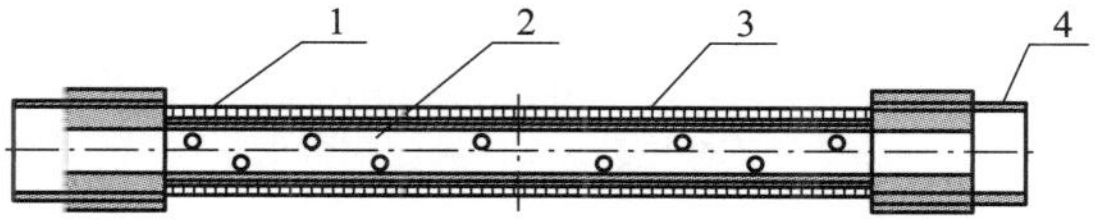

图 2－6－3　金属绕丝防砂筛管结构示意图

1—V 形筛管；2—中心管；3—纵筋；4—接箍

4. 旋流沉砂器

当沉砂器在井中工作时，油井中的混合液由进液孔进入，由于进液孔是沿切向方向加工的，再通过离心造旋臂造旋，液体进入后将产生旋流，即产生很高的角速度。在这一角速度下，密度大的固体颗粒形成了外旋流，外旋流沿沉砂器的内壁向下运动，经过沉砂孔沉入尾管内。密度小的液体形成内旋流，在沉砂器的中部因高速旋转而形成低压向上运动，经过造旋臂的中心孔进入主体内的二级过滤管，再对未分离出去的轻质杂质进行二次过滤，过滤后的液体进入泵内，由泵抽出地面。旋流沉砂器结构示意如图 2－6－4 所示。

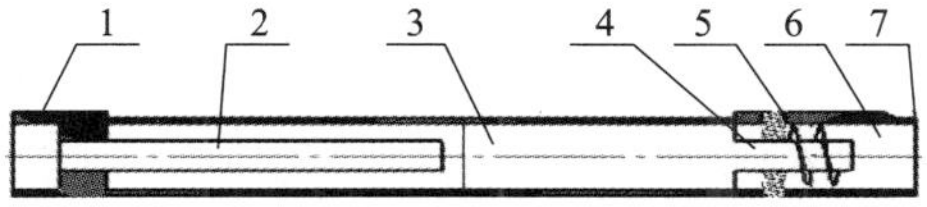

图 2－6－4　旋流沉砂器结构示意图

1—上接头；2—二级过滤管；3—二级沉砂室；4—离心造旋臂；5—进液口；6—沉砂室；7—下接头

二、油井防蜡技术

清蜡和防蜡是油井管理工作中的重要内容，防止油井结蜡，一是防止石蜡从油中析出，二是防止析出的蜡晶体聚集和黏附在管壁上，三是创造不利于蜡沉积的条件。目前，油田常用的防蜡技术主要有物理防蜡和化学防蜡。

(一) 物理防蜡技术

1. 油管表面处理防蜡技术

(1) 工作原理

在油管内壁涂一层固化后表面光滑且亲水性强的物质，或者内衬一层具有亲水憎油、表面光滑的玻璃衬里，从而提高油管内表面的光滑度、改善表面的润湿性、提高井筒流体的流速、创造不利于石蜡沉积的条件。

（2）技术特点

玻璃衬管表面吸水形成水膜，阻止蜡晶与玻璃接触而达到防蜡的作用；水膜的光滑度比普通钢管高100倍左右，会增加近壁流速达到防蜡的作用；绝热性比钢管高64倍，使体系温度达到防蜡的作用。但因玻璃具有脆性，碰撞和钢管塑性变形后易炸裂，碎片会给抽油泵和输油管线造成危害，导致应用受限。

（3）应用场景

玻璃内衬油管不耐冲击，运输和起下油管要求的条件苛刻，仅在自喷井和气举井上使用。涂料油管不耐磨，不宜在有杆泵抽油井和螺杆泵抽油井中使用，主要用于自喷井和气举井防蜡。

2. 磁防蜡技术

通过强磁场作用于原油，克服石蜡分子间的作用力，不能形成石蜡晶体；并能有效消减蜡晶之间、蜡晶与胶体分子间的黏附力，抑制蜡晶的聚集长大；此外还能改变井筒中蜡的状态，使蜡质变软，易于清除。

3. 声波防蜡技术

声波防蜡技术由声波发生器的声波以较高频率产生剧烈机械振动，作用于含蜡原油而产生搅拌、分散、冲击破碎等次级效应，促使原油中的胶质、沥青质与蜡晶均匀分布，减少蜡晶相互结合的概率，同时剧烈振动产生的力学效应使流体质点动能增加，产生较大的剪切应力，降低蜡晶之间的结合力，使蜡晶的网状结构破坏、流动性改变、降低析蜡温度并大幅降低原油的黏度和流动阻力。

声波发生器主要有帕尔曼式、哈特曼式、旋笛式等类型。

（1）帕尔曼式声波发生器

帕尔曼式声波发生器主要由上下接头、收缩喷嘴和振动弹片等零部件构成，当一定压力的流体通过收缩喷嘴喷射之后，流体的速度将增大，高速流体在喷嘴两侧产生两串涡流，涡流的旋转方向相反，使喷嘴处的射流产生脉动性振动，带动振动弹片振动，从而强烈的声波。结构原理示意如图2－6－5所示。

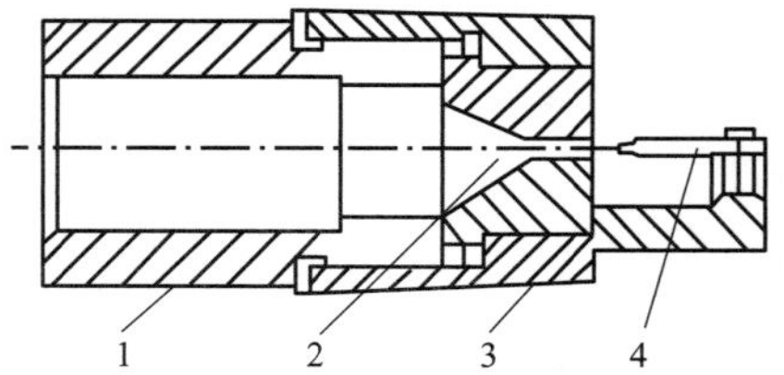

图2－6－5 帕尔曼式声波发生器结构原理示意图

1—下接头；2—收缩喷嘴；3—上接头；4—振动弹片

（2）哈特曼式声波发生器

哈特曼式声波发生器主要由高速喷嘴和圆形谐振腔组成。高速流体从喷嘴中射出，由于喷嘴截面的变化性收缩，喷嘴前的流体压力发生周期性的变化，流体周期性地进入谐振腔，使谐振腔的压力逐渐升高并最终以超声波的速度反馈出来。当喷嘴的射流频率与谐振腔的本征频率一致时，产生强烈的谐振波，通常哈特曼式声波发生器产生的声波频率可达几十至几百千赫兹，作为注水井的增注使用。结构原理如图2－6－6所示。

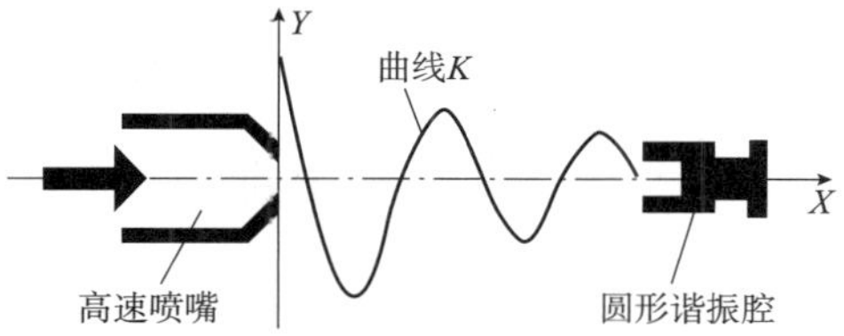

图 2－6－6　哈特曼式声波发生器的结构原理示意图

(3)旋笛式声波发生器

旋笛式声波发生器主要由定子盘、转子盘、压力室和驱动电机组成。定子盘、转子盘上均开有一定数量的导流孔，均匀分布在同一圆周上，电机带动转子盘，压力室内的流体压力由电机叶导轮推动后形成。定子盘与转子盘的导流孔时而连通时而封闭，流体通过时以脉动的形式从定子盘上的导流孔冲出，从而产生声波与超声波。通常对原油降黏有较好的应用效果，室内降黏率可达 77%。结构原理图如图 2－6－7 所示。

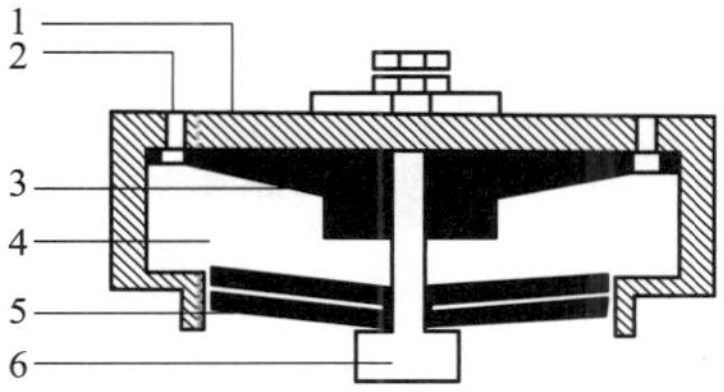

图 2－6－7　旋笛式声波发生器结构示意图

1—定子盘；2—导流孔；3—转子盘；4—压力室；5—电机叶导轮；6—电机

(4)可投捞式声波防蜡装置

可投捞式声波防蜡装置通过橡胶的膨胀，实现油管环空的密封，确保井液全部流经声波发生装置；井液流经喷嘴产生高速流体，冲击振片产生高频至超高频振动，形成一个强力的声波发生系统。声波作用于高速流体，使液相中的分散介质均匀分布，降低蜡晶之间的接触概率，蜡晶不易生长；振动作用使蜡晶网络结构遭受破坏，同时增加动能，减小蜡晶之间的结合力。结构原理如图 2－6－8、图 2－6－9 所示。

图 2－6－8　可投捞式声波防蜡装置示意图

图 2－6－9　声波发生装置示意图

(5)应用场景

该技术适用于黏度低于 2000mPa · s 的含蜡油井，且不受含水的影响，可投捞式声波防蜡装置适用于高产液量的海上电泵生产井。

4. 射流防蜡技术

原油经射流发生器形成射流态，使蜡晶破碎，通过声波降黏、涡流等作用进一步减少蜡晶聚集，起到防蜡的作用。结构原理如图 2－6－10 所示。

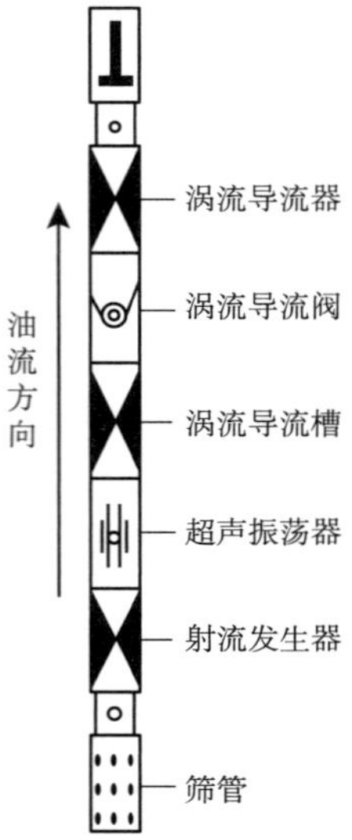

图 2－6－10 防蜡降黏装置结构图

(1)技术特点

防蜡降黏装置使产液的流速、流态、温度等产生一系列物理变化，从而大大减少结蜡量、延长洗井周期。

(2)应用场景

适用于稀油结蜡井，最佳的原油特性详见表 2－6－3。

表 2－6－3 适应井原油参数表

名称	含蜡量/%	50℃动力黏度/mPa·s	含沥青/%	含胶质/%	凝固点/℃	含水量/%	泵挂深度/m	产液量/(m^3/d)
指标	≤40	50～1000	＜8	≤35	＜40	＜90	2～25	＜100

(二)热力及微生物清防蜡技术

1. 技术原理

热力清蜡技术就是利用加热的手段，使抽油杆、油管和液流的温度升高，当加热温度比蜡的熔点还要高时，就会使蜡融化成液体，达到清蜡的作用；当加热温度高于蜡析出的温度时，则会防止蜡的沉积，达到防蜡的作用。

微生物清防蜡技术采用的细菌为石油烃降解混合菌，它们的生长、繁殖以原油中的蜡质成分(C_{16}～C_{63})为唯一碳源，通过自身快速繁殖，形成亲水疏油保护膜，起到屏蔽晶核、阻止石蜡结晶的作用；并将长碳链烃转化为短碳链烃，降解石蜡，减少蜡含量，实现井筒防蜡。

2. 技术特点

(1)热洗清防蜡技术

热洗一般分为常规热水洗和蒸汽热洗进行清防蜡，将高温热洗介质注入油井内循环，循环至一定程度后，使井内温度达到蜡的熔点，蜡就逐渐熔化，并随同热洗介质返出地面。开始时，温度保持在60℃左右，以防止熔化蜡块沉到井底，堵塞卡泵，然后把温度提高到80℃以上，以保持热洗效果。同时，配套双速电机等及时上调冲次，缩短排水期，入井液排出后再调回原来冲次，正常生产。蒸汽清蜡可克服井筒的气压，既不受油井自产液量的影响，又能保证清蜡的温度，对产液量较低或存在间出油井依然适用，且热循环建立较快(从井底到井口10～15min)，温度较高(130～150℃)，清蜡较为彻底。蒸汽热洗对于日产液在10t以内的井化蜡效果好。

(2)微生物清防蜡技术

可减缓原油结蜡，降低黏度；可提高原油中重质组分的溶解度，减轻结蜡程度。改进后的微生物有耐温达到120℃，耐盐350000mg/L。

3. 应用场景

(1)热洗清防蜡技术

热洗清防蜡技术对于水敏区块不适应。蒸汽热洗井筒适用于油井结蜡严重、沉没度较低(<500m)、油井套压低于3.0MPa，且蜡质对温度较为敏感的油井。

(2)微生物清防蜡技术

微生物清防蜡技术具有广泛的适用性(普适性)，含水98%以下的油井都能适用，但不能在含硫化氢的井中应用，且油井半年内无酸化、化学固砂等措施，选井条件见表2－6－4。

表2－6－4　微生物清防蜡选井条件

项目	产液量/(m^3/d)	含水/%	温度/℃	含蜡量/%	沉没度/m	矿化度/(mg/L)	pH值
适用范围	1～40	1～98	20～120	≥3	50～1000	$<35\times10^4$	6～9

4. 应用情况

(1)热洗清防蜡技术

2021—2022年推广应用小排量热洗796井次，累计减少产量影响1180t，平均检泵周期由494d延长至559d。

(2)微生物清防蜡技术

2018年，文南油区使用微生物清防蜡130口井，较热洗的洗井周期平均延长157d，单井加微生物后1a至少可减少洗井6次，减少影响产量30t，节约洗井费用17856元。文卫采油厂2018年共实施90口井，投加微生物防蜡剂110t，实施后全年共洗井36井次，与2016年的热洗相比共减少洗井451井次，大幅减少了洗井次数。

三、油井防盐技术

油井结盐不仅会影响正常生产、采收率降低，还会导致井下设备的严重损坏、缩短设备使用寿命、增大油井维护工作量、增加开发成本，而且严重时会导致长管柱串卡死在套管内，部分套变井无法大修打捞，致使报废、井网损坏，影响了油田开发水平的提高。目前，油井防盐主要采用清水洗盐、添加抑盐剂的技术。

(一)技术原理

通过在油套环空内灌入清水，将聚集在套管、油管内壁及其井下工具上的结晶盐溶解冲刷掉或将产出液中的结晶盐颗粒溶解，由产出液携带出井筒。

抑盐剂的抑盐机理是在盐水溶液中加入一定浓度的抑盐剂，破坏 NaCl 晶核的产生，从而抑制 NaCl 从溶液中结晶析出。主要表现在两个方面：一是增大盐的溶解度，使之不易析出结晶；二是改变盐的结晶类型，使致密的立方晶体转变为疏松、细碎的絮状结构，容易被溶解和清除，随液流带走。

(二)技术特点

1. 清水洗盐技术

清水洗盐目前常采用周期性掺水和连续掺水两种方式。

(1)周期性掺水

利用水泥车周期性对油套环空进行掺水化盐，油套环空掺水时动液面上升太快，倒灌进地层，影响油井产能。加水量一般为 5 ~ 7m^3，3 ~ 7d 一次。

(2)连续掺水

利用地面掺水系统，将处理后热水泵入水罐，通过管线连续将清水注入油套环空内，稀释产出液从而抑制盐的析出，同时保证进入井筒的水迅速排出，不倒灌进地层。要求瞬时掺水量不大于实际泵排量；保证油井产出液中的 NaCl 不结晶；实施 24h 连续掺水。

2. 抑盐剂防盐技术

抑盐剂防盐主要投加以亚铁氰化钾为主的药剂，增加盐的溶解度，改变盐晶体的形状，阻止盐块形成，但不能从根本上防止结盐，而是抑制、减轻结盐的程度。NaCl 晶体形态如图 2 - 6 - 11 所示。

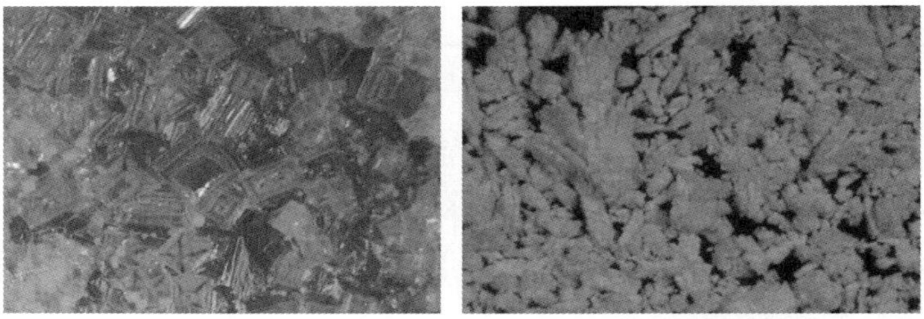

NaCl自然结晶形态　　加抑盐剂后的NaCl晶体形态

图 2 - 6 - 11　抑盐剂改变 NaCl 晶体形态

(三)应用场景

对于一些结盐不太严重的中高产井、低产结盐井采用周期掺水。连续掺水防盐主要用于油井结盐较为严重的井。掺水工艺流程如图 2 - 6 - 12 所示。

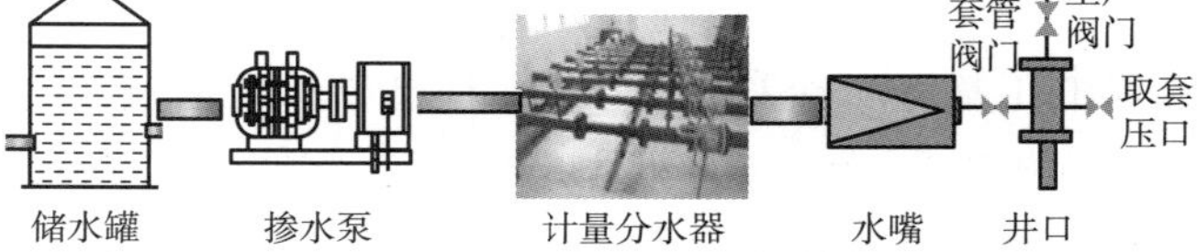

图 2 - 6 - 12　地面掺水流程示意图

（四）应用情况

由于抑盐剂溶剂中铁含量高，产出液中铁离子含量超标影响原油外输及销售，故现场一般不再应用，常用防盐技术为掺水化盐技术。

1. 连续掺水

濮城采油厂实施地面连续掺水 22 口，日掺水量下降 14.5m^3，排水周期缩短，含水下降0.4%，日影响产量减少 2.9t，检泵周期延长 126d。

2. 周期掺水

2016 年以来对 56 口油井实施周期掺水工艺生产稳定，未出现过盐卡事故。达到了结盐井维持正常生产、降低无效掺水量的目的，取得了明显的防盐效果。掺水量平均日减少31.3m^3/d，影响产量平均日下降 7.2t，检泵周期延长 141d，同比减少盐卡作业 8 井次，年累增油 1600t。122 号站连续掺水流程掺水化盐效果对比见表 2-6-5。VC42-14 井不同含盐量时的掺水量见表 2-6-6。

表 2-6-5　122 号站连续掺水流程掺水化盐效果对比

井号	工作制度	措施前							措施后				
		日产液/t	日产油/t	含水/%	周期/d	每次掺水量/m^3	月掺水量/m^3	费用/（元/月）	日产液/t	日产油/t	含水/%	日掺水/m^3	月掺水量/m^3
1-386	38×4.8×4.4×2300.5	6.8	2	70.6	4	12	84	3850	7	2.2	68.6	2	60
1-389	38×4.8×5.4×2198.6	12	2.9	75.8	6	10	50	2750	12	3.1	73.7	12	36
1-390	38×4.8×5.4×2198.0	7.2	4.8	33.3	4	8	56	3850	8	5.2	35	1	30
V43-5	38×4.8×3.4×2598.2	2.3	1.2	47.8	12	8	24	1650	2.5	1.2	52	0.5	15
V43-8	38×4.8×4.2×2502.8	3.3	2.7	18.2	6	8	40	2750	3.4	2.8	17.6	1	30
V43-9	38×4.8×2.9×2398.5	1.8	1.8	0	3	1	10	5500	2	2	0	0.5	15

表 2-6-6　VC42-14 井不同含盐量时的掺水量

化验盐含量/（mg/L）	控制目标/（mg/L）	产出液密度/（g/cm^3）	产液量/t	产油量/t	含水量/%	产水量/t	掺水量/m^3
391653	300000	1.15	8.5	2.6	69.4	5.9	1.57
391653	290000	1.15	8.5	2.6	69.4	5.9	1.80
391653	280000	1.15	8.5	2.6	69.4	5.9	2.05
391653	270000	1.15	8.5	2.6	69.4	5.9	2.31
391653	260000	1.15	8.5	2.6	69.4	5.9	2.60
391653	250000	1.15	8.5	2.6	69.4	5.9	2.91
391653	240000	1.15	8.5	2.6	69.4	5.9	3.24
391653	230000	1.15	8.5	2.6	69.4	5.9	3.61
391653	220000	1.15	8.5	2.6	69.4	5.9	4.00
391653	210000	1.15	8.5	2.6	69.4	5.9	4.44
391653	200000	1.15	8.5	2.6	69.4	5.9	4.92

四、油井防垢技术

油井生产过程中，由于温度、压力、油气水平衡状态及其离子浓度不断发生变化，井液流体中物理化学状态也发生相应的变化，常出现结垢现象。结垢会导致抽油泵凡尔失效、筛管堵塞、活塞被卡、管道缩径等诸多危害，造成油井频繁作业。油田采用的防垢方法主要分为物理防垢技术和化学防垢技术。

（一）物理防垢技术

通过机械、超声波、磁场等作用，阻止无机盐沉积在井筒壁上。目前，物理防垢技术只有超声波防垢技术在油田开展过应用。

1. 技术原理

利用强声场、低频超声波（频率大于 20kHz）处理流体，破坏成垢条件，使流体中成垢物质在超声波声场的作用下分散、粉碎、松散、松脱不易附着管壁。超声波防垢器—梅鲁斯环工作原理：首先利用特定技术分析出垢分子的自身振动波形，再开发出共振和干扰的超精微振动波，然后利用激光振动技术将超精微振动波刻录到内。当梅鲁斯环安装到油管上的瞬间，靠周围环境温度，持续恒定地产生高速度的超精微振动波，从而抑制垢的形成。超声波防垢器—梅鲁斯环结构如图 2－6－13 所示，产生的振动波示意如图 2－6－14 所示。

图 2－6－13　超声波防垢器—梅鲁斯环

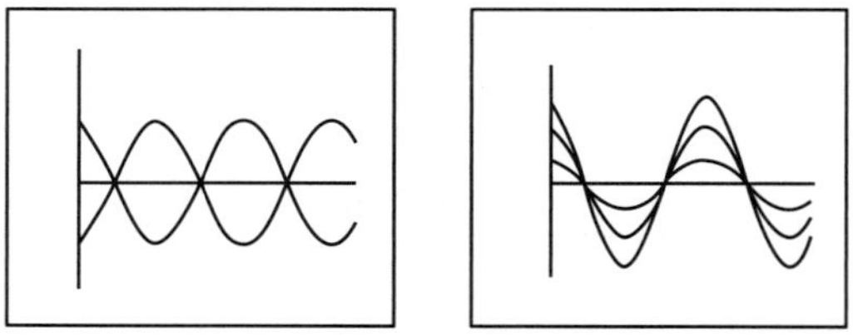

图 2－6－14　梅鲁斯环产生的振动波示意图

2. 技术特点

结构简单、安装和使用方便，连续化和自动化水平高，对环境友好、无危害。防垢效果受材料、环境因素（温度、压力、水含盐量、pH 值、成垢离子浓度、水的流动状态、管道形状等）影响很大，使用范围、应用条件受限。

3. 应用情况

梅鲁斯环：2014 年在文留采油厂应用 3 口井，延长洗井周期 15d、检泵周期 180d；减少除垢作业 1 井次。特殊合金防垢器：2018—2020 年在文卫采油厂 12 口井累计应用 33 井次，有效防止了筛管结垢导致卡泵躺井，工具平均使用周期 499d，最长使用周期 891d。物理防垢技术应用情况详见表 2－6－7。

表2－6－7　物理防垢技术应用情况及效果

采油厂	技术名称	应用时间/年	应用井次	应用效果	是否还在应用	不再应用原因
文卫	特殊合金防垢器	2018—2020	33	良好	否	多次重复入井工具损坏
文留	梅鲁斯环	2014	3	良好	否	项目合同结束

（二）化学防垢技术

通过化学药品的螯合、分散、电斥等特性阻止垢的生成，易操作，效果显著，在油田得到广泛应用。油田防垢剂主要为氨基三甲基膦酸（ATMP）、羟基乙叉二膦酸（HEDP）、二乙烯三胺五甲基膦酸（DTPMPA）等有机膦酸盐。

1. 技术原理

有机膦酸盐含有多个可与成垢阳离子（如 Ca^{2+}、Mg^{2+}、Ba^{2+} 等）以配位键发生络合反应的基团，并形成具有五元或六元环稳定结构可溶于水的螯合物，使成垢阳离子浓度降低或屏蔽成垢阳离子，防止垢形成，从而达到防垢目的，防垢机理如图2－6－15所示。

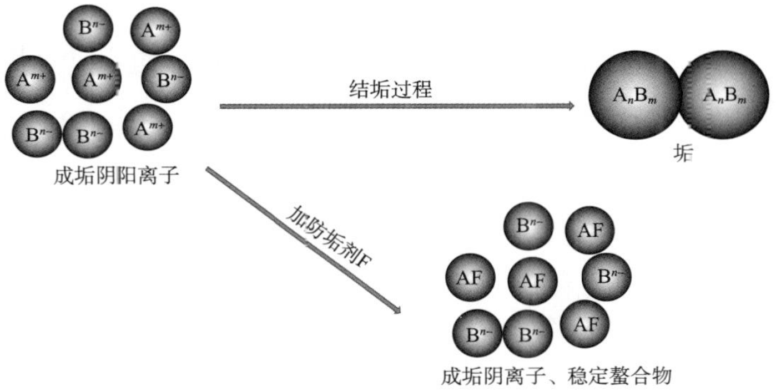

图2－6－15　有机膦酸盐防垢机理示意图

2. 技术特点

操作简单，适合不同温度、矿化度条件的油井防垢；技术指标符合 Q/SH CG0133—2021《油田水处理用防垢剂技术要求》。

3. 应用情况

2008年以来，在文留、濮城、濮东采油厂累计应用化学防垢技术70口井，平均延长免修期63d，应用效果明显。详见表2－6－8。

表2－6－8　化学防垢技术应用情况及效果

采油厂	应用时间	应用井次	应用效果	是否还在应用
濮城	2008—目前	27	平均延长免修期56d	在用
文留	2022—目前	39	平均延长免修期65d	在用
濮东	2023.8—2024.1	4	平均延长免修期92d	停用

五、油井防气技术

高油气比的生产井在生产过程中，原油进入泵筒后，随着压力降低，伴生天然气会从原油中析出，进入泵筒在柱塞的往复运动中压缩，导致泵筒充不满、泵效低，严重的会使泵凡尔失效、发生气锁，影响油井正常生产。现场常用井下气锚提前进行油气分离，减少气体对抽油泵的影响。气锚根据分气原理不同，常用的有重力式和离心式两种。

（一）重力式气锚

重力式气锚利用油气密度不同，使油气在气锚里发生滑脱效应，较轻的天然气向上运动，经气锚顶部孔眼排进油套环空；较重的原油向下流动，经内管进入抽油泵，实现油气分离。一般分为偏心式气锚、贾敏式筛离气锚及多杯等流型气锚。

1. 偏心式气锚

（1）技术原理

依据多相垂直管流的特点，当油管处于套管中央位置时，气体在环空面上分布是均匀的。当油管与套管一侧接触时，形成偏心环空，气体优先进入环空面积较大的一侧。偏心式气锚在气锚液流入口另一侧的锚体上安装 1 个或数个弓形弹簧，在弹簧的作用下气锚紧贴在套管内壁上。此时，进入气锚的液体含气量比气锚处于套管中央位置时低。液体进入气锚时，在气体和液体密度差的作用下，气体就会从液体中溢出，向上流动，进入较大面积的环空，液体向下流动，进入泵筒。偏心式气锚结构示意如图 2－6－16 所示。

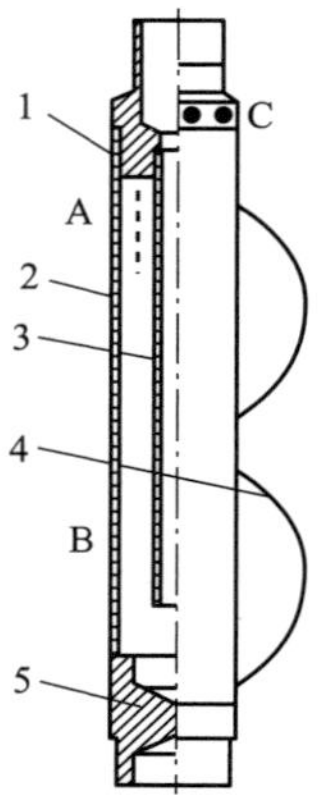

图 2－6－16　偏心式气锚结构示意图

1—上接箍；2—锚体；3—浸管；4—弹簧；5—下接箍；
A—气锚进液口；B—浸管进液口；C—排气孔

（2）技术特点及参数

气锚安装在泵下部，泵吸入口不能在射孔段以下，进液口设计在窄侧，出液口设计在宽侧，以提高分气效率；外径为 ϕ89mm、ϕ101mm、ϕ109mm，长度为 3200mm，吸入口直径 ϕ27mm。

（3）应用场景

适用于气液比 30～3000m^3/t，产液量≤70m^3/d 的油田。

2. 贾敏式筛离气锚

（1）技术原理

当高能气泡通过直径明显小于气泡直径的小孔时，不能通过的气泡借助自身的浮力上升后进入油套环形空间，从而达到气液分离的效果。

(2)技术特点及参数

气锚长度为9.8m，最大外径ϕ114mm，锚孔直径ϕ1mm，垂直夹角30°，孔数800个，提高泵效8.9%以上。

3. 多杯等流型气锚

(1)技术原理

根据斯托克定律，气泡上浮速度与液体下降速度基本为一定值。通过在气锚中心管上安装多个沉降杯，杯底内侧开数个进液孔，从而降低沉降杯中的液体速度，进而提高气液分离效率。多杯等流型气锚示意如图2-6-17所示。

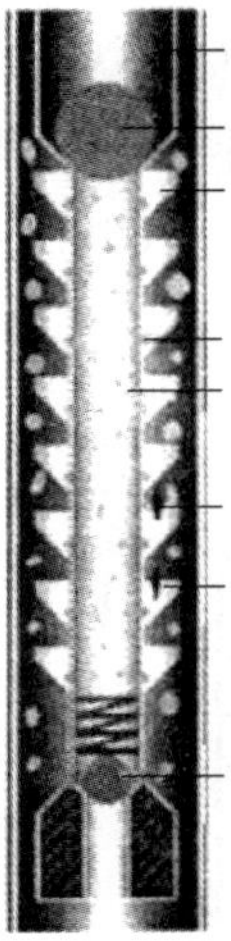

图2-6-17　多杯等流型气锚示意图

(2)技术特点

多杯等流型气锚可明显降低液体下降速度，提高气液分离效率，可提高泵效25%以上。

(二)离心式气锚

离心式气锚是利用油气混合液在气锚螺旋叶片流动过程中，油气密度差异产生的离心力不同，天然气在螺旋叶片内侧流动，原油在螺旋叶片外侧流动，最终使油气从不同孔眼中排出，从而实现油气的分离。离心式气锚一般包括多功能旋流式、复合式及迷宫式三种类型。

1. 多功能旋流式气锚

(1)技术原理

多功能旋流式气锚外管均布切线小孔，混合液中的气体经过时受剪切作用，进行第一次分离；进入外管与内管环形空间的油气混合液自动旋转，在离心力作用下，进行第二次分离；液体下降经过衬管和内吸管组成的环形空间，未被分离的气体在密度差作用下进行第三次分离，分离后的液体由内吸管进入泵管。多功能旋流式气锚结构示意如图2-6-18所示。

(2)技术特点

多功能旋流式气锚集剪切、离心、重力分离于一体，分离效率高，适用于高气油比井。

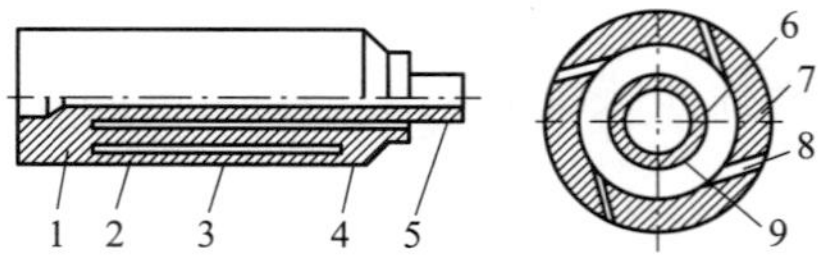

图 2-6-18　多功能旋流式气锚结构示意图

1—上接头；2—外管；3—衬管；4—下接头；5—内吸管；6—径向泵；7—外管；8—切线管；9—衬管

2. 复合式气锚

(1)技术原理

复合气锚结构示意如图 2-6-19 所示。泵上冲程时，由于气液密度差，部分大气泡分离上行进入油套环空完成第一次分离；液体携带大部分小气泡下行进入螺旋管，完成第二次分离；两次分离后的混合液在螺旋外管和工作外套之间的环空下行，完成第三次分离，最后液体通过中心管通道进入泵筒。泵下冲程时，在液体反馈力作用下，放气阀打开，气体排出进入油套环空。

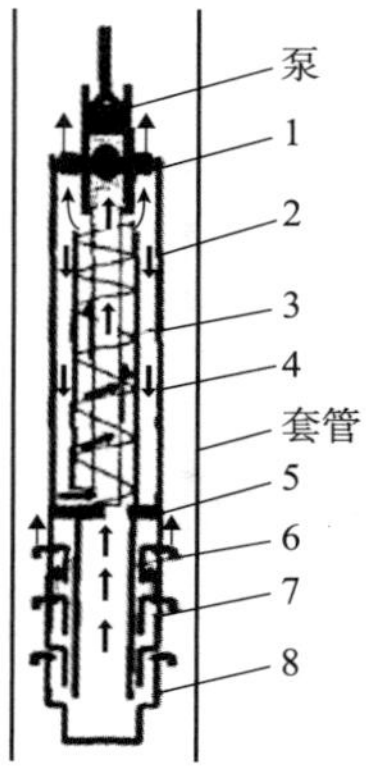

图 2-6-19　复合气锚结构示意图

1—放气阀；2—工作外筒；3—螺旋管；4—螺旋外管；5—特殊接头；6—中心管；7—进液管；8—下接头

(2)技术特点及参数

复合式气锚适用于油气比 100 ~ 2000m^3/m^3，产液量 ≥ 10m^3/d 的井。其外径为 114mm，长度为 3600mm。最佳螺旋长度为 1 ~ 1.5m，螺距为 0.05 ~ 0.10m。

3. 迷宫式气锚

(1)技术原理

迷宫式气锚主要由上、下两级组成，上级为离心式螺旋气锚，下级为重力式和离心式综合气锚。下级气锚采用倒螺旋结构，等于在同一长度的锚筒区域内同时进行两次油气分离过程。迷宫式气锚分气原理如图 2-6-20 所示。

(2)技术特点

迷宫式气锚可根据油井气量大小(气液比值)组成任意级数，实现油气高效分离，利用单向排气阀阻止油套环空气压过高导致气体倒流。

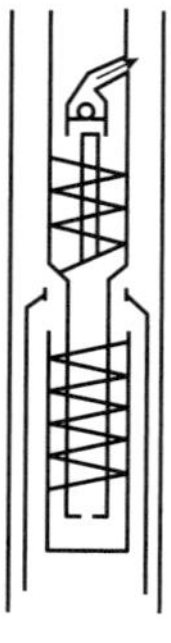

图 2-6-20　迷宫式气锚分气原理图

六、油井防腐技术

中原油田主要采用“加药为主、配套为辅”的防腐蚀模式。通过强化套管、生产管柱防腐管材工艺及材料、加强井口腐蚀监测、加深尾管、配套阴极保护器等措施；减缓、减弱生产过程中因腐蚀造成的套管、生产管(杆)柱、井下配套工具损坏，实现全井筒套管、生产管柱的全生命周期防护。

(一)腐蚀监测技术

1. 日常监测

监测腐蚀速率、铁离子浓度、缓蚀剂残余浓度等数据，调整优化单井井筒防腐方案。初期监测周期为1个月，稳定后可调至6个月。

2. 油管腐蚀监测

在有代表性的区块选择1～2口井，生产管柱配套腐蚀监测环，监测井下生产管柱的腐蚀速率，形成覆盖不同含水量、不同产液量、不同矿化度级别的油井监测网络。

3. 套管腐蚀监测

①监测周期：采用井径、电磁探伤等工艺监测套管状况，在有代表性的区块每年选井监测套管腐蚀。

②选井要求：应覆盖新井、腐蚀严重井、未投加缓蚀剂井等，覆盖不同年限套管等。

③数据分析与应用：根据监测结果，及时调整优化区块防腐方案；结合连续监测数据，建立动态变化对比分析库，分析研究套管变化情况，为生产优化、措施实施及套管保护提供依据。

(二)油套环空加药防腐

连续或批量向油套环空注入缓蚀剂，使金属表面形成氧化膜、沉淀膜和吸附膜三种类型保护膜，从而起到防腐的效果，三类保护膜示意如图2－6－21所示。

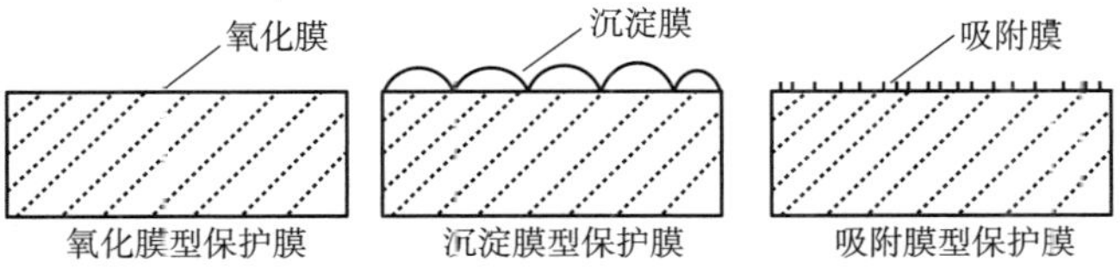

图2－6－21　三类保护膜示意图

1. 缓蚀剂类型

(1)氧化膜型缓蚀剂

氧化膜型缓蚀剂本身是氧化剂或以介质中的溶解氧作氧化剂，使金属表面氧化生成了极薄而致密的保护性氧化膜，造成金属的离子化过程受阻，从而减缓金属腐蚀。本身不具有氧化性的缓蚀剂，可使金属处于钝化状态，形成一层钝化膜。氧化膜型缓蚀剂又被称为钝化剂，如肉桂醛及其衍生物就属于此类型缓蚀剂。

(2)沉淀膜型缓蚀剂

沉淀膜型缓蚀剂是通过化学反应在金属表面生成防腐蚀沉淀膜。沉淀膜可由缓蚀剂之间相互作用生成，也可由缓蚀剂和腐蚀介质中的金属离子作用生成，如8－羟基喹啉、苯并三氮唑（BTA）、巯基苯基四氮唑（PMTA）等。

（3）吸附膜型缓蚀剂

吸附膜型缓蚀剂通过在金属表面形成吸附膜来阻止腐蚀。吸附膜型缓蚀剂加入腐蚀介质中以后，一方面，在金属表面形成吸附层，增加腐蚀反应的活化能，减缓腐蚀速度；另一方面，形成一层疏水性保护层，阻碍与腐蚀反应有关的电荷或物质转移，使腐蚀速度减慢。

2. 液体缓蚀剂防腐工艺

科学设计生产管柱的进液口深度，扩大液体缓蚀剂有效作用范围，加强套管防腐保护。

（1）技术特点

液体缓蚀剂水溶性好、缓蚀率高达80%以上，处于国内领先水平（国内同类产品缓蚀率在70%以内）；适应性强，形成了高效水溶性缓蚀剂配方体系，能够适用于不同区块油井的腐蚀特性，技术参数详见表2－6－9。

表2－6－9 液体缓蚀剂技术要求

项目		指标			
		抗 CO_2	采出水	注入水	粒状固体
外观		均匀液体且无杂质			粒状固体
pH值（1%水溶液）		6～9			
粒径/mm					≤8
密度（20℃）/（g/cm³）		≥0.95			1.3～1.6
与采出水的配伍性		无分层、沉淀现象			
乳化倾向		无乳化倾向			
有机氯含量		0			
缓蚀率	注水井：（50℃±2℃、30mg/L），A3试片			≥65%	
	油水井：（80℃±2℃、100mg/L），N80试片		≥70%		
	抗 CO_2 油井缓蚀剂及固体缓蚀剂（80℃±2℃、100mg/L），N80试片，评价介质中通入 CO_2 气体40min	≥75%			≥72%

（2）应用范围

液体缓蚀剂防腐工艺适用于液体可正常通过油套环形空间进入生产管柱内部的生产油井，可保护井液吸入口上部套管及生产管柱。

（3）投加方式

根据需加药井套压优选重力渗流、增压泵泵入、智能连续加药装置等投加设备，结合生产情况及设备配套情况选择周期投加与连续投加方式，推荐采用连续投加方式。

3. 固体缓蚀剂防腐工艺

根据单井腐蚀情况，模拟井下高温高压条件，设计固体缓蚀剂类型、浓度、周期等参数。

(1)技术特点

固体缓蚀剂释放速度慢，保护周期长，保护有效期可达到90d甚至更长；保护范围广，可有效防护释放部位以上套管、生产管柱及其他配套设施；投加灵活，现场施工操作简便，节省加药设备及维护投入，减少劳动强度，性价比较高。

(2)应用范围

适用于出砂程度轻微或不出砂的油井。具有丢手卡堵水管柱或生产管柱配套大直径工具，如油管扶正器、液力锚、封隔器(如连泵堵水)的油井，可在配下管柱前投加固体缓蚀剂。4in套管油井可在空井筒或尾管内部预先投加，配合液体缓蚀剂实现井筒保护。固体缓蚀剂技术要求见表2－6－10。

表2－6－10 固体缓蚀剂技术要求

项目		指标
外观		粒状或棒状
pH值		5～9
规格	粒状，粒径/mm	≤5
	棒状，直径/mm	≤25
密度/(g/cm^3)		1.2～1.5
粘壁现象		无
静态均价缓蚀率/%(温度90℃、浓度100mg/L条件下)		≥75
溶解周期	≥7d	缓蚀率≥75%
	≥15d	
	≥30d	
溶解残渣/%		≤2
有机氯/%		0.00

(3)投加方式

正常生产时，可采用带压方式投加。投加前应停井(具备洗井条件的可提前洗井，避免环空黏结、药桥隐患)，投加完毕2～6h后开井(时间可以根据单井具体情况，酌情延长)，避免固体缓蚀剂被吸入并堵塞进液吸入口。作业时，空井筒投加或密封在尾管内。

(4)投加制度

推荐固体缓蚀剂投加浓度为50～100mg/L，一般释放有效期30d以上，高液量和腐蚀严重的油井可酌情缩小加药周期和加大投加浓度。投加后，监测到残余浓度低于50mg/L时需及时投加。加药量计算公式如下：

$$M=\frac{Q\times C\times T}{1000} \tag{2-6-1}$$

式中 M——加药量，kg；

Q——液量，m^3；

C——加药浓度，mg/L；

T——时间，d。

例：某井日产液 $20m^3$，为一般腐蚀井，按加药浓度 50mg/L，加药周期 60d 计算，一次投加量为 60kg，根据计算公式得：$20000 \times 0.00005 \times 60 = 60kg$。

(三)配套防腐工艺技术

1. 配套管柱优化

根据腐蚀程度并结合油井生产实际确定是否需要加深常规油井加深尾管以及加深深度。

管脚深度推荐位于油层底界以下 2m，也可根据实际情况加深。连泵卡封管柱，可采用阴极保护防腐工艺。推荐生产管柱配套挡滤砂工具，避免固体缓蚀剂被吸入泵筒卡堵泵。

2. 其他配套防腐工艺

CO_2或 H_2S 腐蚀严重的井还可以根据井筒需要配套抗 H_2S 腐蚀等专用油管、内衬高分子聚乙烯油管、内壁化学镀层防腐油管等。根据井筒情况配套使用高温玻璃钢抽油杆、碳纤维连续抽油杆、外包覆防腐抽油杆。配套抽油杆双向保护接箍、耐磨耐腐蚀接箍，以及防腐抽油泵和耐腐蚀封隔器等工具。

七、油井防偏磨技术

有杆泵在采油过程中，时常发生抽油杆与油管之间相互磨损，造成杆断脱、管漏等事故，缩短油井免修期，影响油井正常生产，增大作业成本投入。现场所使用的防偏磨技术主要有减小杆柱屈曲类、抽油杆扶正类、均匀磨损类、抗磨类等技术。

(一)减小杆柱屈曲类

杆柱的正弦屈曲和螺旋屈曲是产生杆管偏磨的直接原因，减少杆柱屈曲就可以减少偏磨。这类技术主要有杆柱下部加重、油管锚定。

1. 杆柱下部加重

技术原理及特点：在抽油杆柱底部连接加重杆，使抽油杆柱中和点下移，确保杆柱在上下冲程中始终处于拉伸状态，减轻或消除抽油杆的螺旋屈曲，改善杆柱受力状况，对减缓杆管偏磨有一定的效果。适用于偏磨不严重的油井。

2. 油管锚定

技术原理及特点：通过水力锚将油管下端锚定在套管上，保证油管在受交变载荷作用时，将油管的蠕动变形降到最低，减轻杆管偏磨。水力锚的启动取决于油管内外抽吸工况下的压差，可靠性低。

(二)抽油杆扶正类

在杆管偏磨段的抽油杆上安装抽油杆扶正器、扶正接箍、扶正环等，避免杆管直接摩擦。材质由钢材逐步发展到耐高温、耐磨损的尼龙材料。

1. 钢质防偏磨扶正器

技术原理及特点：主要依靠多组滚轮的滚动和滑动实现防偏磨。具有一定的防偏磨作用，但是滚轮易磨坏，造成抽油杆卡。滚珠槽易损坏；滚珠散落，造成杆卡、泵卡。钢质防偏磨扶正器结构示意如图 2－6－22 所示。

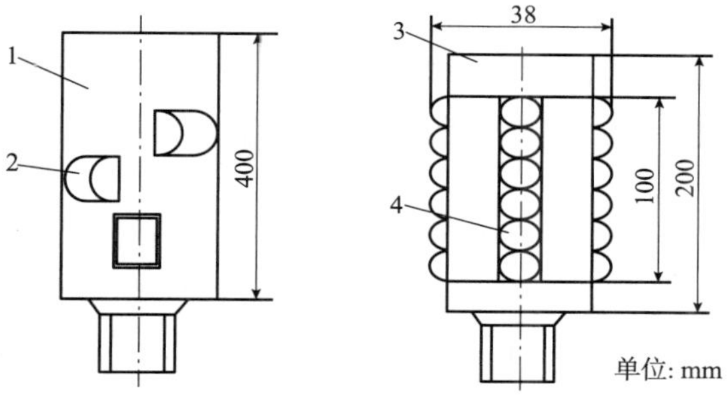

图 2-6-22　钢质防偏磨扶正器结构示意图

1—短节；2—滚轮；3—主体；4—滚珠

2. 尼龙扶正器

技术原理及特点：将尼龙扶正器安装在抽油杆柱上实现防偏磨。具体形式有分瓣式尼龙扶正器，可以卡在抽油杆杆体的任意位置；短节式扶正器，将扶正器整体固化，脱模后留在抽油杆短节上，可旋转，不存在上下滑动的问题。尼龙强度较油管低，对油管无伤害。耐磨性好，磨后粉末被油流携带走，无碎渣不易卡泵。短节式尼龙扶正器适用于偏磨井段短的井。尼龙扶正器结构示意如图 2-6-23 所示。

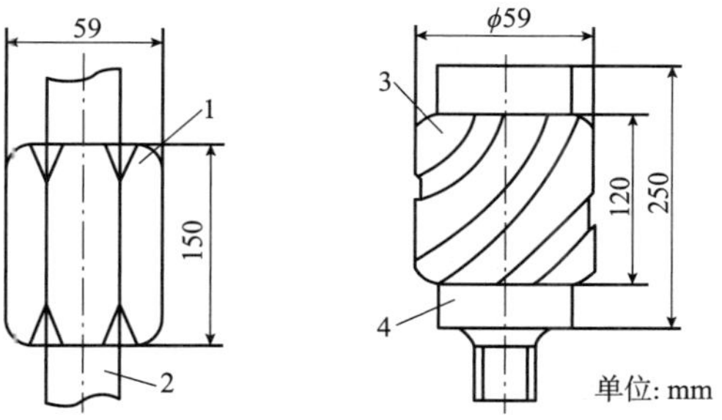

图 2-6-23　尼龙扶正器结构示意图

1—分瓣扶正体；2—抽油杆；3—旋转扶正器；4—短节本体

3. 热固式尼龙扶正器

技术原理及特点：采用增强尼龙，一次性注射成型，将多个扶正器固化在抽油杆上，使抽油杆与扶正器形成一个整体，在抽油杆上下抽吸过程中起到防偏磨的作用。扶正器固化粘接位置一般离接箍 1～1.5m，均匀分布，克服磨薄后被挤碎的问题。外型结构呈流线型，且有四条凹槽作为油流通道，流动面积大，油流阻力小。

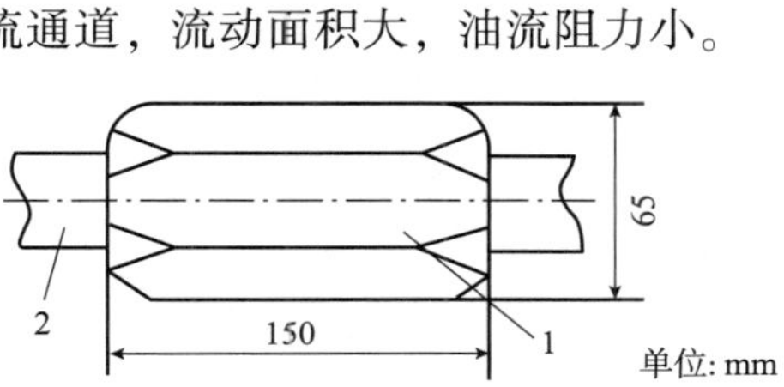

图 2-6-24　热固式尼龙扶正器结构示意图

1—尼龙扶正体；2—抽油杆

(三)均匀磨损类

通过井下油管定时旋转或抽油杆定期转动，达到抽油杆、油管由径向单点式磨损改为均匀周向磨损，延长偏磨井生产周期的目的。

1. 抽油杆旋转器

技术原理及特点：在抽油机换向的单位时间内，抽油杆旋转器做直线往复运动，同时旋转一定的角度，产生旋转力偶矩，防止抽油杆接箍偏磨导致杆柱断脱，避免井液中的固体颗粒卡泵，有效防止抽油杆脱扣。抽油杆旋转器具有井下减震器的功能，减小对地面及井下设备的冲击；具有超冲程效应，提高抽油机井泵效。抽油杆旋转器原理如图2－6－25所示。

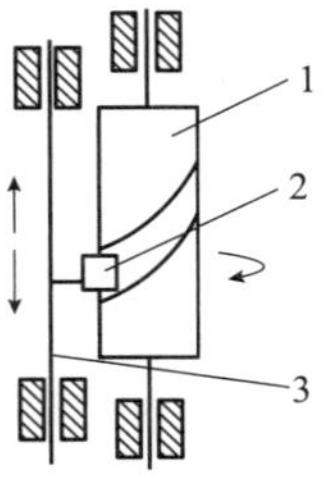

图2－6－25 抽油杆旋转器原理图

1—凸轮体；2—拨叉；3—移转轴

2. 抽油杆自动间歇旋转器

技术原理及特点：当抽油杆下行时，固定在井口上部的井口盘根密封盒顶面抵在游动卡体底面，对游动卡体产生向上的顶抵力，经连杆带动摇臂做逆时针旋转运动，再经间歇传动副及垂直轴传动副带动抽油杆转动。当抽油杆上行时，井口盘根密封盒顶面和游动卡体底面脱离，摇臂游动卡体及连杆在重力作用下带动摇臂反向做顺时针转动，并带动间歇传动副反向进行空回程。旋转器带动抽油杆做自动间歇旋转，避免抽油杆偏磨现象发生，同时还避免抽油杆螺纹断脱现象的发生，可完全替代原抽油杆悬绳器，操作简单、方便。抽油杆自动间歇旋转器结构示意如图2－6－26所示。

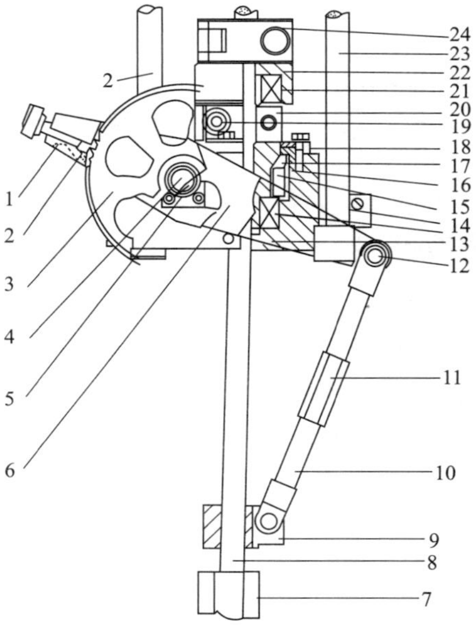

图2－6－26 抽油杆自动间歇旋转器结构示意图

1—棘爪；2—间歇传动机构；3—棘轮；4—蜗杆；5—垂直传动副；6—摇臂；7—井口光杆密封；8—光杆；9—游动卡体；10—连杆；11—调节螺套；12—连杆孔；13—中心通孔；14—开口绳槽；15—蜗轮；16—蜗杆孔；17—花键段；18—定位盘；19—扶正卡体；20—夹头；21—推力轴承；22—扶正套；23—毛辫子；24—方卡子

3. 油管旋转器

技术原理：油管旋转器是通过转动井口油管悬挂器改变井下油管偏磨侧面以延长油管使用寿命的一种井口装置。当抽油机运行到接近下死点时，推动压杆下行，压杆推动离合器及蜗杆、蜗轮、悬挂器及井下油管旋转。当抽油机上行时，复位弹簧推动压杆及离合器复位，实现油管间隙匀速转动，可减缓井下抽油杆偏磨速度、延长油井免修周期，实现油管360°自动旋转，减缓油管局部过度磨损。油管旋转器结构示意如图2－6－27所示。

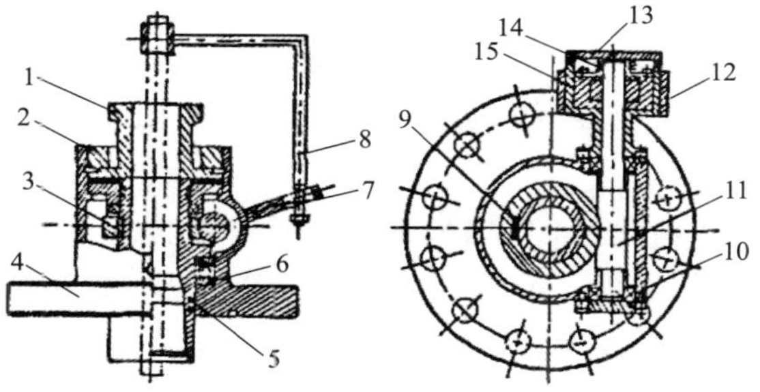

图2－6－27　油管旋转器结构示意图

1—提升接头；2—压帽；3—蜗轮；4—壳体；5—油管挂；6—轴承；7—压杆；8—推杆；9—键；10—轴承座；11—蜗杆；12—驱动轮罩；13—轴盖；14—弹簧；15—驱动轮

（四）抗磨类

采用经表面处理的杆、管，可以有效减少磨损的发生、提高杆管的耐磨性，降低摩擦系数、减少磨损。主要包括抗磨接箍和抗磨油管两大类。

1. 抗磨接箍

技术原理及特点：通过对抽油杆接箍表面的处理，提高接箍的抗磨效果。主要有硬质合金喷焊接箍和表面镀镍、镀铬处理接箍。表面硬度达到58～60HRC，表面粗糙度达到0.8μm，可延长生产周期60余天以上。

2. 内衬HDPE/EXPE耐磨防腐油管

技术原理及特点：在标准油管内壁加上HDPE/EXPE内衬管，具有优良的弹性、柔韧性、耐磨性等物理特性。一方面，提高油管内壁的耐磨性；另一方面，降低杆管间的摩擦系数，从而减少杆的磨损。内衬管壁厚3.5～4.5mm，$2\frac{7}{8}$in油管内无法使用ϕ25mm抽油杆，杆柱组合受限。杆柱下行阻力大，抽油杆易发生疲劳断裂。HDPE内衬油管耐磨性增加3～5倍。具有较低的渗透率、明显的惰性，耐腐蚀。适用于存在严重腐蚀、结垢问题的水井及存在严重偏磨、腐蚀和结垢问题的油井。

第三章　采气工程技术

采气工程技术是研究科学、高效开采气藏的综合性系统工程，涉及天然气从井底采出到地面的全部工艺过程，主要包含完井投产、系统分析、排液采气、增产措施、维护措施及配套工艺等。

东濮凹陷气藏自1979年投入开发以来，先后探明了以文23、户部寨为代表的整装气藏，以白庙、桥口为代表的凝析气藏，以文96、文24、卫11等为代表的复杂断块气藏，以文13西、文南、濮城为代表的气顶气藏等多类型气藏。

干气藏储量主要集中在文23气藏，储层物性差，非均质性强，纵向上渗透率级差比较大。含气层位在第三系沙河街组沙四段，气藏埋深从2750～3120m；储层孔隙度在8.86%～13.86%，渗透率为(0.27～17.12)×10^{-3}μm^2，原始地层压力为38.6MPa，压力系数为1.38，属异常高压气藏；气体组分中甲烷含量高(92.59%～97.13%)，凝析油含量低(10～20g/m^3)。

凝析气藏储量主要集中在白庙、桥口气藏，储层埋藏深，物性差，地露压差小，凝析油变化大，整体开发难度大。含气层位在沙二下－沙三下，气藏埋深2630～4360m；储层孔隙度4.81%～17.17%，渗透率(0.1～15)×10^{-3}μm^2，原始地层压力为38.64MPa，压力系数为1.29～1.34，为异常高压气藏；据白庙等凝析气藏PVT取样分析，气藏地露压差为0.48～31.11MPa，凝析油含量60.1～820g/m^3。

已形成系列配套技术有气井完井投产技术、排液采气技术、储层改造技术、凝析气藏开采技术、配套技术等。

第一节　气井完井投产技术

完井是衔接钻井工程和采油(气)工程而又相对独立的一门技术工程，是从射开油(气)层开始，到完井方法的优选、完井工艺实施与作业、下生产管柱、排液直至投产的一项系统工程。完井方式不同，具体的完井工艺和完井作业也不同，完井工程的核心是完井方式的优选和生产管柱尺寸的优化设计。

一、完井及投产方式

气井完井是指井的完成过程，即在井底建立气层与井筒之间的连通通道或连通方式。气井完井与投产方式是完井工程设计的第一步，选择是否得当，直接影响气井的整个生产过程，甚至影响气井的生产寿命。

(一)气井完井方式

国内外常用的完井方式有套管或尾管射孔完井、裸眼完井、割缝衬管完井、裸眼或套管砾石充填完井等。储层条件不同适用的完井方式也不同，完井方式适用的地质条件见表3－1－1。

表3－1－1　完井方式适用的地质条件

<table>
<tr><th colspan="2">完井方式</th><th>适用的地质条件</th></tr>
<tr><td colspan="2">射孔完井</td><td>(1)有气顶、底水、含水夹层、易塌夹层等复杂地质条件，要求实施分隔层段的储层；
(2)各分层之间存在压力、岩性等差异，要求实施分层测试、分层采油、分层注水、分层处理的储层；
(3)要求实施大规模水力压裂作业的低渗透储层；
(4)砂岩储层、碳酸盐岩裂缝性储层</td></tr>
<tr><td colspan="2">裸眼完井</td><td>(1)岩性坚硬致密，井壁稳定不坍塌的碳酸盐岩储层；
(2)无气顶、无底水、无含水夹层及易塌夹层的储层；
(3)单一厚储层，或压力、岩性基本一致的多层储层；
(4)不准备实施分隔层段，选择性处理的储层</td></tr>
<tr><td colspan="2">割缝衬管完井</td><td>(1)无气顶、无底水、无含水夹层及易塌夹层的储层；
(2)单一厚储层，或压力、岩性基本一致的多层储层；
(3)不准备实施分隔层段，选择性处理的储层；
(4)岩性较为疏松的中、粗砂粒储层</td></tr>
<tr><td rowspan="2">砾石充填完井</td><td>裸眼砾石充填</td><td>(1)无气顶、无底水、无含水夹层及易塌夹层的储层；
(2)单一厚储层，或压力、岩性基本一致的多层储层；
(3)不准备实施分隔层段，选择性处理的储层；
(4)岩性疏松，出砂严重的中、粗、细砂粒储层</td></tr>
<tr><td>套管砾石充填</td><td>(1)有气顶、底水、含水夹层、易塌夹层等复杂地质条件，要求实施分隔层段的储层；
(2)各分层之间存在压力、岩性等差异，要求实施选择性处理的储层；
(3)岩性疏松，出砂严重的中、粗、细砂粒储层</td></tr>
</table>

1. 完井方式特点及适用条件

(1)射孔完井

射孔完井包括套管射孔完井和尾管射孔完井两种方式(图3－1－1、图3－1－2)。这两种完井方式是钻完气层后下入套管或尾管，注水泥固井后通过射孔使井筒和产层连通，是国内最为广泛和最常使用的两种完井方式，对固井、射孔质量要求严格。

(2)裸眼完井

裸眼完井就是油气层不下套管，井眼裸露的完井方式(图3－1－3)。按照施工顺序不同，裸眼完井方式又分先期裸眼完井法和后期裸眼完井法。

先期裸眼完井法是将套管下到油气层顶部再钻开油气层；后期裸眼完井法是钻完油气层后，如果油气层有开采价值，再将套管下至油气层顶部注水泥完井。后期裸眼完井法在现场很少应用。

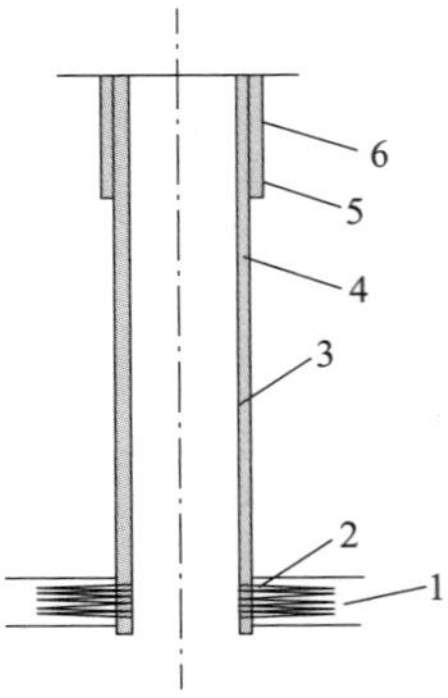

图 3－1－1　套管射孔完井示意图

1—产层；2—射孔孔眼；3—油层套管；4—水泥环；5—技术套管；6—表层套管

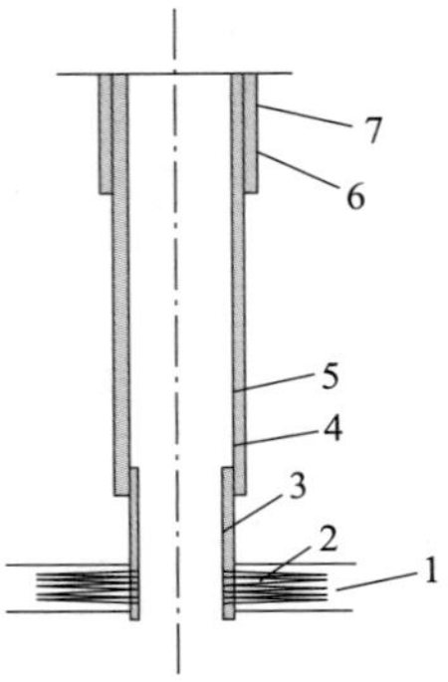

图 3－1－2　尾管射孔完井示意图

1—产层；2—射孔孔眼；3—尾管；4—水泥环；5—油层套管；6—技术套管；7—表层套管

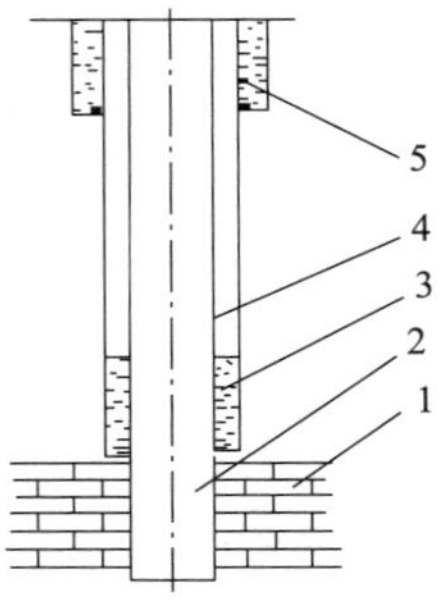

图 3－1－3　裸眼完井示意图

1—产层；2—井筒；3—水泥环；4—技术套管；5—上层套管

(3)割缝衬管完井

割缝衬管完井是在油层部位下入割缝衬管(筛管)，下封隔器封隔油层以上井段环形空间的完井方式。割缝衬管完井有两种完井法，第一种是衬管悬挂完井法，在钻完油层后，下套管到油层顶部注水泥固井，从套管鞋继续向下钻穿储层至完井井深，下入割缝衬管，下封隔器密封油层以上井段的环形空间；第二种是衬管顶部注水泥完井法，下入与套管末端连接的衬管到油层部位，使用套管外封隔器注水泥封固油层以上井段的环形空间，两种完井方法示意如图 3－1－4、图 3－1－5 所示)。

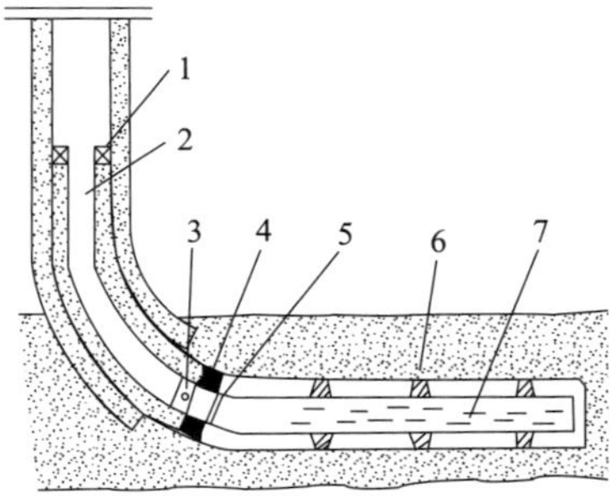

图 3－1－4　衬管悬挂完井示意图

1—悬挂器；2—实体管；3—分级箍；4—管外分割器；5—盲管；6—扶正器；7—割缝衬管

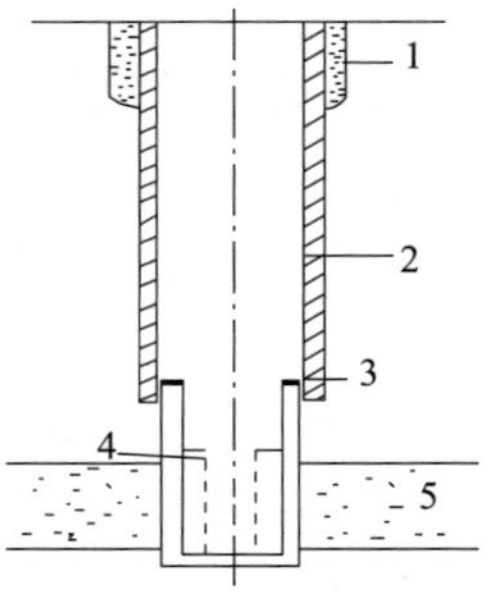

图 3－1－5　衬管顶部注水泥完井示意图

1—表层套管；2—技术套管；3—衬管悬挂器；4—割缝衬管；5—油层

(4)砾石充填完井

砾石充填完井是先将绕丝筛管下至油层段，用充填液循环将地面选好的砾石携带至绕丝筛管与井眼的环空或绕丝筛管与套管的环空，形成一个砾石充填层，阻挡砂粒流入井筒，起到保护井壁、防止油层砂粒进入井内的作用，适用于胶结疏松、严重出砂的地层。砾石充填完井又分为裸眼砾石充填完井和套管内砾石充填完井。砾石充填完井设计的关键是筛管与油层砂粒相匹配，砾石尺寸与油层砂粒相匹配，使砾石充填层既能阻挡住砂粒，又具有较高的渗透性。

①裸眼砾石充填完井。

裸眼砾石充填完井又称管外砾石充填完井(图3－1－6)。这种完井方式是先在油层顶部下套管注水泥封固，然后用扩孔钻头将裸眼段扩大，扩大后的井眼直径要达到原井径的1.5～2倍，以保证充填有足够的厚度。一般砾石层厚50mm以上，以提高防砂效果，然后下入筛管管柱(外管柱)及冲洗管(内管柱)进行填砂作业，填砂作业全部完成后起出送入管柱，再将油管下入筛管内替入原油或柴油交井。

②套管内砾石充填完井。

套管内砾石充填完井是当钻头钻穿储层至完井深度后下入油层套管，注水泥固井，再采用大孔径枪(孔径一般采用20mm)、高孔密度(孔密度30孔/m)射孔。为提高防砂效果，采用高黏度充填液进行高密度充填(图3－1－7)。套管内砾石充填套管要与筛管尺寸匹配。

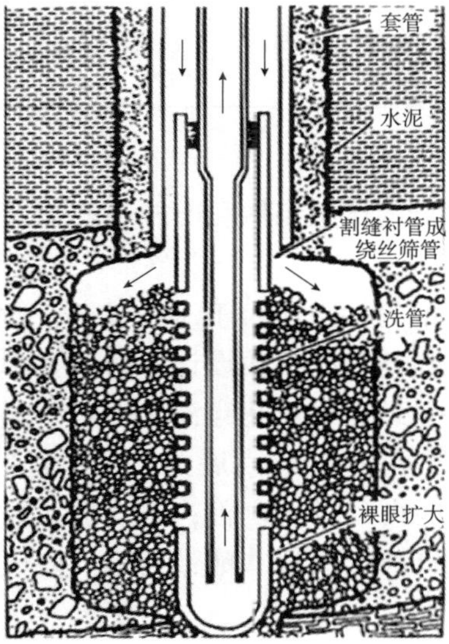

图3－1－6　裸眼砾石充填完井示意图

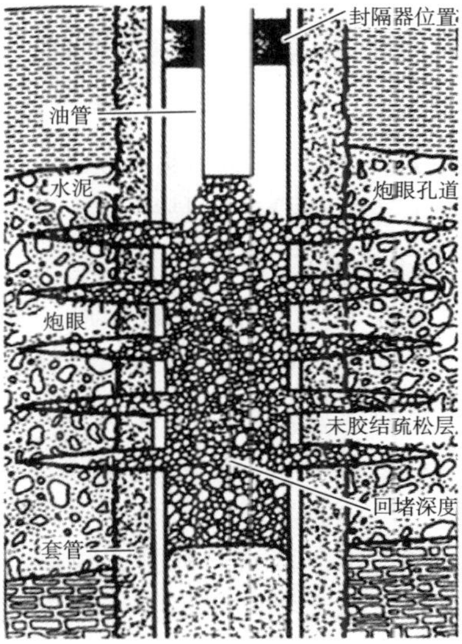

图3－1－7　套管内砾石充填完井示意图

2. 完井方式选择

完井方式选择取决于气藏的地质条件、气藏方案对工程的要求、钻井技术水平和采气工艺技术的需要等因素条件。主要考虑以下四个方面：

一是储层和井底之间应具有最大的渗流面积，使气流的渗流阻力和气层所受的损害最小；

二是应有效地分隔油、气、水层，防止气井出水和层间干扰；

三是应有效控制储层出砂，防止井壁坍塌，确保修井成本低、能长期稳定生产；

四是应具备人工举升、压裂酸化等增产措施以及便于达到修井的条件。

3. 应用情况

东濮凹陷气藏普遍存在纵向上油气层系多、膏盐层发育、气水关系复杂、地层压力系统不一致等状况。依据气井完井方式优选的原则，结合完井方式的适用条件，从满足压裂施工、长期安全稳定生产、后期分层测试及开采的需要考虑，新投气井主要采用套管射孔完井方式。

(二)气井投产方式优选

气井投产方式按照投产工艺、投产工序不同进行分类。对于东濮砂岩气藏，按照投产工艺不同主要分为射孔投产和压裂投产；按照投产工序不同主要分为分步实施投产和一体化实施投产。两类投产方式适用条件见表3-1-2。

表3-1-2 气井投产方式适用条件

分类	投产方式	适用条件
按投产工艺划分	射孔投产	自然产能较高、渗透性较好的储层
	压裂投产	(1)自然产能低、低孔低渗储层； (2)射孔完井
按投产工序划分	分步实施投产	(1)地层能量充足的新投区块钻井没有严重井漏、井喷； (2)井况条件不具备一体化实施投产的气井
	一体化实施投产	(1)储层条件复杂、气藏埋藏深、井段长、跨度大、储层温度高、高低压并存、层间压力差异大； (2)腐蚀性气体含量高

1. 按投产工艺划分的投产方式

气井选择射孔投产还是压裂投产，主要取决于投产的储层条件和产能要求。

(1)射孔投产

射孔投产适用于自然产能较高、储层渗透性较好的气井。相对于压裂投产，射孔投产成本较低。射孔产能除了与储层条件、含气性有关，还与射孔参数设计和射孔技术的发展及应用水平有关。根据射孔参数对产能敏感性模拟评价结果，射孔穿深为影响射孔产能的最主要因素。目前，国内深穿透射孔技术由“1m射孔穿深时代”发展到“2m时代”，超深透射孔技术可以实现最大射孔穿深2091mm，射孔产能得到极大改善；后效射孔技术、复合射孔技术采用深穿透射孔弹，可以在实现深穿透的同时，对近井地带实施气体压裂形成众多微裂缝，极大提高了近井地带储层的导流能力。

(2)压裂投产

压裂投产采用射孔后对储层压裂改造以达到产能要求的目的，适用于自然产能低、低孔低渗储层条件的气井，在低渗气藏应用最广。压裂投产是目前最有效、最快捷的投产改造方式。在效益开发的前提下，选择压裂投产方式要充分发挥地质工程一体化压裂设计理念，精选压裂层位、优化工艺参数，以达到经济效益最大化的目标。

2. 按投产工序划分的投产方式

在确定气井采用射孔投产或者压裂投产方式以后，如果储层、流体及井筒条件复杂，施工工序多，储层保护和井控安全难度大，还需要论证投产工序是采用分步实施投产还是一体化实施投产方式，确保气井在不伤害储层条件下经济、高效投产。

(1)分步实施投产方式

根据气井投产工艺设计要求，分步实施投产方式可分为射孔、下生产管柱分步实施和射孔、压裂、下生产管柱分步实施两种。分步实施投产方式通过压井作业平衡井筒与地层压力，保证施工作业安全；采用与地层配伍的低伤害压井液体系、屏蔽暂堵体系等，可以有效避免外来液体对储层的伤害。该投产方式由于施工工艺成熟、施工难度低，在现场被广泛应用。与一体化实施投产方式相比，分步实施投产方式投产周期长、储层污染重、施工费用高。

射孔、下生产管柱分步实施投产方式：下入射孔管柱射孔，取出射孔管柱，再下入生产管柱投产。该工艺主要适用于中孔中渗气井投产作业。

射孔、压裂、下生产管柱分步实施投产方式：先下入射孔管柱射孔，取出射孔管柱再下入压裂管柱进行压裂施工，最后取出压裂管柱，下生产管柱投产。该工艺主要适用于低孔低渗气井投产作业。

(2)一体化实施投产方式

一体化实施投产方式适用于气藏埋藏深、井段长、跨度大、高低压并存、层间压力差异大、储层温度高、腐蚀性气体含量高、流体条件复杂的气井。这种情况的气井，采用分步实施投产可能会存在管柱埋卡、工具失效、腐蚀严重、井控易喷易漏、安全风险高等问题，储层保护和井控安全难度大。采用一体化实施投产方式相对更容易平衡地层压力，降低多次作业对储层的二次污染伤害，从而更容易释放产能，且投产周期短、作业费用低。但一体化投产方式较分步实施投产方式需要优化管柱(或配套井下工具)，施工工艺复杂，对投产技术要求高。

一体化实施投产方式主要包括射孔(气举)生产一体化投产、射孔压裂一体化实施后下(气举)完井管柱投产、射孔后压裂(气举)生产一体化投产、射孔压裂(气举)生产一体化投产等四种方式。一体化投产方式的选择取决于气井的产能、储层条件、井况条件、投产要求、投产技术水平、工艺实施难易程度等客观因素。

3. *应用情况*

东濮凹陷气藏多为低孔低渗气藏，自然产能低，不进行压裂改造难以获得目标产能，新投气井投产工艺主要采用射孔后压裂(气举)生产一体化投产方式。气藏开发初期地层能量高，投产工序一般采用射孔、压裂、下生产管柱分步实施投产方式。随着气藏进入低压开采阶段，为了降低多次作业对储层的污染，节约投产成本，投产工序更倾向于一体化实施投产方式。

二、生产管柱设计

东濮凹陷气藏已到开发中后期，由于地层压力下降，气井产气量逐步下降，气井的携液能力降低，井筒积液增多。优化生产管柱可提高气井自身的携液能力，延长气井自喷稳产期。

(一)设计原则

气井生产管柱设计时，一般考虑以下五个因素：

一是从优化天然气生产出发，利用节点系统分析方法，确定最优的油管尺寸，满足产能要求；

二是分析油管抗气体冲蚀性能，避免气井出现冲蚀现象；

三是考虑气井正常携液生产的要求，选择较小直径的油管有利于提高气井自身的携液能力，延长气井自喷稳产期；

四是减少油管压力损失，保证天然气流至井口时有一定的压力，满足地面集输的要求；

五是需满足长期安全生产需要，满足后期测试、修井等作业的需要。

（二）设计要素

气井生产管柱设计时，应从以下三个方面进行分析：

一是结合配产，计算不同尺寸油管的井筒压力损失；

二是不同尺寸油管对冲蚀流量的影响；

三是利用临界携液流量公式，分析不同尺寸油管对临界携液流量的影响。

1. 井筒压力损失

井筒压力损失是指流体在井筒流动过程中，由于摩擦、管柱弯曲、管径变化等导致的压力降低的现象。

综合考虑质量、动量、能量守恒的温度压力耦合计算模型（增加）精度较高。井筒压力温度耦合计算模型见公式（3－1－1）、公式（3－1－2）：

$$-\frac{\mathrm{d}p}{\mathrm{d}z}=\frac{f\rho_g v|v|}{2d}+\rho_g g+\rho_g v\frac{\mathrm{d}v}{\mathrm{d}z} \tag{3-1-1}$$

$$\frac{\mathrm{d}T_e}{\mathrm{d}z}=\frac{T_{ei}-T_e}{A}+C_J\frac{\mathrm{d}p}{\mathrm{d}z}-\frac{g}{C_g}-\frac{1}{C_g}v\frac{\mathrm{d}v}{\mathrm{d}z} \tag{3-1-2}$$

式中　C_J——焦耳－汤姆逊系数，无量纲；

d——油管直径，cm；

f——摩阻系数，无量纲；

p——流压，MPa；

z——井筒位置，m；

A——横截面积，cm^2；

v——线速度，m/s；

C_g——气体比热容，kJ/（kg·K）；

T——温度，K；

ρ_g——气体密度，g/cm^3；

T_{ei}、T_e——分别为原始地层温度、地层温度，K；

g——重力加速度，$9.8m/s^2$。

2. 油管抗冲蚀流量分析

当气井产气量大于冲蚀流量时，天然气就会对生产管柱和井下工具产生冲蚀。

（1）Beggs 计算公式

气井冲蚀流量采用 1984 年 Beggs 提出的计算公式：

$$q_e=5.164\times10^4 A[p(Tr_g)]^{0.5} \tag{3-1-3}$$

式中　q_e——冲蚀流量，$10^4m^3/d$；

A——油管截面积，m^2；

p——井底流压，MPa；

T——油管流温，K；

r_g——气体相对密度。

根据 Beggs 提出的气井冲蚀流速计算公式，利用井的基础数据可以计算出不同管径油管气体冲蚀临界流量。

(2)APIRP14E 推荐公式

根据 APIRP14E 推荐公式计算冲蚀流量：

$$q_e = 3.3 \times 10^4 C d^2 \left(\frac{p}{ZTr_g}\right)^{0.5} \tag{3-1-4}$$

式中 q_e——冲蚀流量，$10^4 m^3/d$；

C——经验系数(与气体组分及夹带固体颗粒有关)；

p——井底流压，MPa；

Z——气体压缩因子；

d——油管直径，mm；

r_g——气体相对密度。

3. 油管携液能力预测

从井内把液体携带至地面所需的最小气流速度应足以把井内最大液滴带到地面，该气流速度称为临界携液流速。井底的液体可通过两个过程被携至地面：一个是液体薄膜沿着管壁向上运动，另一个是液体小液滴被高速气流携带出来。

(1)油管携液能力模型

现场常见的油管携液能力模型有 Turner 模型、Coleman 模型、Nosseir 模型、李闽模型和王毅忠模型等。五种模型以液滴模型为基础，以井口或井底条件为参考点，推导出了临界流量公式。通过不同模型的推导过程及推导结果可以发现，除了 Nosseir 模型外，其他 4 个模型的临界流速表达式只是系数不同。五种模型的区别见表 3-1-3。

表 3-1-3 临界流速表达式

模型		假设条件	曳力系数	临界流速	系数
Turner 模型		球形	0.44	$u_{cr}=6.6\left[\frac{\delta(\rho_l-\rho_g)}{\rho_g{}^2}\right]^{0.25}$	6.6
Coleman 模型		井口压力小于 3.445MPa 的低压井；圆球形		$u_{cr}=5.5\left[\frac{\delta(\rho_l-\rho_g)}{\rho_g{}^2}\right]^{0.25}$	1.17
李闽模型		椭球形	1	$u_{cr}=2.5\left[\frac{\delta(\rho_l-\rho_g)}{\rho_g{}^2}\right]^{0.25}$	2.5
王毅忠模型		球帽形	5.5	$u_{cr}=1.8\left[\frac{\delta(\rho_l-\rho_g)}{\rho_g{}^2}\right]^{0.25}$	1.8
Nosseir 模型	瞬态流模型	光滑、坚硬、球形液滴	0.44	$u_c=4.55\sigma^{0.35}\frac{(\rho_l-\rho_g)^{0.21}}{\mu_g^{0.134}\rho_g^{0.425}}$	
	紊变流公式		0.2	$u_c=6.63\sigma^{0.25}\frac{(\rho_l-\rho_g)^{0.25}}{\rho_g^{0.5}}$	

注：式中 u_{cr} 为临界流速，m/s；σ，δ 均为气液界面张力，N/m；ρ_l 为液体密度，kg/m³；ρ_g 为气体密度，kg/m³。

从临界流速公式可以看到，气井的临界携液流量与油管尺寸呈正比关系，因此，确定合适的生产管柱管径可以使临界携液流量小于气井产量，从而避免井筒积液。

(2)适合东濮气田的临界携液流量模型

根据气井井筒流压测试资料对东濮气田气井井筒积液进行的诊断结果，拟合气田气井临界流速表达式和东濮气田气井临界流速系数，可以得到东濮气田临界携液流量模型。2002 年前后，用 Turner 模型计算东濮气田气井的临界携液流量，再根据气井的生产情况进行修正。

4. 管柱优化设计

利用 PIPESIM 软件进行油管优选模拟。PIPESIM 可以很好地模拟直井和水平井流入动态，并提供公式计算或实测数据回归采液指数等多种形式，主要包括：达西定律、Jones 方程式、归一化回压方程、拟稳态方程式、Vogel 方程式等多种计算方式。气体沿垂直或倾斜油管举升的流动主要采用半经验模型 Hagedorn - Brown、Duns - Ros 等。

①确定目前气田配产量；

②利用 PIPESIM 软件建立气井的流入 - 流出动态曲线(储层参数、井眼轨迹、气藏参数等)；

③在节点分析中输入出口压力；

④运行程序在运行结果中，选择最优运行操作区间；

⑤查看气井临界气体速率；

⑥将实际产量与对应油管尺寸和井口压差下的气体临界流量对比，优选生产油管管径(图 3 - 1 - 8)。

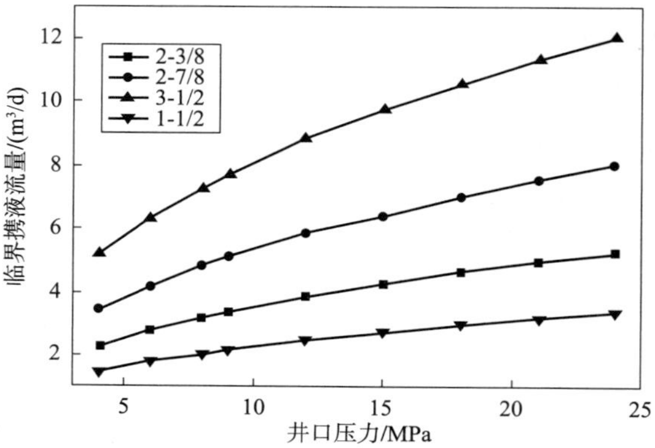

图 3 - 1 - 8　不同管柱临界携液流速曲线

(三)管柱强度校核

生产管柱强度校核包括气井投产、生产、关井、增产措施、修井等所有工况。

生产管柱应进行三轴条件下的抗拉、抗压、抗外挤强度校核；井下工具及配套附件的抗压、抗外挤和抗拉强度应满足生产管柱需要的强度；对生产管柱的顶部接头及组合管柱的尺寸、壁厚、钢级变化连接处进行抗拉强度校核。

1. 抗拉安全系数

抗拉安全系数是管柱三轴抗拉强度与有效拉力之比，见公式(3 - 1 - 5)及公式(3 - 1 - 6)：

$$S_t = \frac{T_a}{T_e} \tag{3-1-5}$$

其中：

$$T_a = 10^{-3}\pi(p_i r_i^2 - p_o r_o^2) + \sqrt{3\times10^{-6}\pi^2 (p_i - p_o)^2 r_o^4 + T_o^2} \tag{3-1-6}$$

式中　S_t——抗拉安全系数，无量纲；

T_a——三轴抗拉强度，N；

T_e——有效轴向力，N；

p_i——内压力，N；

p_o——外压力，N；

r_o——油管外半径，mm；

r_i——油管内半径，mm。

2. 抗内压安全系数

抗内压安全系数是管柱三轴抗内压强度与有效内压力之比，见公式(3－1－7)及公式(3－1－8)：

$$S_i = \frac{p_{it}}{p_{ie}} \tag{3-1-7}$$

其中：

$$p_{it} = p_{ia}\left[\frac{r_i^2}{\sqrt{3r_o^4 + r_i^4}}\left(\frac{\sigma_a + p_o}{Y_p}\right) + \sqrt{1 - \frac{3r_o^4}{3r_o^4 + r_i^4}\left(\frac{\sigma_a + p_c}{Y_p}\right)^2}\right] \tag{3-1-8}$$

式中　S_i——抗内压安全系数，无量纲；

p_{it}——三轴抗内压强度，N；

p_{ia}——有效内压力，N；

σ_a——轴向应力，N；

p_{ie}——有效内压力，MPa；

p_o——外压力，MPa；

Y_p——最小屈服强度，N。

3. 抗外挤安全系数

抗外挤安全系数是管柱三轴抗外挤强度与有效外挤力之比，见公式(3－1－9)、公式(3－1－10)：

$$S_o = \frac{p_{ot}}{p_{oe}} \tag{3-1-9}$$

其中：

$$p_{ot} = p_{oa}\left[-\frac{1}{2}\left(\frac{\sigma_a + p_i}{Y_p}\right) + \sqrt{1 - \frac{3}{4}\left(\frac{\sigma_a + p_i}{Y_p}\right)^2}\right] \tag{3-1-10}$$

式中　S_o——抗外挤安全系数，无量纲；

p_{oa}——抗外挤强度，MPa；

Y_p——最小屈服强度，MPa；

σ_a——轴向应力，MPa；

p_i——内应力，MPa；

p_{ot}——三轴抗外挤强度，N；

p_{oe}——有效外挤力，N。

4. 常用管柱类型

按管径区分，东濮气田管柱类型可分为常规管径管柱（外径 ϕ73. 0mm）和小油管管柱（外径 ϕ60. 3mm 或 ϕ42. 2mm）；按有无气举阀区分，东濮气田管柱类型可分为普通生产管柱和气举管柱，其中气举管柱有开式气举管柱、半闭式气举管柱和闭式气举管柱 3 种，见表 3－1－4 和图 3－1－9～图 3－1－11。

表 3－1－4　几种气举管柱对比

气举管柱类型	适用范围	应用特点
开式气举管柱	(1)液面较高或套管生产井； (2)砂堵严重及因井身质量问题而不能使用封隔器的井	(1)注入气可能从油管底部进入； (2)注气压力变化将引起环空液面上升或下降，使注气点以下的气举阀受液体冲蚀； (3)每次排液后，必须停井一段时间，以恢复到稳定状态
半闭式气举管柱	(1)间歇气举井； (2)连续气举井	(1)排液后，环空液面不会因套压的变化而波动，减小液体冲蚀气举阀，也避免每次关井后的重新卸载； (2)避免流压低井的注入气从油管注入； (3)封隔器可避免套压作用于地层
闭式气举管柱	(1)低井底流压； (2)高产液指数和低井底流压； (3)低产液指数	避免气体压力将井内液体压回地层

三、生产系统分析

运用系统工程理论将地层流体的渗流、井筒管流和地面集输系统视为一个完整的采气生产系统进行整体优化分析，设计和评价气井生产系统中各部件的优劣，使整个气井生产系统不仅在局部上合理，而且在整体上处于最优状态。

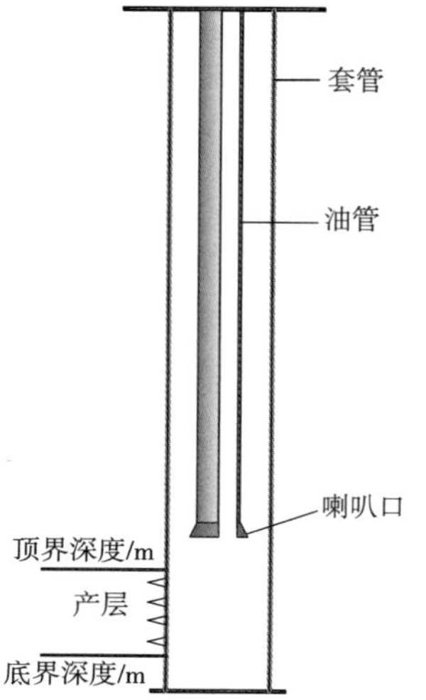

图 3－1－9　常规生产管柱

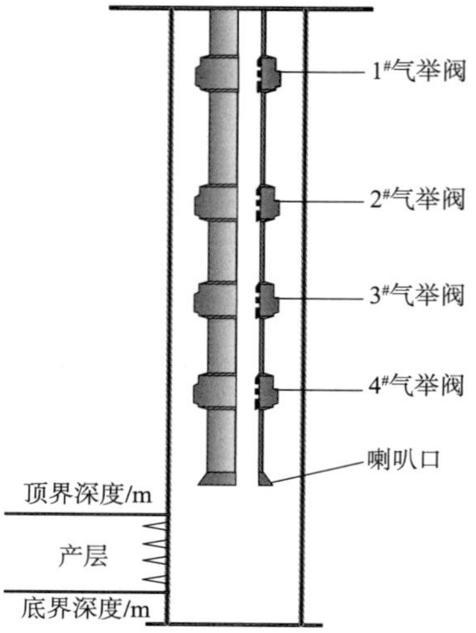

图 3－1－10　开式气举管柱

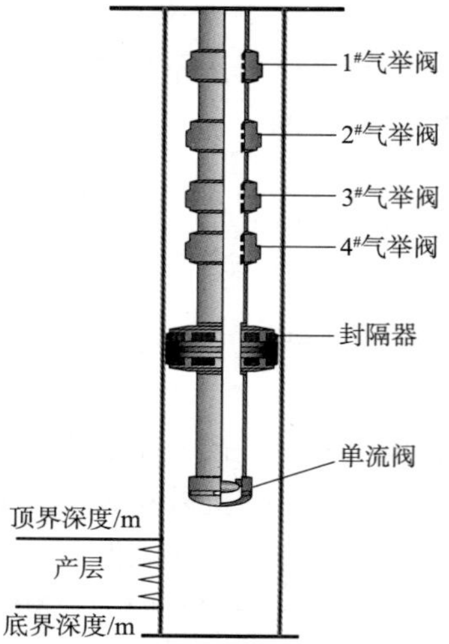

图 3－1－11　闭式气举管柱

(一)技术原理

气井生产系统由储层、油管、针形阀、地面集气管线、分离器等多个部件串联组成。通过在气井生产系统某部位(如井底)设置节点，对每一部分的压力损失进行定量评估，对影响流入和流出节点能量的各种因素进行逐一评价和优选。气井生产系统压降分布示意如图 3-1-12 所示。

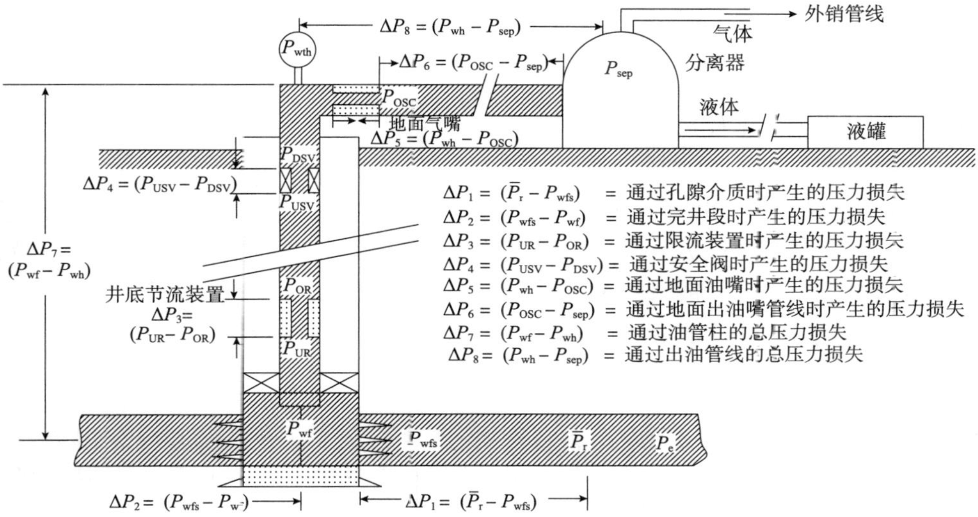

图 3-1-12 气井生产系统压降分布示意图

(二)技术特点

1. 优点

根据渗流力学理论、采气工艺原理，可对气井生产系统中流体运动规律作全面分析，计算气井生产运行的生产协调点。

通过推导气井流入、流出动态数学表达式，可建立气井节点分析方法(图 3-1-13)。该方法可对井口压力、泊管直径和地层平均压力对气井产能等影响因素进行分析，主要用于气井产能预测、参数优化、配产方案编制等工作。

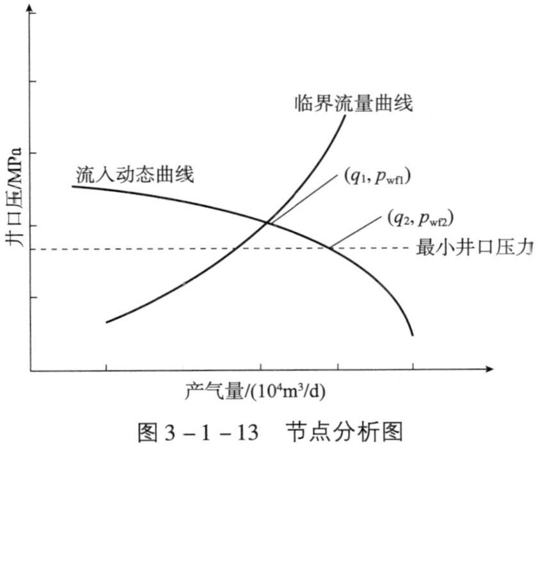

图 3-1-13 节点分析图

2. 缺点

气井系统分析方法需要大量生产数据，对于新投产区块气井优选管柱、排液等参数优化部分模型不适用，需根据区块储层物性、地面集输等生产条件重新建立数学模型。

(三)应用场景及主要模型

1. 应用场景

①气井生产系统主要应用于投产气井完井方式、完井管柱优选、确定合理生产压差；

②老井生产动态预测，找出限制气井的不利因素，提出改造及调整措施；

③气井排液参数优化；

④提高气井产量措施优选。

2. 主要模型

①气藏中气体向气井渗流的特性(流出动态)描述了气层产量与井底流压的基本关系，反映了气层向井底供气的能力，对于均质气藏采用产能方程表示主要为指数式和二项式；

②产水气井流入动态一般采用 Vogel 方程；

③气体沿垂直或倾斜油管举升的流动主要采用半经验模型：Hagedorn – Brown、Duns – Ros、Orkiszewski、Beggs – Brill 等。

(四)分析方法

生产系统分析中的节点是一个位置概念，主要是通过将节点处不同参数的压力和流量作图，分析压力损失大小，同时将流入 – 流出动态曲线综合到一张图解上，进行系统分析时，节点处的压力、产量关系必须同时满足气井流入 – 流出动态曲线，即节点为流入 – 流出动态曲线的交点，此点即为产量协调点，协调点反映在某一生产条件下的状态，协调流入 – 流出动态曲线则可使气井达到最佳生产状态。

(五)应用情况

中原油田文 23、白庙和桥口气田、普光气田均有应用，户部寨气田部 1 – 2 运用系统方法，通过地质评价剩余潜力，建立了产能预测模型，通过节点分析，计算得出气井流入 – 流出动态曲线后，确定合理配产。

四、工作制度优化

气井工作制度是指适应气井产层地质特征和满足生产需要时，气井产量和生产压差应遵循的关系。目前气井工作制度主要包括定产量、定井口(井底)压力、定生产压差。

(一)定产量工作制度

适用于产层岩石胶结紧密的无水气井早期生产，是气井稳产阶段常用的制度。气井投产早期，地层压力高，井口压力高，采用气井允许的合理产量生产，具有产量高、采气成本低、易于管理等优点，计算方法见公式(3 – 1 – 11)。

$$q_{sc}=\frac{4.066\times10^{3}\times P_{1}\times d^{2}}{\sqrt{r_{g}\times T\times Z}}\sqrt{\left(\frac{K}{K-1}\right)\left[\left(\frac{2}{K+1}\right)^{\frac{2}{K-1}}-\left(\frac{2}{K+1}\right)^{\frac{K+1}{K-1}}\right]} \quad (3-1-11)$$

式中 q_{sc}——日产气量，$10^4m^3/d$；

P_1——上流压力，MPa；

d——气嘴直径，mm；

Z——气体压缩医子；

T——气藏温度，K；

r_g——天然气相对密度；

K——绝热指数，无因次。

（二）定井口（井底）压力工作制度

定井口（井底）压力工作制度就是在一定时间内保持井口（井底）压力不变，主要目的是防止井底压力低于露点压力出现反凝析现象。

（三）定生产压差工作制度

定生产压差工作制度即在一定时间内保持压差不变，特别是对于地层岩石胶结不紧密或边底水活跃的气藏，宜选择该工作制度，主要目的是防止疏松砂岩地层出砂、地层塌陷和控制边水推进，计算方法见公式（3－1－12）。

$$\Delta P = P_f - P_s = \frac{1.291 \times 10^{-3} \times q_{sc} \times T \times \bar{\mu} \times \bar{Z}}{\sqrt{k_g \times T \times \bar{Z}}}\left(\ln \frac{r_e}{r_w} + s'\right) \qquad (3-1-12)$$

式中　ΔP——生产压差，MPa；

P_f——地层压力，MPa；

P_s——井底流压，MPa；

$\bar{\mu}$——平均黏度，mPa · s；

$\bar{Z}$——天然气压缩因子，无因次；

k_g——气层有效渗透率，μm^2；

T——气层温度，K；

r_e——供气半径，m；

r_w——井筒半径，m；

q_{sc}——地面标况产量，10^4m^3；

T——储层温度，K；

s'——视表皮系数，无因次。

中原油田文23、户部寨等致密砂岩气藏开发初期主要采用定产量工作制度，伴随开发的持续，井口压力逐步降低并接近外输压力时，按定井口压力工作制度生产。对于桥口等凝析气藏，则采取定井底流压工作制度。

第二节　排液采气技术

在天然气开采中，随着气藏压力和天然气流动速度的逐步降低，气藏中的产出水或凝析液不能随天然气流携带出井筒，滞留在井中，这种现象称为气井积液。气井积液可导致产气量迅速下降，井底严重积液可导致停产，降低最终采收率。

排液采气是解决气井井筒及井底附近积液，并使气井恢复正常生产的有效措施，可大幅提高气井产量。

一、多级气举技术

地面配套高压气源、井筒有气举阀的井可以采用多级气举排液采气工艺。近年来，该工艺在低压气藏得到了推广应用，气举管柱结构从开式气举发展为半闭式气举、闭式气举、射孔－气举一体化，基本解决了低压低产井的积液问题。

（一）技术原理

气举排水采气工艺是借助外来高压气源或压缩机，通过气举阀向井筒内注入高压气体的方法来降低井内注气点至地面的液体密度，利用气体的能量举升井筒中的液体，排出井底积液，恢复气井生产能力的一种助喷工艺。

（二）技术特点及技术指标

1. 技术特点

①该工艺不受井斜、井深和井筒流体成分性质等限制，最大排液量可达 $1000m^3/d$，单井增产效果显著；

②需高压气井或压缩机作高压气源。

2. 技术指标

最大下入深度 >5000m；日产水量 $<1000m^3$。

（三）应用场景及工艺设计

1. 应用场景

适用于水淹井的复产和产水井的助喷及气藏连续排液，产水气井的各个生产阶段；诱喷井；排液求产、找水井；需快速返排压裂液、解除凝析气藏近井地带反凝析污染等气井。

2. 工艺设计

①收集气举设计的基本资料。

②选择气举方式：在进行气举设计时，应确定是采用连续气举还是间歇气举，对于低压、低产井一般采用间歇气举。

③计算气举井内的压力及分布：套管内的气柱静压力分布近似于直线，根据井口注气压力可求得分布曲线。油管内的压力分布以注气点为界，分为两段。在注气点以上，由于注入气进入油管而增大了气液比，故压力梯度明显低于注气点以下的压力梯度。

生产时的压力平衡等式见公式（3－2－1）：

$$P_{wh} + G_{fa}L + G_{fb}(D - L) = P_{wf} \tag{3-2-1}$$

式中　P_{wh}——井口油压，MPa；

G_{fa}——注气点以上的平均压力梯度，MPa/m；

G_{fb}——注气点以下的平均压力梯度，MPa/m；

D——油层中部深度，m；

L——注气点深度，m；

P_{wf}——井底流动压力，MPa。

④确定注气点深度和注气量。

⑤确定气举阀位置：大多数井除在注气点安装工作阀，为降低启动压力还需在工作阀之上安装启动阀。启动阀的位置及数量与启动前井内液面位置、地面注气系统所能提供的启动压力、工作压力以及启动阀的类型有关。

⑥优化设计气举生产管柱以及井下工具。

3. 配套工具

气举排液采气技术配套工具主要有 1in 固定式气举阀、投捞气举阀及相配套的工作筒，如图 3－2－1 所示。

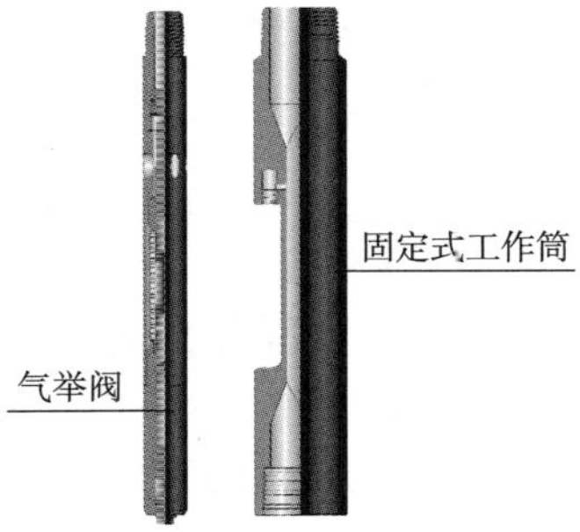

(a)1 in 固定式气举阀工作筒

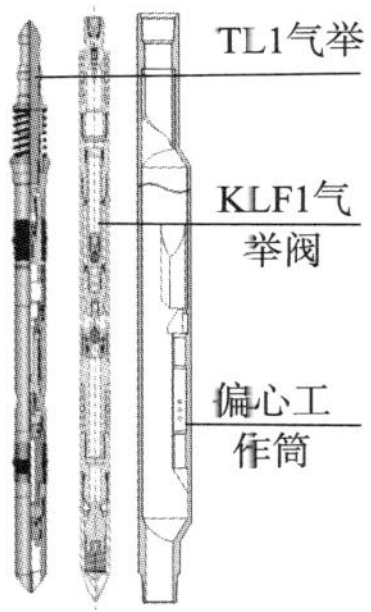

(b)投捞气举阀工作筒

图 3－2－1 多级气举技术配套工具

其中，1in 固定式气举阀充气压力为 15MPa、25MPa，固定工作筒外径为 92mm、114mm，耐压 90MPa；小直径气举阀充气压力为 15MPa，外径为 16mm，配套内置式工作筒；投捞气举阀充气压力为 15MPa、35MPa，耐压 70MPa，偏心工作筒外径为 121mm、139.7mm，耐压 70MPa，耐腐蚀性环境。

（四）应用情况

中原油田文 23、白庙和桥口气藏采用增压气举排液采气技术，共实施 248 井次，单井日增气 $0.3\times10^4m^3$，日增油 1.8t，累计排液 11.5×10^4t；在彭页 1 井和彭页 3 井成功应用水平井分段压裂和气举排液采气技术，使气井保持自喷日产 $1.0\times10^4m^3$ 以上；青海南翼山凝析气藏采用气举排水采气，措施成功率达到 100%，措施有效率为 83.8%，投入产出比达 1∶13.6。

（五）存在不足及改进方向

1. 不足

随着气井生产和井底压力的下降，原有气举阀不能满足生产需求时，需要起管柱作业更换气举阀，影响生产时效、增加作业成本。

2. 改进方向

发展智能控制气举，智能化后，无须起管柱作业，在地面即可进行气举阀的调压。

二、泡沫排液技术

泡沫排液是气田排水采气、提高积液气井产能的常用措施。影响泡沫排液效率的主要因素包括起泡剂类型、起泡剂浓度、起泡剂注入方式和注入排量。

(一)技术原理

泡沫是将表面活性剂注入井底，借助于天然气流的扰动，使表面活性剂与井底积液混合后，产生大量较稳定的低密度含水泡沫，泡沫将井底积液携带到地面，从而达到排水采气的目的。

(二)技术特点

1. 优点

成本低，操作简单，使用广泛。

2. 缺点

泡沫排液采气需要一定的井底压力，对含油量高、产水量大的井效果受限。

(三)应用场景及配套产品

1. 应用场景

具备自喷能力，且井底气流速度大于0.1m/s、温度低于150℃；同时在井深小于5000m、产液量小于$100m^3/d$等条件下的积液井可以考虑选择此方法。

2. 配套产品

泡沫排液采气技术配套产品主要为泡排剂，耐温90～120℃；矿化度(15～25)×10^4mg/L，耐二价阳离子>4500mg/L，起泡量>400mL，半衰期>30min。

(四)应用情况

中原油田在文23气藏、桥—白凝析气藏开展泡沫排液采气技术现场应用200余井次，实施后累增气400.63×10^4m^3，投入产出比1:46。

三、膜制氮气举技术

(一)技术原理

膜制氮气举技术是利用膜制氮设备将空气中的氮气分离出来，经增压后通过油套环空或油管注入井筒内，利用气举原理将气井中的液体通过油管或油套环空排出地面，从而降低井底积液液面、减小油套压差、增大生产压力，使气井恢复生产或增加产量的一项采气技术，如图3-2-2所示。

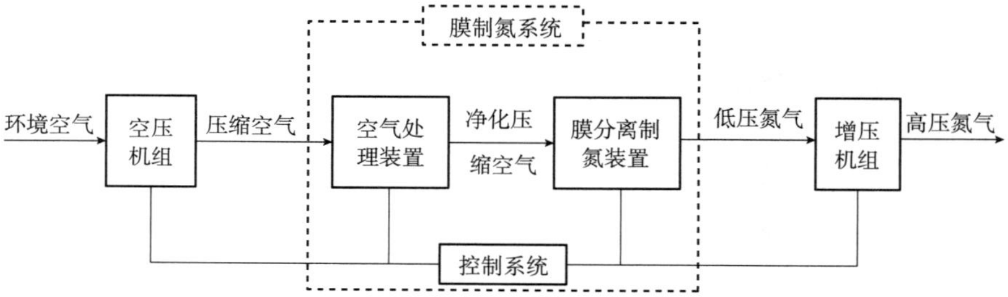

图3-2-2　膜制氮气举技术工艺流程图

(二)技术特点及技术指标

1. 技术特点

(1)优点

①施工组织灵活：膜制注氮设备制氮注氮一体，从环境空气中提取氮气，随时可以服

务于生产，具备施工组织灵活、方便快捷的优势。

②工艺安全性高：注氮气压力易于控制、液体举升及氮气置换过程压力变化平缓，保护油气管道及地层。

(2)缺点

额定氮气纯度为95%(可在90%～99%间调节)，含氧量为5%左右，可能对井筒流体有影响；排量小(额定制氮能力900Nm^3/h)；燃油驱动式设备运行成本高。

2. 技术指标

最大工作压力为35MPa；额定制氮能力为900～1200Nm^3/h；氮气纯度≥95%；输出氮气温度为25～45℃。

(三)应用场景及工艺设计

1. 应用场景

①水淹井的复产和产水井的助喷及气藏连续排液，产水气井的各个生产阶段。

②新井诱喷、试气求产。

③压井液(压裂液)快速返排。

2. 工艺设计

(1)临界携液气量计算

临界携液气量计算见公式(3-2-2)：

$$q_{cr}=0.01\times10^4\frac{Ap\ (1074-7.12p)^{\frac{1}{4}}}{7.12p^{\frac{1}{2}}} \tag{3-2-2}$$

式中　q_{cr}——气体临界携液气量，$10^4m/d$；

p——井筒压力，MPa；

A——油管截面积，m^2。

(2)气举启动压力计算

气举是基于U形管原理，通过地面向油套环空(反举)或油管(正举)注入高压气体，使之与地层流体混合，降低液柱密度和对井底的回压(井底流压)，从而提高气井产量。

启动压力的大小与气举方式、油管下入深度、井径和油管直径以及静液面的位置有关。当静液面接近井口，环形空间的液面还没有被挤压到油管鞋时，油管内的液面已达到井口，液体途中溢出井口。在这种情况下，当环形空间液面被挤压而达到油管鞋时，启动压力就相当于油管中的液柱压力，亦是措施井最大注气压力，计算公式：

$$P_c=L\rho g \tag{3-2-3}$$

式中　P_c——最大的启动压力，MPa；

L——油管长度，m；

ρ——液体密度，g/m^3。

(四)应用情况

2002年9月至2003年6月，外部公司NPU600型撬装膜制氮注氮设备在原采油六厂白庙气田、桥口气田及原采油二厂、天然气产销厂开展了现场试验。自2003年6月至今，石油工程技术研究院NPU1200/35型撬装膜制氮注氮设备在中原油田施工700余井次，施工成功率达98%。2018年至2023年，在文23、卫11、文13西、白9等储气库群建设中，开展新投井注氮气举排液、井筒试压、氮气试注及环空带压井注氮气找漏等工作 100 余井次。

（五）存在不足及改进方向

1. 不足

①氮气纯度低、排量小；

②燃油驱动式设备运行成本高。

2. 改进方向

需要大排量注入氮气时可采用多套膜制氮设备联合注气。

四、小油管排液技术

（一）技术原理

综合分析地层压力、产气、产水、压损、携液能力等各项评价指标，根据气井临界携液理论优选最佳尺寸生产管柱，提高低产井的气体流速，从而提高其携液能力。

（二）技术特点及技术指标

1. 技术特点

（1）能够实现低压气藏稳定带液生产；与小直径气举阀及配套工具结合使用，解决了深层气藏气举、特殊结构井气举难题；

（2）措施成本较高，适用范围有限。

2. 技术指标

常用小直径油管外径有 33.02mm、42.16mm、48.26mm 三种规格。

（三）应用场景及工艺设计

1. 应用场景

（1）低产低压气井；

（2）用原管柱开展气举、泡排等排液工艺单独使用时效果欠佳的井。

2. 工艺设计

（1）小直径管参数计算

①不同尺寸小直径管井筒压力损失计算。

小直径管采气时井筒压力梯度公式如下：

$$\frac{\mathrm{d}p}{\mathrm{d}l}=g\rho\sin\theta+\frac{\rho\mu^2}{2D_e\left[1.14-2\lg\left(\frac{e}{D_e}+\frac{2125}{N_{Re}^{0.9}}\right)\right]^2} \tag{3-2-4}$$

式中　$\frac{\mathrm{d}p}{\mathrm{d}l}$——总梯度，Pa/m；

D_e——管径，m；

ρ——混合液密度，kg/m^3；

μ——流速，m/s；

$N_{Re}^{0.9}$——雷诺数的 0.9 次幂；

e——绝对粗糙度，取 0.00001524m；

θ——井筒倾角(垂直井 $\theta=0°$)，(°)；

g——重力加速度，约为 9.81m/s^2。

②小直径管强度校核。

小直径管柱应进行三轴条件下的抗拉、抗压、抗挤强度校核；对管柱的顶部接头及组合管柱的尺寸、壁厚、钢级变化连接处进行抗拉强度校核。

抗拉安全系数：管柱三轴抗拉强度与有效拉力之比，计算方法见公式(3－1－5)、公式(3－1－6)。

抗内压安全系数：管柱三轴抗内压强度与有效内压力之比，计算方法见公式(3－1－7)、公式(3－1－8)。

抗外挤安全系数：管柱三轴抗外挤强度与有效外挤力之比，计算方法见公式(3－1－9)、公式(3－1－10)。

(2)小直径管携液能力计算

考虑低压低产气井流速低，选择李闽模型作为基础模型，根据气藏生产动态资料分析，修正得到低压低产气藏携液模型简化式，计算公式见式(3－2－5)及式(3－2－6)。

$$q_{cr}=0.01\times10^4\frac{Ap\,(1074-7.12p)^{1/4}}{(7.12p)^{1/2}} \tag{3-2-5}$$

$$v_t=\frac{1.225\,(1074-7.12p)^{1/4}}{(7.12p)^{1/2}} \tag{3-2-6}$$

式中　v_t——气井携液临界流速，m/s；

q_{cr}——气体临界携液气量，10^4m/d；

p——井底流压，MPa；

A——油管截面积，m^2。

(四)应用情况

2009 年 8 月至 10 月，小直径管排液采气在天然气产销厂现场试验 3 口井(文 69－6、文 31、文 213－2)，较施工前平均增气 1639m^3/d，平均产水 0.20m^3/d，能量稳定带液效果好。

2009—2010 年，小直径管配套$^5/_8$″小直径气举阀、内置式偏心气举工作筒在白庙凝析气藏现场试验 3 井次(白 17 井 2 井次、白 33 侧)，其中白 17 井累计排出入井液 92m^3，排液深度 3295.60m，截至 2011 年 9 月 30 日气举阀工作状况正常，平均日产气 1000m^3，日产液 1.20m^3，有效期 680d。

2013—2014 年，在户部寨气田部 1－2、部 6、部 1－13、部 1－34、部 10、部 1－25 井等 6 口井推广应用外径 42.16mm 小直径油管排液采气，其中部 1－13、部 1－34 井更换小直径管后，实现了自主排液采气，日增气 0.90×10^4m^3，年累计增气 224×10^4m^3；部 6、部 1－2 井平均日增气 1.10×10^4m^3，复产 3 个月累计增气约 100×10^4m^3。

(五)存在不足及改进方向

1. 不足

①措施成本较高；

②小直径油管对气井气液比、气量、产液量、地层压力等参数非常敏感，适用范围

受限。

2. 改进方向

做好适应性研究，优化技术参数，提升措施增产效果及增产时间。

五、柱塞气举技术

柱塞气举技术可以充分利用地层能量，提高举升效率，延长气井自喷期。从 2002 年开始，中原油田逐步引进柱塞气举技术，取得了较好应用效果。

(一) 技术原理

柱塞气举技术是利用地层能量推动油管内柱塞向上运动，柱塞在被举升液体和气体之间起分隔作用，有效阻止了气体上窜和液体回落，从而提高举升效率，有效排出井底积液。

工作过程包括关井压恢和开井排液两个阶段。关井压恢：气井能量恢复过程，地层中产出的气体聚集在油套环空中，液体进入油管。随着环空中的天然气越来越多，套压持续上升，为推动柱塞及液柱提供举升压力。开井排液：当套压达到一定值时，油套环空储集的气体便经过管脚进入油管，推动油管内柱塞及其柱塞上部液柱至井口，并将液柱排出井筒。排液结束后，系统进入关井压恢阶段，柱塞在自重作用下下落，进入下一个工作循环。

(二) 技术特点及技术指标

1. 技术特点

(1) 优点

可充分利用地层能量，尤其适合于高气液比的气井排液；自动化程度高，管理方便；排液效率不受积液介质的影响，可兼顾清蜡；可不动管柱作业。

(2) 缺点

举升深度受井斜影响较大，柱塞体适用最大井斜 70°左右；对于生产管柱变径较多的井，应用受限；出砂井不适用。

2. 技术指标

下入深度 <4000m；日产水量 $<50m^3/d$；气液比 $>700m^3/10000m^3$。

(三) 应用场景及工艺设计

1. 应用场景

①气井见水初期，产液量较小，自身具有一定的产能，带液能力较弱的自喷生产井；

②间歇气举增产；

③高气液比油井的生产。

2. 工艺设计

(1) 系统组成

柱塞气举系统主要包括地面控制和井下工具两大部分，地面主要有控制器、气动阀、放喷装置等，井下主要有限位器、缓冲装置、柱塞体等(图 3－2－3)。

①地面控制器：柱塞气举系统的核心部件，控制柱塞运行、接收和处理信号。主要功能：设置开井、关井循环和延时程序；传送已设定好的相应模式信号；接收由传感器传送

柱塞到达地面的信号调配。

②气动阀：控制井的开闭。

③气体分湿管：给气动阀提供气源。

④防喷管：含柱塞捕捉器，可检查柱塞；含弹簧加载可拆卸帽盖及缓冲器，防止柱塞冲击。

⑤到位传感器：感觉柱塞到达并将柱塞到达信号传递到控制器。

⑥柱塞：带弹簧片的钢制柱体，外形为圆柱体。功能：在井下流体压力的作用下以段塞方式将液体举出井口，滑脱损失小；防止在油管内壁结盐、蜡或垢。

⑦井下缓冲弹簧：防止柱塞下落硬性冲击油管内限位装置。

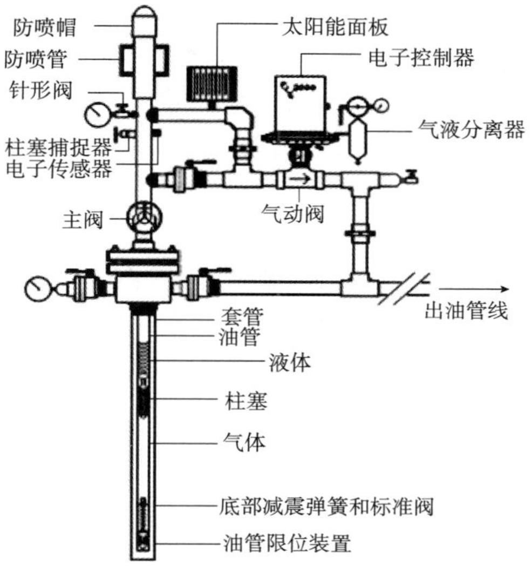

图 3－2－3　柱塞气举系统组成示意图

(2)设计流程

①确定配产量、地层气液比；

②求柱塞总气液比和周期产液量；

③求柱塞运动周期数；

④求周期注气量；

⑤求所需最大井口注气压力；

⑥求下入深度；

⑦调整参数，下井作业、生产。

(3)配套工具

①整体式柱塞。

整体式柱塞(图 3－2－4)即带弹簧片的钢制柱体，外形为圆柱体，在井下天然气恢复压力的作用下，可实现将液体以段塞方式举出井口，滑脱损失小，但是容易出现砂、盐、垢卡。

②分体式柱塞。

分体式柱塞(图 3－2－5)上部圆柱筒采用金属制成，有良好的耐磨性和抗振性，分体式设计减少了油管卡住柱塞的可能性，圆柱筒的外壁采用沟槽设计，上行时与油管密封良好，减少液体回落和气体滑脱，下落时球与空心圆柱筒分离，减小了下落阻力，节省了关井时间，增加了气井产量。

图 3－2－4　整体式柱塞示意图

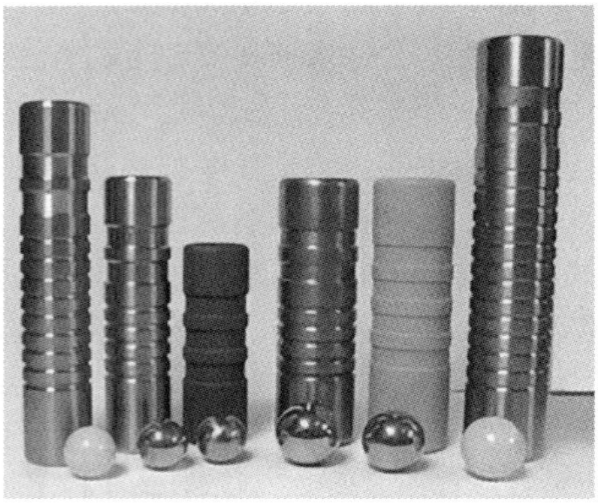

图 3－2－5　分体式柱塞示意图

③智能柱塞。

智能柱塞也称智能排水机器人，是为适应致密气、页岩气大规模开发、智能化管理，提升气田管理效率、开发效益而研发形成的新型工具(图 3－2－6、图 3－2－7)。它既有传统柱塞的排液功能，又兼顾了压力、温度、液面等多参数采集监测功能，其监测到的数据可接入气田智能管理系统，大大提高了对气井生产状况、井筒流动状态的监控能力，可以更加快速调整气举排液制度，让气井保持最佳生产状态。

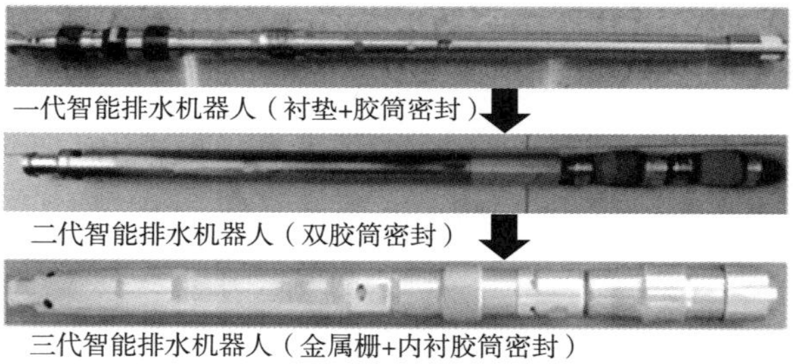

图 3－2－6　大牛地气田智能柱塞示意图

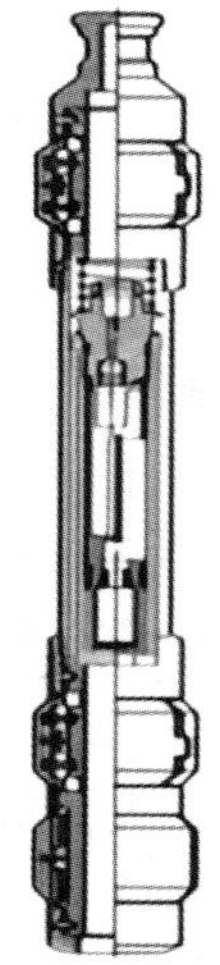

图 3－2－7　涪陵页岩气井智能柱塞示意图

(四) 应用情况

中原油田自 2002 年以来应用 6 井次，单井排液为 1～10m³/d，增气 1000～5000m³/d，取得了较好的排液效果，有效延长了气井的自喷期。

近年来在大牛地、苏里格等致密气藏，涪陵、威荣等页岩气领域应用了智能柱塞气举技术，已实现了智能控制、井筒参数测试。可获取测温、测压、速度、位置、液面高度等参数，实现 4000m 以内柱塞有效运行。

(五)存在不足及改进方向

1. 不足

中原油田柱塞气举技术起步较早，但现场应用较少，发展较慢。随着开发对象逐渐向页岩气、致密气、高含硫气、大斜度井、水平井、丛式井等转变，目前掌握的柱塞技术和配套工具没有形成系列化、智能化，不能有效解决现场问题，运行管理效率不满足智慧气田高效管理的要求。

2. 改进方向

开发对象更加复杂，经济效益更加敏感，各油气田都在建设智能平台，要求排液采气工艺快速完成数字化、智能化的转换。中原油田柱塞气举具有地面控制系统，具备智能化转换的先天优势，下一步需在基础模型、智能化设备等方面攻关、引进，提高柱塞技术的智能化。

六、超声旋流雾化技术

基于临界携液理论，研究形成了超声旋流雾化技术。超声旋流雾化技术是中原油田分公司石油工程技术研究院自2003年开始开发、研制的一项具有独立知识产权的专利技术。

(一)技术原理

超声旋流雾化技术是一种预防气井积液的措施，将雾化装置下入油管内，利用地下气体及液体本身具有的压力势能，经雾化喷嘴旋流气动作用，将积液雾化成细微的雾状液滴，并使雾状液滴均匀分布在气流中，形成均匀的雾流，依靠气井自身能量将液体携带到地面，降低滑脱损失，保证气井稳定的产气量。其雾化核心部件是亥姆赫芝哨，该部件使液流产生动力扰动，从而使液体破碎、均化、细化，且黏度下降，超声旋流雾化器如图3-2-8所示。

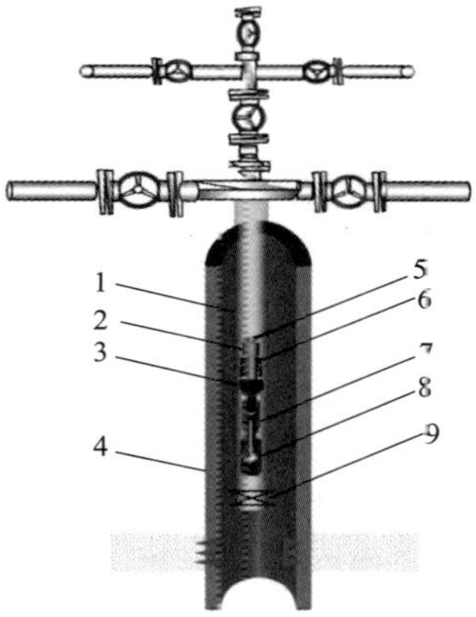

图3-2-8 超声旋流雾化器

1—油管；2—分离装置；3—自密封装置；4—套管；5—雾化装置；6—气动密封装置；7—自打捞总成；8—凸轮卡定器；9—支撑装置

(二)技术特点及技术指标

1. 技术特点

依靠气井自身能量连续排液；不伤害油气层；不受积液介质的影响；井下节流预防冰堵；钢丝作业、安装、管理方便。

2. 技术指标

下入深度≤2500m；井底压力≥7MPa；日产气≥4000m^3；雾化直径SMD78～88μm；雾化程度≥93.6%。

(三)应用场景及工艺设计

1. 应用场景

适用于有一定能量，但产气量少，不足以将井内的液体完全带出地面的气井排液采气，包括即将积液停喷井的排液生产、间开井排液提产等。

2. 工艺设计

(1)系统组成：主要包括雾化装置、卡定装置、密封装置以及配套的投送打捞工具。

①雾化装置：包括超声波雾化装置(亥姆赫芝哨)和双旋流气动超声雾化喷嘴。

亥姆赫芝哨是一个简单的共振器，由两个腔体组成(图3－2－9)。由流体流动速度差形成扰动发声，其发声的基波频率f(频率越高，雾化颗粒的直径越小)由腔体决定，计算公式如下：

$$f=\frac{c}{2\pi}\sqrt{\frac{r}{v}} \tag{3-2-7}$$

式中　c——声速，约340m/s；

v——空腔体积；

r——与腔连接管有关的系数。

为了让亥姆赫芝哨在气液混合流动环境下能够发声，在流体流过亥姆赫芝哨之前采用了一个能够产生双旋流的分离装置将气液分离，使流过亥姆赫芝哨的流体为气体，且旋流分离装置也有破坏液体表面张力使液滴破碎的作用(图3－2－10)；最后分离后的气体和液体再经过一个雾化喷嘴再次雾化，三重作用使液体充分雾化。

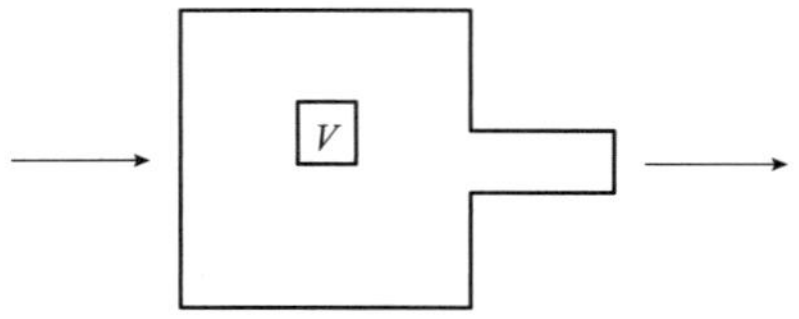

图3－2－9　亥姆赫芝哨示意图

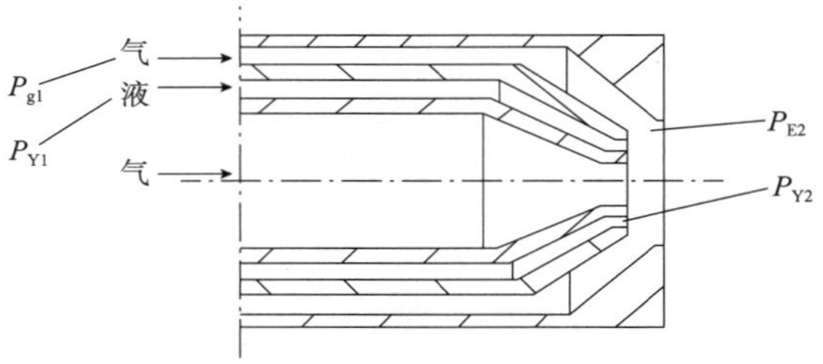

图3－2－10　双旋流气动超声雾化喷嘴示意图

中原油田常用的超声旋流雾化器的最大外径ϕ58mm，总长度为920mm，主要配套用于2⅞″油管的气井。

②卡定装置：包括卡定卡瓦和投送、打捞接头。

(2)设计流程

①下入深度设计：根据气井生产状况，结合测试的流压梯度测试数据，判断气井积液位置；下到不稳定流动段最深位置。

②临界气量确定：通过分析雾化器下入位置处的临界携液气量和最大携液量，判断该井是否适合下超声旋流雾化器。

③喷嘴设计：根据系列喷嘴过流气量选择合适的喷嘴尺寸。

(四)应用情况

超声旋流雾化技术在中原油田桥—白凝析气藏、户部寨气田、先后应用7井次，单井日产液量比措施前提高34%，单井日增天然气2000m^3。

该技术在中石化华北大牛地气田、中国石油新疆油田、苏里格气田、榆林气田均有试验应用。其中大牛地DK16井使用后，日均产气量增加7%，压力下降减缓64%，日均产水量增加32%，油套压差减小56%。榆1井自投放旋流雾化井下工具后，生产平稳，油套压稳定，油套压差较工具投放前减小2.3MPa，日产气量、日产水量均明显增加；新疆油田滴西 189 井使用后，油套压差降低，产气量稳定在 $2\times10^4m^3/d$ 左右。

(五)存在不足及改进方向

1. 不足

因技术本身对压力、流量等较为敏感，适用范围窄，选井条件较苛刻，现场难以规模化、长周期应用。

2. 改进方向

改进卡定、解封工艺，提高工艺成功率；探索与其他气举工艺复合应用，扩大适用范围。

七、机抽排液技术

(一)机抽排液

对于井上有电，且无法采用增压气举的井，常用机抽排液技术。机抽排液技术成熟、管理方便，是一种经济、安全、环保的气井排液工艺技术(图 3－2－11)。

1. 技术原理

机抽排液技术与抽油相同，在电机的带动下，抽油机的往复运动驱动抽油泵工作，形成负压吸入井下的液体并通过油管排出，同时气体因压力差被携带至地面，达到排液采气的目的。

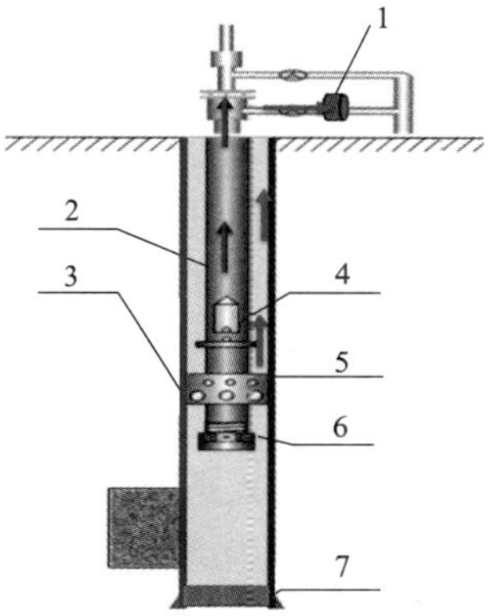

图 3－2－11　机抽排液工艺流程示意图

1—气嘴；2—油管；3—套管；4—有杆抽油泵；5—油气分离装置；6—丝堵；7—人工井底

2. 技术特点及技术指标

(1)采用深抽工艺，配套高效防气装置，最大下深 3000m，产液量 $10\sim80m^3/d$；日产气 $(0.1\sim1.2)\times10^4m^3$；

(2)措施成本较高，泵效低。

3. 应用场景

采取 ϕ25mm 玻璃钢抽油杆和 ϕ22mm、ϕ19mm 高强度抽油杆三级组合，将抽油泵的泵挂深度最大加深至 3000m，提高排液效果。在抽油泵下配套高效油气分离装置，若气井气液比较高，配套内罩式防气装置；若气液比较低，则配套高效防气装置。

4. 应用情况

2013 年至今共实施机抽排液采气工艺 7 井次，有效 7 井次，工艺有效率 100%。截至目前累计增气 $324.2\times10^4m^3$，增液 $7234.9m^3$，增油 974.0t。

5. 存在不足及改进方向

(1)不足：在气井机抽排液正常生产过程中，由于气锚的作用，使地层产出气进入油套环空中，致使套管压力持续升高，迫使井筒内液体回流入地层，降低液面，严重影响地层产能和泵效。

(2)改进方向：在气井机抽排液过程中，采取油套同时生产的方式，通过在套管中安装气嘴，控制套管气的释放，既可以控制套压，又可以增加气井产气量。同时，采取“长冲程、低冲次”、间开、逐步调节防冲距的方式，既保证了泵的沉没度、气井的产量，又能延长气井的免修期。

(二) 电潜泵排液

对于大液量气井，常用电潜泵排液技术。电潜泵排液可有效改善排液量变化大气井的开发效果，可最大限度地降低井底回压，有效提高气井产量，与此同时，工艺的自动化程度高、管理方便，能够满足中原油田井深、高温、气液比波动大、产量变化范围大的要求。

1. 技术原理

电潜泵系统包括井下泵、动力电缆和地面控制设备。通常使用方法是将井下泵悬挂于吊在井口装置的油管柱上，沉入油井液体之中，泵下面与一台沉没式电机相连，电机通过动力电缆和地面控制设备得到动力。

2. 技术特点

排液效率高、漏失量小、计量准确、占用设备及工具少，适应于中高排量、低含砂的气井，定向井也能使用。

3. 应用场景

适用于井深大于3500m、液量大于25m^3/d 的气井，井口配套密封、防喷等措施，井下采用分离器使气液分采，防止气锁。

4. 应用情况

共实施电潜泵排液采气工艺13 井次，有效13 井次，工艺有效率100%。截至目前累计增气456.4 $\times 10^4 m^3$，累计排液10695m^3。

5. 存在不足及改进方向

①不足：经济投入较高，对高含硫井不适用。

②改进方向：研制耐高温、高压，抗卤水、硫化氢、二氧化碳腐蚀，电缆气蚀性能好，气水分离器效率高的变速潜油电泵机组。

八、复合排液

通常情况下，单项排液采气技术都有一定的适用条件，也都有一定的局限性，采用多种技术的集成，复合交叉配套应用，可以优势互补、消除单项技术局限性，发挥技术复合的合力效果。

(一) 技术原理

1. 气举 + 泡排复合排液采气

气举 + 泡排复合工艺在从地面向井内注入高压气的同时，注入一定量的起泡剂，将泡排与气举工艺复合，可大幅提升排液采气效率。该技术的关键是根据气井产量及产水量制定合理的工作制度及优化泡排剂加注量。

2. 小油管 + 气举复合排液采气

在利用气井自身能量的基础上辅助以外部高压气，在气井压力变低时，适当更换或下入较小直径的油管，借助高压气使气流流速增大，以提高气流带水能力，排出井底积液，使气井正常生产，延长气井自喷采气期。

在产气量较大的开采早期，气水两相流动的压力摩阻损失是主要矛盾，宜优选较大尺寸的油管生产；在气井产能较低、产水量较小的中后期，气水两相流动的滑脱损失是主要矛盾，宜选用合适的小尺寸油管生产，以确保气流通过自喷管柱时，有足够大的举液速度，把地层流入井筒的液体全部、连续地排出井口。

3. 连续油管＋氮举复合排液采气

采用连续油管配合膜制氮氮举复合排液，可以快速排出井筒液体，减小油套压差，建立生产压差，常作为气井快速启动措施应用。

利用连续油管下深可调的优势，变换连续油管下深，降低氮举启动压力，减少氮举时井内流体对地层回流，防止压井液对地层污染，灵活有效排出井底积液，使气井正常生产，延长气井自喷采气期，达到排水采气的目的，尤其适用于油套环空无法连通的气井。

4. 氮举＋泡排复合排液采气

在氮举排液前及氮举时，从套管加注泡排剂，氮气能有效扰动泡排剂，增强发泡性能，提升泡沫携液及携带井内污染物能力，减少氮举时液体滑脱损失并降低氮举启动压力，减少氮举排液时回压对地层污染，延长气井带液自喷采气期，尤其适用于低能低压气井。

（二）应用情况

复合排液采气技术的应用，优势互补，有效消除了单项技术局限性，发挥技术复合的合力效果，“十三五”以来，共实施 2116 井次，效果良好。

自 2016 年以来，在户部寨气田及文 23 边块应用小油管气举复合排液采气技术 7 井次，均取得了良好的效果，见表 3－2－1。

表 3－2－1　小油管气举排液采气工艺应用效果统计表

类型	井号	措施前产状				措施前产状				累增气/10^4m^3
		油压	套压	日产气/10^4m^3	日产水/m^3	油压	套压	日产气/10^4m^3	日产水/m^3	
小油管	部 1－13	0.8	8	0.3	0	0.8	2.8	0.5	0.5	115
	部 1－2	0.8	2	0.6	0.1	0.8	2	1	0.3	210
	部 6	2	2.5	1	1	1	2	1.5	0.6	173
	部 1－侧 2311	0.8	3.3	0.2	0.1	0.8	4	0.5	0.2	33
	部 7	0.8	2.5	0.6	0.1	0.8	3.5	0.7	1	55
	文 23－侧 20	0.8	2	0.3	0	1	3.5	0.5	0.5	44
	文 108－侧 4	1	1.5	0.1	0	0.8	4.4	0.9	0.5	263
合计										983

第三节　储层改造技术

东濮凹陷气藏分为深层凝析气藏和致密砂岩气藏，具有含气层系多、含气井段长、断层发育、气水关系复杂等特点，针对不同气藏不同开发阶段，制定了差异化储层改造技术对策，形成了系列配套气井压裂技术和气井泡沫酸解堵技术。

一、气井压裂技术

(一)深层凝析气藏

东濮凝析气藏有7个(白庙、桥口、刘庄、文203-58、濮67、桥55、濮153)，已开发天然气储量 $173.43\times10^8m^3$，凝析油储量 376.17×10^4t(其中桥—白占70%)。采出程度：天然气8.6%，凝析油8.9%，衰竭开发效果欠佳。

1. 凝析气藏不同阶段压裂技术对策

(1)第一阶段(1995—2004年)：常规水力压裂是主要增产措施

常规技术成熟、成本低、施工简单，在气藏试气试采及投产早期，地层能量较高，通常采用常规水力压裂。统计70井次压裂施工，平均单井日增气 $0.4872\times10^4m^3$，日增油1.9t。

(2)第二阶段(2005—2011年)：CO_2泡沫压裂降污染，补充地层能量

随着开发深入，地层压力逐步下降，反凝析饱和度大，气井污染逐渐凸显(压裂液返排慢、剩余多)，CO_2泡沫压裂技术可以减少入井水基压裂液，CO_2泡沫在井筒的流压梯度小，压裂液返排快、返排率高、污染小。实施5井次，平均单井加 CO_2 120t、加砂 $23.4m^3$，单日增气 $2.3\times10^4m^3$、增油4.8t，累计增气 $179\times10^4m^3$、增油442t。

(3)第三阶段(2012年至今)：分层压裂精细改造，提高储量动用程度

开发后期产能挖潜阶段，在老井剩余气潜力、地层压力及产气剖面监测等综合研究基础上，开展了规模适中的分层改造(一般为2~3层)，减少作业频率，降低储层污染，提高了储量动用程度，有效提高了单井产能。实施6口井，具有明显效果，平均单井日增气 $0.22\times10^4m^3$、日增油4.6t，累产气 $116\times10^4m^3$，累增油1475t。

2. 深层凝析气藏卡封分层压裂工艺技术

大跨度合压针对性差，改造剖面不均匀；受分层工具限制，段数受限，选层难度大，针对性差。针对常规压裂存在的以上问题，开展了分层压裂配套工艺。

(1)确定深层凝析气藏分层分段原则

①水平井：封隔器卡在固井质量好、泥岩含量高的位置；减少根部和端部的裂缝间距，提高压裂产量；水平井多为横向缝及斜交缝，裂缝间距80~130m。若是阶梯水平井，层与层之间间隔大，采用盲管连接。

②直井：封隔器卡在固井质量好的位置；单个压裂层内小层相对集中；采用盲管连接避开已开采过潜力不大的层；避开水层、盐层及断层。

(2)研发了抗高温、低伤害压裂液体系

①深层凝析气藏对压裂液的要求。

砂泥互层、泥质含量高，黏土膨胀运移造成的储层伤害；低孔隙度、连通性差，排驱压力较高，造成排液困难。

②压裂液配方组成。

室内把各类添加剂按照不同配比进行了配伍性试验，形成适用于深层凝析油气藏压裂

改造、配伍性良好的耐高温、低伤害压裂液配方。按照储层温度形成适用于90～120℃、120～140℃、140～160℃的三种不同配方。

③综合性能评价。

残渣含量：五种适应不同温度、不同储层的压裂液残渣含量均小于300mg/L，满足标准小于600mg/L的要求，减小了对地层的伤害，详见表3－3－1。

表3－3－1　压裂液残渣含量数据表

压裂液名称	压裂液pH值	残渣含量/(mg/L)
ZB－06交联压裂液	10.0	256
SCL－1交联压裂液	12.0	279
ZB－11交联压裂液	13.0	298
常规低渗压裂液	13.0	293
非常规致密压裂液	13.0	269

热剪切稳定性：优选出的适应不同温度的压裂液配方在相应的温度和一定时间条件下黏度在149.8～314.5mPa·s，满足现场压裂施工要求，详见表3－3－2。

表3－3－2　适合不同温度条件的压裂液耐温性能

配方	黏度/mPa·s				
	120℃	140℃	160℃	交联时间/s	备注
配方一($170s^{-1}$，1.5h)	314.5			150	未添加破胶剂
配方二($170s^{-1}$，2.0h)		202.5		260	
配方三($170s^{-1}$，2.0h)			189.2	279	

破胶性能：压裂液破胶时间及程度对地层伤害大小有直接关系。时间越短，水化液黏度越低，则返排越彻底，地层污染越轻。采用120℃、140℃、160℃三种压裂液配方及选用相应破胶剂浓度在2h后压裂液黏度均在5mPa·s以下(见表3－3－3)，达到了施工返排要求。

表3－3－3　压裂液破胶性能实验数据

温度/℃	破胶剂用量/%	破胶时间/h	水化液黏度/mPa·s	携砂黏度/mPa·s
120	0.01	2	3.42	314.5
140	0.01	2	2.19	202.5
160	0.005	2	2.07	189.2

压裂液对地层渗透性的影响：按标准制取压裂液滤液对人造岩心进行伤害实验。结果表明，在压裂液中通过应用综合保护地层措施，有效降低了岩心伤害程度(表3－3－4)，平均伤害率约为13.2%，综合伤害率≤15%，满足压裂要求。

表3-3-4 压裂液对地层渗透性的影响

岩心编号	气体渗透率/mD	伤害前煤油渗透率/mD	伤害后煤油渗透率/mD	压裂液伤害率/%
1-1	13.4837	2.1604	1.8399	14.84
1-2	14.1692	2.5611	2.185	14.69
1-3	12.3795	1.8987	1.6398	13.64
2-1	59.3728	9.5211	8.3399	12.41
2-2	44.1937	7.8231	6.9271	11.45
2-3	53.3768	8.9203	7.8311	12.21

压裂液与地层流体的配伍性：将地层流体与压裂液破胶液分别按3：1、3：2、1：1的体积比混合，试验结果表明均无沉淀生成，表明压裂液与地层流体配伍性良好。

(3)深层凝析气藏多段压裂工艺

①长井段多层压裂方式优选。

凝析气藏特别是陆相沉积储层具有储层低孔、低渗、非均质性强，地层容易发生反凝析现象，易液锁等特征，同时埋藏深、井段长、跨度大且为薄互层，层间矛盾突出。以上地层特征导致压裂施工压力高，且需要多段压裂，优选封隔器+滑套的多段压裂工艺。

②套管射孔管内封隔器分段压裂工具—滑套封隔器。

技术特点：不动管柱，段内限流射孔，投球打开滑套分压各段，适用于套管完井。

工具性能：$\frac{1}{8}$in级差球，憋压球密度1.8g/cm^3，封隔器耐压差50MPa。

③压裂优化设计。

裂缝参数：综合考虑水平段构造位置、隔层、平面层间非均质性、动用状况、目的层上下流体类型、裂缝形态、井距等优化。裂缝间距80~130m；裂缝半长80~200m。

射孔工艺：目的段分散、井段长，采取环空加压、延时起爆射孔工艺；选择性射孔4m，16孔/m，防止多裂缝、降低射孔摩阻，满足压裂需要。

压裂管柱：综合考虑完井、井筒、储层、压裂段数等因素，设计出套管水平井、直井、定向井多段压裂管柱。

施工排量：根据地层破裂压力、管柱摩阻、抗内压、井口限压、各级球座所允许的最大排量等，排量控制在3.5~5.0m^3/min。

泵注程序：前置段塞，加入不同粒径、不同砂比的陶粒，填充不同宽度的裂缝，降低滤失、防止多裂缝、消除近井筒效应，确保主缝延伸；砂堤分布，携砂液采用斜坡式加砂，采取"低砂比、造长缝、低起步、小台阶加砂"技术，降低人工裂缝对砂浓度的敏感性。

3. 应用效果

①白庙共压裂65井次，其中水平井多段压裂1井次、多层压裂8井次、单层压裂56井次，单井平均日增气0.42×10^{4}m^3、油1.2t，单井累增气38.9×10^{4}m^3、油361.7t。

②桥口共压裂39井次，其中多层压裂4井次、单层压裂35井次，单井平均日增气0.37×10^{4}m^3、油0.9t，单井累增气34.9×10^{4}m^3、油270.6t。

③文203-58块共压裂12井次，采用卡封多层压裂1井次(文203-62)、单层压裂11井次，单井平均日增气1.6×10^{4}m^3、油2.7t，单井累增气276×10^{4}m^3、油143.6t。

(二)低渗致密砂岩气藏

1. 砂岩气藏不同阶段压裂技术对策

①稳产及开发调整上产阶段(2005 年及之前):压力系数较高,以自喷生产为主,增产措施以补孔合采为主,配套排液采气技术。

②产量递减阶段(2006—2010 年):产量递减加快,如自然递减率由2006年的19.8%上升至2007年的30.2%,并且存在气藏压力下降不均衡、储量动用不充分、积液、结盐等多重矛盾。针对文23气田气井污染严重、生产压差大和户部寨气田大斜度井多、低渗的特点,“十三五”以来推广应用了分层压裂、重复压裂、高能气体压裂、CO_2泡沫压裂及复合压裂等工艺技术及化学暂堵分层压裂工艺试验,有效提高了单井产能、减缓了气田递减。

③低速稳产阶段(2C01 年至今):气藏压力进一步下降,层间、平面矛盾突出,二、三类层动用程度低,井周堵塞、结盐加剧,90%以上的气井积液严重。一是针对户部寨气田压裂措施有效期短、效益差的不利局面,确定了效益压裂的最低压力(10MPa)和储量($1000\times10^4m^3$),优化了压裂施工参数;二是针对户部寨气田逐层上返压裂导致储层污染和气层砂埋的不利因素,积极探索细分小层挖潜的多层分段压裂工艺;三是拓展完善了$2\frac{3}{8}$in 油管环空注入压裂工艺。

2. 低渗薄互层气藏分层压裂

目前低渗薄互层气藏分层压裂工艺有机械分压、投球分压、限流法分压以及低压、低渗气藏增能压裂改造等技术。

(1)机械分压技术

封隔器单/双封分压工艺。纵向上储层剖面有多个采出层段,根据开发需求,考虑储层物性、开采时间、采出程度、流体性质,应用封隔器进行封下压上、封上压下、封上下压中间、分压两/三类层施工。

(2)投球分压技术

①技术原理:利用各层间破裂压力的不同,首先压开储层物性好、进液量大、抗压强度较低的层段并进行加砂,然后注顶替液后投入堵塞球将该层段孔眼堵塞,造成井底压力瞬间上升,再继续注入液体压开抗压强度较高的层段。如此反复进行,直至一次施工压开全部射孔井段。

②适用条件:主要用于因井况和管柱结构以及储层纵向分布问题而无法进行工具分层压裂的油气井。对于井段跨度较长、物性差异较大、不同层段间有一定隔层厚度的井,通过对测井曲线和储层条件的精细分析以及施工参数科学设计,能够较好实现投球分压工艺目的。

③技术要点:封堵球选择:结构内核为含尼龙的金属体,外部包裹厚度约2.0mm的氯丁橡胶,最高耐压为70MPa,耐温140℃,球体直径≤20mm(≥1.25倍的孔眼直径),密度$0.92\sim1.10g/cm^3$;

根据测井曲线判断各层段地应力大小,确定压开先后顺序;

根据各层孔眼数确定投球数量,一般为封堵层有效孔数的1.1~1.2倍。

(3)限流法分压技术

①技术原理:首先根据测井资料,判断各层段地应力差异,然后通过射孔方案系统优化,提出合适的射孔数量、孔眼直径及排量。当压裂液进入地应力较小的层段时,会在孔眼

处产生较高的摩阻，随即在井底使压力升高，并且这一摩阻随施工排量的提高而大幅增加，迫使压裂液往物性较差和地应力较大的储层分流。当井底压力超过所有压裂层段的岩石抗张强度时，相继压开各层，从而达到一次施工分压几个层(或同时压开不同物性储层)的目的。

②适用条件：待压裂层必须是未射孔新投产储层，且各个分层的破裂压力相差幅度不大。

③技术要点。

合理设计射孔方案：对于厚度较大、渗透率较高的储层孔眼密度分布低、孔眼直径小；厚度较小、渗透率较低的层孔眼密度分布高、孔眼直径大；

由于孔数较少，压裂前一般应对孔眼进行稀酸预处理或投球清孔；

施工时，排量应逐步提高，并且在管柱、井口及设备所能承受的前提下，尽可能加大施工排量。

3. 低压、低渗气藏增能压裂改造技术

(1)增能技术原理

储层改造时，通过附加化学物质(气体、液体或固体)的物理或化学作用而改变储层压力、温度条件以及流体性质、流体流动形态并能减缓或解除地层污染的工艺措施。目前，国内应用较多的有 CO_2增能、N_2增能、自生气热剂增能，其中自生气热剂利用自生气体剂与自生热化学剂的化学反应产生气体和热量，提升地层压力和温度，从而增加地层能量、降低液体密度、提高排液效果。

(2)化学增能压裂施工工艺

①液体配制：自生气体增能剂可直接配制在活性水和原胶液中；自生热增能剂应分别配制成 A 液与 B 液。

②注入方式：水泥车与施工高压管线连接；以相同排量将 A 液与 B 液注入井筒；按照压裂施工设计，将含有自生气体剂的压裂液注入地层。

4. 应用情况

(1)户部寨共压裂 56 井次，其中多层压裂 10 井次、单层压裂 46 井次，单井平均日增气 $1.16\times10^4m^3$，单井累增气 $77.5\times10^4m^3$。

(2)文 23 共压裂 98 井次，其中多层压裂 3 井次、单层压裂 95 井次，单井平均日增气 $1.12\times10^4m^3$，单井累增气 $83.4\times10^4m^3$。

二、气井泡沫酸化解堵技术

中原油田气藏储层物性差，气井在钻完井、生产过程中，固相颗粒进入近井地带，堵塞地层孔隙和裂缝，造成气层损害。酸化可以溶解井底及其附近油气层的堵塞物，恢复油气层原有渗透率；常规酸化入井液密度高，携带能力差，施工时易漏失进入气层造成二次伤害，研制的低密度泡沫酸可以有效解决这个问题。

(一)技术原理

泡沫酸以酸化液及其添加剂为基液，充加气体(N_2 或 CO_2 等)至由起泡剂发泡和稳泡剂稳定等构成的多相体系。泡沫酸将泡沫特性与酸液溶蚀性能有机结合起来，使之兼有泡沫性质和酸化能力。泡沫酸酸化把预先配制好的高效酸液体系注入泡沫发生器与氮气混合，形成稳定的充气泡沫酸再泵注入目的层，溶解地层中的可溶物质，改善储层渗透性。其具有暂堵分流、低密度、增能、易返排、携带能力强的特性。

(二)技术特点及技术指标

1. 技术特点

①泡沫酸具有缓速和深穿透作用；

②密度低、滤失低、黏度高、返排性能好，可携带出酸岩反应后剥蚀砂粒以及二次反应物，降低地层二次伤害；

③泡沫酸具有分流特性，能达到暂堵高渗层、均匀布酸的效果。

2. 技术指标

①泡沫酸体系耐温达120℃，起泡体积倍数大于4.5倍，稳定半衰期15～60min可调；

②返排率>78%；

③泡沫发生器耐压50MPa、耐强酸、发泡泡沫质量20%～98%范围内可调。

(三)应用场景及工艺设计

1. 应用场景

①地层压力低、因地层正常生产污染而导致产气量减少的气井；

②厚度大的油气层进行大型酸化；

③低压、低渗透、水敏地层酸化；

④重复酸化的老井。每次酸解堵及其他作业，产层的缝隙堆积着大量固体不溶物和淤渣，借助于泡沫酸极好的返排能力能彻底清除，使产层孔道得到净化与疏通。

2. 工艺设计

(1)用量设计

根据油层厚度 h，孔隙度 Φ，处理半径 R 一般为1～2m，按照公式 $V=\pi\times(R^2-r^2)\times h\times\Phi$ 进行用量的设计。

(2)现场施工流程

配制好的泡沫酸液经水泥车泵注入泡沫发生器，与此同时，氮气由撬装气举车泵注入泡沫发生器，酸液与氮气在泡沫发生器中混合并形成泡沫，再泵注入井，对目的层进行泡沫酸化解堵(图3－3－1)。

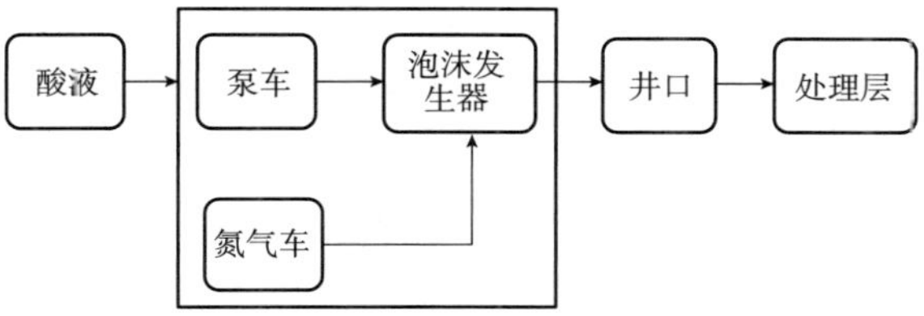

图3－3－1 泡沫酸现场施工流程示意图

(四)应用情况

泡沫酸酸化在中原油田共实施16井次，工艺成功率100%，施工井有效率90%以上，累计增气 $713.20\times10^4m^3$。较常规酸化具有明显的增产效果，非常适合低压非均质气藏解堵增产。

(五)存在不足及改进方向

1. 不足

泡沫在高温下稳定性差。

2. 改进方向

改进泡沫酸体系，优选耐高温的高性能发泡剂和稳泡剂。

第四节 凝析气藏采气技术

东濮致密砂岩凝析气藏主要包括白庙、桥口、濮67及文203-58等块，气藏埋藏深，储层低孔低渗、孔喉半径小，未动用储量潜力大，气藏地露压差小，整体处于反凝析生产阶段，受到反凝析和反渗吸水锁的双层伤害，是凝析气藏开发过程中的难题。

一、注气吞吐解除反凝析污染

(一)技术原理

通过注气吞吐可有效解除凝析气藏近井地带反凝析污染，提高气井产能，延长稳产期。气源可分为干气、二氧化碳、氮气等。应用时一般采用注醇+气体吞吐工艺。

(二)技术特点

1. 优点

可提高凝析油采收率，工艺、方法比较成熟。

2. 缺点

成本高，制氮装置投资大；在没有脱氮流程情况下，长期注入氮气会降低天然气品质。

(三)应用场景及设计思路

1. 应用场景

凝析气田低压低产井。

2. 设计思路

①排液：注气吞吐前把井筒中积液排出，为甲醇注入创造条件；

②甲醇段塞：注气之前注入甲醇段塞目的是解除近井地带水锁和降低气液相界面张力，可使注入气体的启动压力降低；

③注气吞吐：减缓或解除近井地带凝析油污染；

④第一个循环注完后焖井2d，两个循环都注完后焖井5~7d；

⑤排液：把井筒的积液排出，保证气井正常生产。

(四)应用情况

在室内实验研究成果的基础上，2005年在桥78、濮8-12、白50井完成了三井次注甲醇段塞+氮气吞吐现场试验。平均注甲醇27.6m^3/井，平均注氮气$6.4\times10^4m^3$/井，平均日增凝析油1.8m^3左右、日增气量$0.3\times10^4m^3$。

结合白庙深层低渗凝析气藏的地质特点及开发现状，考虑现有设备的实际情况，2011

年12月15日至2012年1月29日，在白64井采用“甲醇 + N_2驱交替注入工艺”来解除凝析气井近井地带反凝析污染，累计施工46d，注气吞吐处理半径15m，施工最高油压28.2MPa，最高套压28.0MPa，共注入甲醇60t，氮气$64.02\times10^4m^3$，注入后从2012年2月8日进站生产到后3个月的时间内，平均日产气一直稳定在$2000m^3$、日产油0.8t。

二、储层解堵

(一)技术原理

中性解堵体系以凝析油解除剂和解水锁剂为主，同时添加防膨剂和破乳剂形成的一套中性解堵剂。凝析油解除剂溶解近井地带析出的重油组分，解水锁剂改善储层润湿性、降低毛管阻力，使溶解后的凝析油和滞留水相易于排出，从而解除凝析油、水锁伤害，疏通油气渗流通道，提高近井地层导流能力。

(二)技术特点及技术指标

1. 技术特点

(1)优点

解堵体系中性，表界面张力低，在解除有机质污染和水锁伤害的同时，具有防水锁的作用。

(2)缺点

无法解除固相颗粒堵塞造成的储层伤害。

2. 技术指标

①表面张力24.8mN/m，界面张力0.47mN/m；

②接触角79.0°，防膨率83.6%，破乳率100%；

③堵塞后岩心渗透率恢复率大于85%以上。

(三)应用场景及工艺设计

1. 应用场景

①存在反凝析伤害的气井解堵；

②存在有机堵塞、水锁伤害的油井增产和储气库注采井增注；

③储气库井投产作业时作为压井液使用，防止水锁伤害。

2. 工艺设计

(1)用量设计

根据油层厚度h，孔隙度Φ，处理半径R一般为1～2m，按照公式$V=\pi\times(R^2-r^2)\times h\times\Phi$进行用量设计。

(2)注入工艺

①挤注压力：挤注压力应小于地层破裂压力，同时不超过井口设备及井控装置额定工作压力的80%；

②注入工艺：一般要求排量控制在$0.2\sim0.5m^3/min$，以高浓度小段塞 + 氮气顶替注入的施工工艺，减少液相加注量，缩短施工时间；

③返排工艺：开井生产后，若井筒出现积液，采用增压气举方式返排。

（四）应用情况

中性解堵技术在中原油田气井和储气库井现场应用22井次，解堵后气井产气量上升，单井日均增气497.31m^3，其中白25、白11井累增气$25.59\times10^4m^3$、累增油333.35t，储气库井平均单井日增注气量$1.3\times10^4m^3$，达到了解除近井地带污染、提高气井产能的目的，解堵效果较好。

（五）存在不足及改进方向

1. 不足

对同时存在基质堵塞和有机质污染的井解堵效果有限。

2. 改进方向

采用酸液和中性解堵剂组合方式，以段塞形式分段注入，实现更好的解堵效果。

三、保压开采协同建库

（一）技术原理

凝析气藏开发初期注天然气主要是保压、增能、提高地露压差，天然气置换凝析气，以气态形式产出，可大幅提高采收率；开发中后期注天然气主要机理是扩大可移动气区，通过溶解降黏、萃取蒸发、驱替携带等作用提高液相区采收率。实验表明，注天然气可降低反凝析油气界面张力、改善渗流能力，注气越早，气藏开发效果越好，注气保压能有效提高凝析油采收率。

（二）技术特点

①凝析气藏注气开发机理表明：早期循环注气，能够高于露点压力补充地层能量，实现气驱气提高凝析气藏采收率；开发中后期，注气机理以补充能量、抑制水侵、气驱油为主，有一定的反蒸发作用。

②注气开发可以使净上覆压力下降，恢复岩石弹性变形造成的渗透率损失。

③注气可有效补能，且越早注气效果越好。室内物模实验表明：早期注气开发比后期注气开发提高采收率38个百分点。

④开发中后期注天然气吞吐可进一步提高采收率。吞吐四个周期，采收率持续小幅提升，每次吞吐不同压力阶段，产出气组分变化大，以甲烷为主，随吞吐次数增加，产出气贫化、组分差异减小。

（三）工艺设计流程

储采一体化分三个阶段开发技术政策，前期以注气提高采收率为主、储气调峰为辅逐步过渡到储气调峰阶段。在这一过程中需要注重试验单元的注采参数、转换时机等关键指标的设计。

①注气压力设计原则：保持较高的地层压力，有助凝析油反向蒸发或者混相，解除反凝析污染，提高凝析油采收率。

②储采兼顾阶段下限压力设计原则：保障一定的压力，确保凝析油饱和度进一步降低，提高采收率；保障具有一定的工作气量规模，压力不宜过高。

③注采能力：采用生产指数法，根据试注数据评价气井的吸气指数，确定不同压差下

的气井注采能力。

④注采速度：利用注气速度与换油率的关系、采气速度与换油率的关系进行模拟配产，从而设置不同的注气、采气速度。

⑤焖井时间：通过评价焖井时间对换油率影响来确定合理的焖井时间。

⑥注采周期：根据压力变化区间烃类体积、气藏含油饱和度变化曲线来确定合理的注采周期。

(四)应用情况

优选白9块为桥—白凝析气藏先期注气提高采收率试验单元，针对储层特点制定了储采一体化三阶段开发技术政策，第一阶段为解除地层污染、注气提高采收率阶段，此阶段反蒸发最优压力运行至凝析油饱和度趋于稳定低值；第二阶段为提高凝析油采收率兼顾储气调峰阶段，此阶段上限压力不变，运行下限压力高于反凝析液液相最大饱和度压力，运行至趋于干气，基本不产油；第三阶段为储气调峰阶段，此阶段上限压力不变，按照常规气藏进行下限压力确定，储气调峰。设计注采井数为9注9采，运行压力43～53/26～53/20.5～53MPa，注气能力(40.2～183.36)$\times 10^4 m^3/d$，目前注气运行良好，达到了设计要求。

第五节 配套技术

一、清防盐技术

(一)注清水清防盐技术

1. 技术原理

井筒注入清水能够较好地清除井筒中的钠盐，同时，补充一定的清水可以满足气体饱和含水量的需求，可以有效预防盐晶析出。

清水防盐的注水量分两个部分：一是日常产气量在井底达到饱和含水量需要补充的水分 M_1，二是注气排水时所注的干气量达到饱和含水需要补充的水量 M_2。

(1)产气量需要的补水量 M_1 的计算方法

①根据井底压力、温度和分离器压力、温度，在天然气的饱和含水蒸气量图版上查出井底及分离器状态下天然气饱和含水蒸气量，分别为 a、b。

②根据日产气量 Q，计算气井井底饱和含水蒸气的量 A：

$$A = Q \times a/10^3 \quad (3-5-1)$$

式中 A——井底饱和含水蒸气量，kg/d；

Q——日产气量，m^3/d；

a——井底温度、压力条件下的天然气饱和含水蒸气量，kg/m^3。

计算分离器饱和含水蒸气的量 B：

$$B = Q \times b/10^3 \quad (3-5-2)$$

式中 B——分离器饱和含水蒸气量，kg/d；

Q——日产气量，m^3/d；

b——井口分离器温度、压力条件下的天然气饱和含水蒸气量，kg/m^3。

③查出该井正常状态下的日产水量 C(单位换算成 kg/d)，那么 $B+C$ 就是该井的地层产水量。若 $B+C<A$，该井很容易结盐。

④产气需要的补水量 M_1 应至少满足公式(3－5－3)的量，才能使天然气含水蒸气量始终处于饱和状态，达到防盐目的。

$$M_1 = A - (B + C) \tag{3-5-3}$$

式中　M_1——补水量，m^3/d；

A——井底饱和含水蒸气量，kg/d；

B——分离器饱和含水蒸气量，kg/d；

C——气井日产水量，kg/d。

(2)注入干气需要的补水量 M_2 的计算方法

根据气量 $Q_{注}$、井底及分离器状态下天然气饱和含水蒸气量 a、b，计算注干气所需的补水量 M_2：

$$M_2 = Q_{注} \times (a - b)/10^3 \tag{3-5-4}$$

式中　M_2——补水量，m^3/d；

$Q_{注}$——注入的天然气量，m^3/d；

a——井底温度、压力条件下的天然气饱和含水蒸气量，kg/m^3；

b——井口分离器温度、压力条件下的天然气饱和含水蒸气量，kg/m^3。

(3)所需要加注清水的总注水量

$$M = M_1 + M_2$$

2. 应用场景

注清水主要用于井筒洗盐和补水防盐，适用于水溶性的钠钾盐，对复合型盐垢的效果不理想。

3. 应用情况

2007 年，文 23 气田的 60 余口结盐气井开展了清水防盐试验，泵车掺水 $2600m^3$，防盐流程掺水 $12000m^3$，措施成功率 >98%，注水后单井气量平均增加 $5700m^3/d$(见表 3－5－1)。

表 3－5－1　注清水现场应用情况

井号	注水排量/(m^3/d)	注水时间/h	总注水量/m^3	注水前气量/($10^4m^3/d$)	注水后气量/($10^4m^3/d$)
文 108－1	0.063	76.5	4.8	6	6.8
文 109	0.0896	71.8	6.43	8.2	8.3
文 23－18	0.063	58.25	4.7	7.1	7.5
文 23－1	0.082	22.42	1.84	10.3	11.3

(二)抑盐剂清防盐技术

1. 技术原理

抑盐剂的防盐作用表现在两个方面：一是增大盐的溶解度，使之不易结晶析出；二是改变盐的结晶类型，由致密的立方晶体变为疏松、细碎的絮状结构，使之容易溶解、清除，被液流带走，从而避免油井结盐（图3－5－1）。

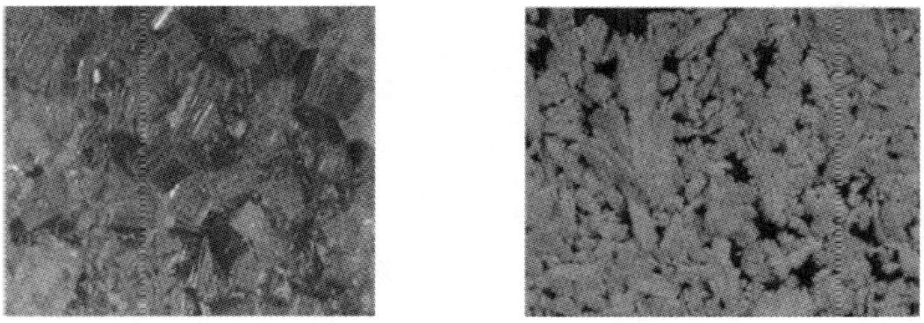

(a)氯化钠自然结晶　　(b)氯化钠晶体形态改变

图3－5－1　加抑盐剂前后氯化钠晶体形态

抑盐剂的加药量包括井筒和近井地层两部分的加注量，井筒考虑的是井底至喇叭口（或气层上部）部分的容积，近井地层一般选择井筒1m范围的气层厚度。

①井筒防盐所需抑盐剂液量：

$$V = \pi \times r^2 \times (h_1 - h_2) \tag{3-5-5}$$

式中　V——防盐药剂用量，m^3；

r——套管（油套）半径，m；

h_1——井底深度，m；

h_2——气层上部深度，m。

②依据标准Q/SH 1025 0846—2024《气井清防盐技术规范》，根据储层厚度、平均孔隙度、处理半径等参数计算地层抑盐剂加注量：

$$V = a \times \pi \times (R^2 - r^2) \times \Phi \times h \tag{3-5-6}$$

式中　V——防盐药剂用量，m^3；

a——附加系数，0.5；

R——处理半径，1.0m；

r——套管半径，m；

Φ——气层孔隙度，%；

h——气层厚度，m。

2. 技术指标

抑盐剂配方主要以无机盐类（黄血盐、赤血盐等）为主剂，辅助添加分散剂和乳化剂等组成。中原油田现场应用的抑盐剂需满足标准Q/SH 1025 0598—2020《抑盐剂技术条件》的要求（表3－5－2）。

表3－5－2　抑盐剂性能指标

项目	标准指标
外观	均匀液体
pH值	6.5～8.0
密度/(g/cm^3)	1.05～1.20
有效物含量，以$[Fe(CN)_6]^{4-}$计/(g/L)	≥80

续表

项目	标准指标
抑盐率/%	≥90
有机氯含量/%	0

3. 应用场景及工艺设计

(1)应用场景

抑盐剂主要用于近井地层及井筒防盐，一定浓度的抑盐剂溶液挤入地层和井筒后，能够充分在储层岩石表面吸附，以便在后期生产过程中逐步释放，从而达到防止盐垢生成的目的。

(2)工艺设计

①水泥车井口加注防盐工艺。

可采用水泥车从井口定期注入清水或者抑盐剂清防盐，水泥车的泵压要大于气井地层压力，流程图如图 3－5－2 所示。

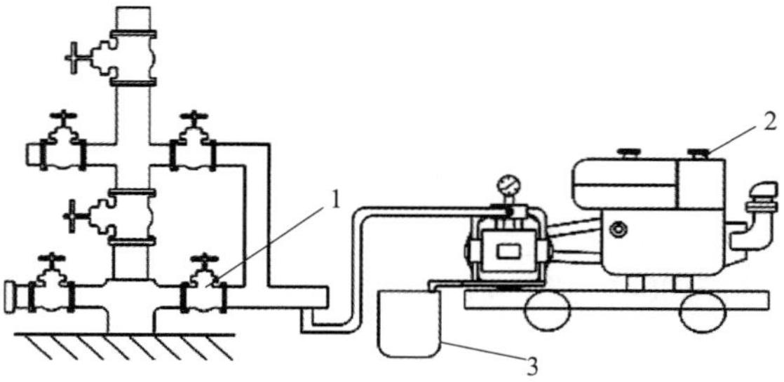

图 3－5－2　井口泵车注水(抑盐剂)流程示意图

1—阀门；2—加药泵；3—液罐

②地面配套流程除防盐工艺。

对结盐严重、洗盐周期短的气井，通过建立连续掺水管线到结盐井环空，可以实现向井筒连续性加注清水，抑盐剂也可以从泵房的泵口加注，地面配套加注流程如图 3－5－3 所示。

图 3－5－3　地面配套加注流程

4. 应用情况

2009—2010 年在文 23 气田应用抑盐剂防盐技术 8 井次，措施有效率 100%，防盐有效期平均 234d，单井气量平均增加 3500m^3/d，抑盐剂防盐技术取得了很好的效果(见表 3－5－3)。

表 3－5－3　抑盐剂现场应用情况

井号	氯离子浓度/(mg/L)		气量/(10^4m^3/d)			有效期/d
	施工前	施工后	施工前	施工后	增加量	
文 23－6	8.5	11.2	1.6	1.7	0.1	213
文 23－13	5.7	10.7	1.7	2.1	0.4	247
文 23－20	10.3	10.5	1.6	1.7	0.1	188
文 23－28	9.8	10.6	2.3	2.8	0.5	305
文 23－34	7.3	9.6	2.3	3.2	0.9	265
文 23－35	0.2	5.0	1.5	1.7	0.2	108
文 23－38	4.5	8.1	1.2	1.3	0.1	289
文 23－26	8.7	10.9	2.3	2.8	0.5	260

5. 存在不足及改进方向

(1)不足

钙垢的预测、监测及清除技术不完善。气井结盐成分由单一钠盐向混合成分“钠盐＋钙垢”转变，结垢气井增多，处理难度加大。

(2)改进方向

化学方法对去除碳酸钙有较为显著的效果，但是针对硫酸钙的清除方法亟待进一步讨论和验证。

二、储层保护技术

储层保护技术是指认识和诊断储层损害原因及损害过程的各种手段，防止和解除储层损害的各种技术措施。

(一)泡沫压井液技术

1. 技术原理

泡沫压井液技术通过调整液体密度和配方，在井筒内建立一定的液柱高度，减少起下钻过程中的灌水量，达到缩短施工周期和减少地层伤害的目的。

2. 技术特点及技术指标

(1)技术特点

①优点：泡沫压井液具有密度低、漏失量小、返排快、摩阻小等特点；耐高温性能较好，适合于高温作业；配制工艺简单，技术易操作，可以实现现场快速调配。

②缺点：与常规压井液相比，成本较高；地面施工配套较复杂，现场需配备泡沫发生器等专用设备。

(2)技术指标

①泡沫压井液体系均一，配伍性好，稳定时间可达 24h；

②泡沫压井液密度在 0.6～0.9g/cm^{3}可调；

③满足 120～140℃抗温能力；

④具有一定的抗盐抗钙污染能力。

3. 应用场景及工艺设计

(1)应用场景

低压、漏失严重的气井；储层水敏的气井。

(2)工艺设计

设计参数：泵车排量控制在400～800L/min，入口压力控制在10MPa以内；氮气注入排量为900m^3/h。控制磨铣冲砂加压值，稳定下冲速度≤2m/min，持续冲砂≥10min，接完单根进行上提活动≥5m下放，防止砂卡，重复以上工作，直到人工井底。

4. 应用情况

泡沫压井液在文23气田文23－20、文23－22井及户部寨气田卫351－2井等12口气井应用，施工过程中，泡沫压井液未出现明显漏失，施工一次合格率100%，起到了较好的储层保护效果。

(二)无固相低伤害压井液

1. 技术原理

中间体聚醚类物质能够高度分散并溶解到被盐类物质饱和的溶液中，并且随着剂量的增加，体系的密度增加，室内验证不发生沉淀，在常温下密度最终可达到1.4～1.6g/cm^3。有机盐溶液中能够电离出大量的阳离子K^+、NH_4^+、$[NH_xR_{4-x}]^+$($x=1\sim4$)，这些离子可通过静电引力吸附进入黏土晶格(尤其是蒙脱石晶格中)，抑制黏土表面水化及渗透水化膨胀。为保证两种不同种类加重剂之间具有良好的互溶性，优选了无机盐促溶剂，可以对无机盐中的金属离子进行络合作用，进而破坏晶核的形成，改变无机盐与溶液的溶解平衡，从而有效提高无机盐溶解度(图3－5－4)。

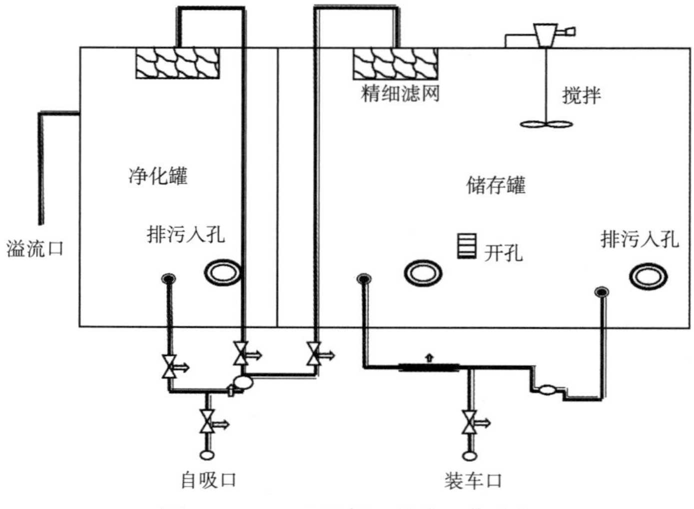

图3－5－4　无固相压井液回收流程

2. 技术特点及技术指标

(1)技术特点

密度可调、性能稳定、防膨效果好、对油层污染小、腐蚀低、抗温性能好和回收利用率高。

(2)技术指标

①密度在 1.0 ~ 2.0g/cm³ 可调；

②防膨率≥70.0%，API 滤失量≤25.0mL/30min，表面张力≤28mN/m，岩心伤害率恢复值 >95%；

③性能稳定，耐温 120℃，72h 常温稳定率 >90%；

④腐蚀速率≤0.1g/(m²·h)；

⑤可重复利用四次，回收利用率 >75%。

3. 应用场景及工艺设计

(1)应用场景

①配合高压油井下电潜泵施工作业；

②配合新射孔井作业进行压井及完井保护；

③配合深井油气水井作业压井、洗井、防漏及止喷作业；可用于配合防砂井进行冲砂作业；

④低压及漏失严重的油水井进行压井作业。

(2)工艺设计

①密度设计。

根据压井液液柱压力平衡地层压力，可得到压井液的密度公式：

$$\rho_{压井液} = \left(\frac{\rho_{油/水}}{10} + \frac{10P_{井口}}{H}\right) \times 10 \times Z \tag{3-5-7}$$

式中 $\rho_{油/水}$——井筒压产出液密度，g/cm³；

$P_{井口}$——井口压力，MPa；

H——油管下深，m；

$\rho_{压井液}$——压井液密度，g/cm³；

Z——压井安全系数，一般油气井选择 1.15，水井选择 1.15 ~ 1.3。

②用量设计。

压井液准备量一般为井筒容积的 1.5 ~ 2 倍，井筒容积计算：

$$V = \pi \cdot d^2 \cdot h/4 \tag{3-5-8}$$

式中 V——压井液体体积，m³；

d——套管内径，m；

h——管柱长度，m。

③工艺流程。

连接地面管线，套管闸门出口装 40MPa 压力表一块。井口试压，不刺不漏为合格；用清水大排量洗井，以进、出口水质一致为合格；正替低伤害无固相压井液，以进、出口密度一致为合格；进行油套压力平衡约 10min，在油管闸门与套管闸门出口处安装压力表；观察井口压力，无溢流后按作业设计进行下步施工；作业后对压井液进行回收。

4. 应用情况

低伤害无固相压井液在中原油田共实施应用了 52 井次，工艺成功率 100%，累计恢复气量 $1178 \times 10^4 m^3$、恢复油量 3571t。

5. 存在的不足及改进方向

(1)不足

成本偏高，原材料货源不足，缺乏低压储层或漏失严重储层低成本压井技术。

(2)改进方向

优选低成本化学助剂，在保证储层保护的前提下实现低成本投入。

(三)低伤害暂堵修井液技术

1. 技术原理

在修井液基液中加入可解堵屏蔽暂堵材料，在一定压差作用下在近井壁处或射孔孔眼处形成一层屏蔽暂堵带，阻止修井液继续侵入储层；油气井完成修井作业投入生产后，在反向压力作用下，大部分屏蔽暂堵材料被直接冲出孔隙，剩余小部分在地层产出液的作用下分解，屏蔽带被解除，恢复储层与井筒间的连通通道，从而达到保护储层的目的。

2. 技术特点及技术指标

(1)技术特点

①优点：具有良好的流变性能、滤失性及低伤害性；具有良好的封堵性能，堵漏效果明显。

②缺点：液体成本相对较高；自动破解时间偏长，通常需要72h左右。

(2)技术指标

①暂堵初凝时间在8～24h可调；候凝24h暂堵层耐压5MPa可调；

②破解后暂堵层渗透率可恢复。

3. 应用场景

①低压、漏失严重、微裂隙性地层；

②需要建立井筒循环的气井。

4. 应用情况

低伤害暂堵修井液技术在濮8－2、桥69－43、白71、文23－23、文19－1、卫11－48等多口井得到推广应用，结果表明：通过暂堵有效控制了地层漏失，使低压气井能够建立正常液体循环，施工后凝胶暂堵剂自动破解，不需解堵，施工方便。

(四)不压井作业技术

1. 技术原理

不压井作业技术是由管柱的内密封工具和外密封工具与井控装置相配合，在举压工具的控制下实施不压井、不放喷、不影响生产、安全起下管柱的过程。

2. 技术特点

(1)优点

①作业无须压井，最大限度地保持地层原始状态；

②作业过程中能够减少溢流排放、保护环境。

(2)缺点

①带压修井日费较常规小修偏高；

②带压设备操作平台较高，安装拆卸时间较长，效率偏低；

③带压投堵技术尚不完善，井况要求较高，分层、结垢及穿孔等复杂井况无法实施

堵塞；

④设备故障率高，可靠性低。

3. 应用场景及工艺设计

(1)应用场景

①低压、漏失严重的气井；

②需排放大量注入水方可作业施工的水井或溢流大、水温高、井内压力高的作业施工井；

③钻顶塞处理井筒等井况复杂、井内压力异常的特殊工艺施工井。

(2)工艺设计

不压井设备按其作业形式可以分为辅助式和独立式；按液压缸行程可以分为短冲程和长冲程；按移运方式可以分为自走式和撬装式。举升系统、井口密封系统及配套液压技术是整个不压井作业装置的主要组成部分。液压举升系统的主要组成部分包括井架、游动和固定卡瓦、液压缸等，举升系统的主要作用是当井下油液压力在油管上产生的上顶力超过油管自重的情况下实现管柱的提放，保障油管起下作业的安全性。

4. 应用情况

中原油田2021—2023年共计实施带压工作量106井次，年平均施工35井次，其中钻顶塞井出现压力异常12井次，通过采用不压井作业有效保障了施工井控安全并降低了储层污染。

三、地面配套技术

(一)高低压分输技术

气井开发过程中，不同区块的气井受储层物性、地层压力和产出水等因素影响，生产动态不同，主要表现为井口压力下降速率不同、气井产量不同，井口压力差异大导致低压气无法进入高压集气系统，使气井减产甚至停产。

1. 技术原理

高低压分输技术是高压气井走原生产流程，低压气井通过流程改造，重新汇集到一处，通过新铺设的外输管线，进入低压处理系统实现井口回压下降，保证低压气井平稳生产。

2. 技术特点

①可进一步降低低压气井井口回压，实现气井平稳生产，提高采收率；

②避免高压气井对低压气井生产的干扰和影响；

③可延长产水气井的自身带液生产周期；

④低压系统最大压降受限于外输管线压力，进一步降压需要通过建设压缩机增压外输。

3. 技术指标

高低压系统之间的压差大于3MPa。

4. 应用场景及工艺设计

(1)应用场景

气田开发中期或末期，不同气井井口压力差异较大的情况。

(2)工艺设计

针对气田内部高低压气井并存的特点，对原高压集输管网实施改造，将高压气井与低压气井分别集输，降低低压气井的井口回压，确保低压气井能够正常生产，流程图如图3-5-5、图3-5-6所示。

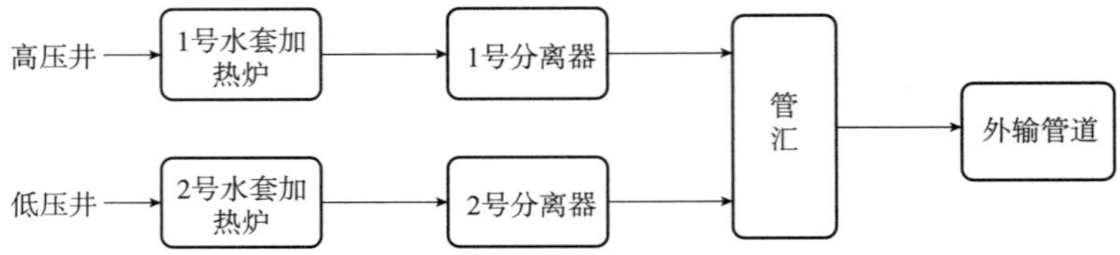

图3-5-5 气田开发初期集输流程示意图

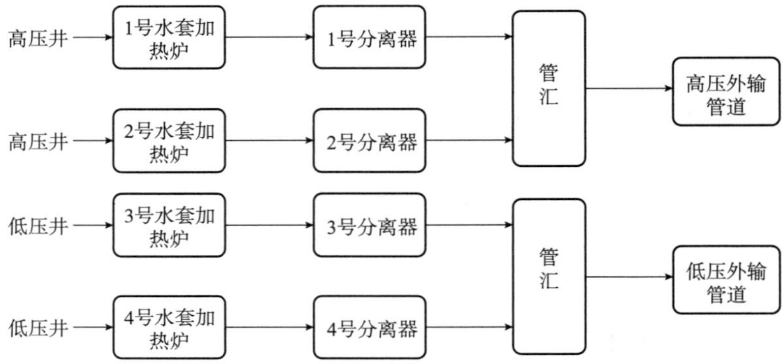

图3-5-6 高低压分输流程示意图

5. 应用效果

文23气田开发初期，采用了高压集气技术，输气管网外输压力在3MPa左右。开发过程中边块或气藏边部气井地层压力下降快，井口压力接近外输压力，在原高压外输管网条件下，气井产量递减、停产现象时有发生。针对气田高低压气井并存的特点，对原高压集输管网实施高低压分输工艺流程改造，低压外输系统压力为1MPa。改造后井口回压由3MPa降为1MPa，井口压力小于3MPa的气井恢复了正常生产，改造后初期产量日增加$7.2\times10^4m^3$，取得了良好的经济效益，提高了气田采收率。

6. 存在不足及改进方向

(1)不足

需要重新敷设管网和汇管，增加投资。

(2)改进方向

优化生产工艺和流程，减少设备设施用量。

(二)多级节流采气技术

1. 技术原理

节流装置是在天然气流经的管道内安装的一种装置，流束在节流装置处形成局部收缩，从而使流速增加、压力降低。在井下管柱、井口、水套炉、分离器等多处设置不同类型的节流装置，构成多级节流采气系统。

气井在运行过程中，为确保不形成水合物，对水合物形成条件进行分析，形成相应的理论基础。根据波诺马列夫法对天然气水合物生成温度进行计算，可得：

$$\lg P = 1.0055 + 0.0541(B + T - 273.1) \quad (3-5-9)$$

当 $T > 273.1$K 时，根据公式中(3－5－9)节流过程中温度与压力的关系，可得：

$$P_2 = P_1\left[\frac{16 - \frac{T_1}{5} + \sqrt{43.35 + 3.7\lg P_1}}{8.03}\right] \quad (3-5-10)$$

式中　P——压力，MPa；

B、K——参数因子；

T——温度，K；

T_1——节流前水合物生成的温度，℃；

P_1——节流前压力，MPa；

P_2——节流后压力，MPa。

以户部寨气田为例，该气田原始地层压力约为37MPa，经统计，投产初期，大多数井口油压约为20MPa，由公式(3－5－10)计算可知，在环境温度为20℃时，设置三级节流装置，每级节流使用2.8～3.4mm气嘴节流，可使节流后气体温度维持在10℃左右。

2. 技术特点

①节流装置结构简单、易维护；

②装置运行时不需要额外的能量补充，使用成本低；

③节流装置运行时易产生冻堵，处理冻堵时间较长，影响生产时效；

④节流装置受高速气体摩擦，易产生冲蚀；

⑤节流装置易受天然气中的杂质影响，易造成堵塞。

3. 技术指标

井口压力大于15MPa的气井适合多级节流。

4. 应用场景

目前户部寨气田已配备了三级节流系统，分别是井口针阀节流、水套炉出口节流、分离器入口节流(图3－5－7)。

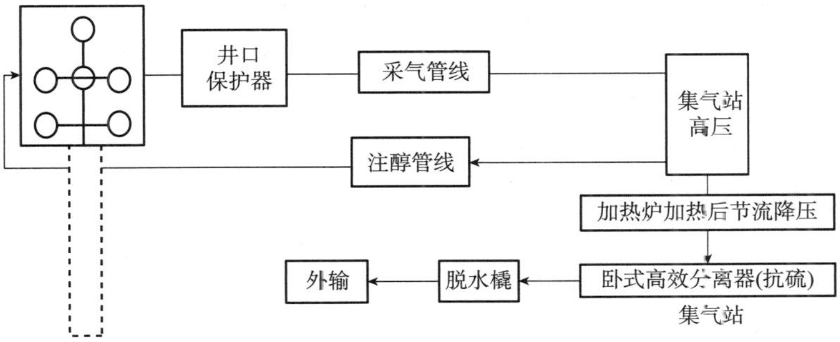

图3－5－7　多级节流采气系统示意图

5. 应用情况

户部寨气田在30口气井流程中均安装使用了多级节流装置，使用多级节流装置后，该气田气井因节流导致的冻堵由每周8井次降低至每周1井次，有效降低了采气过程中因节流造成的冻堵现象。

6. 存在不足及改进方向

(1)不足

目前全气田井口压力较低，节流降温效果不明显。

(2)改进方向

建议拆除掉水套炉出口处的节流气嘴。

(三)降压采气技术

1. 技术原理

降压采气就是降低外输压力，或者通过增压系统抽吸降低井口回压提高天然气采收率的工艺方法。降压采气是否可行取决于实施系统抽吸降压后，可以增加多少经济可采储量。

2. 技术特点

①降低回压，增大生产压差，提高气井产能；

②降低气田废弃压力，提高气田最终采收率；

③受外输管网压力波动影响较小；

④不适用于渗透率较低的气井；

⑤不适用产水量大的气井。

3. 技术指标

推荐日产气量 5000～8000m^3；日产水量＜10m^3。

4. 应用场景

气田开发早期通常利用气井较高的井口压力实施高压集输，当井口压力降低到外输系统回压时，转为定井口压力生产，直至产量逐步递减到经济极限产量时停采。此时，往往还有大量的剩余储量未采出，因此，在气田开发中后期，一般都要考虑实施降压采气。

5. 应用情况

文 23 气田 11 口气井实施降压采气，实施后井口压力不同程度地下降，合计日增气 $4.08\times10^4m^3$，平均单井日增气 $0.37\times10^4m^3$。中压井井口油压降低了 1.01～1.15MPa，流压降低了 0.39～0.55MPa，单井平均日增气 $0.6\times10^4m^3$；低压井井口油压降低了 0.44～0.66MPa，流压降低了 0.23～1.08MPa，单井平均日增气 $0.22\times10^4m^3$，达到了降压采气的目的。

白庙气田累计实施 6 口井(白侧 10、白侧 20、桥 102、白 38、白 40、白侧 27 井)，平均单井日增气 $0.32\times10^4m^3$，累增气 $89.97\times10^4m^3$。其中白 38 井、白 40 井无效，白侧 27 井效果不太明显。主要表现：油压降为 0 后，机组负载加重，自动停机，无液体排出，气井生产情况无明显改善，实施过程中因机组自带分离器排液流量小，多次发动机进液，造成机组故障。

(四)自动泡排技术

1. 技术原理

通过平衡罐连续向井内注入化学泡排剂，在气流的搅动下与井筒积液混合生成大量低密度含水泡沫，降低气液两相表面张力，改变井筒气液两相流态，使水容易被携至地面，实现排液采气目的。

2. 技术特点

①应用平衡罐自动泡排加注技术，可有效节省人力资源成本；

②安全性高，操作人员不需要攀爬采气树和频繁操作带压管线；

③由于连续小气量注入泡剂，气井持续带液生产周期长；

④平衡罐距离井口较远时，泡剂会大量滞留在管线中，造成泡剂利用率低。

3. 技术指标

①选择泡排有效期小于7d的产液气井；

②适用于流压梯度大于0.5MPa/m，产液量不大，有一定的天然气产能但丧失自身带液能力，易发生积液减停产现象的产液气井。

4. 应用场景

该技术主要针对地层压力低，正常生产流压相对较低且产气量很低的复杂积液井。此类井单纯实施泡排达不到临界流量，难以发挥效果；单纯实施气举又会对井底造成较大的回压、影响地层产能发挥，且耗费高压气源量较大。改进平衡罐加注药剂流程，在平衡罐连接注气流程管线上安装$1\times10^4m^3$小流量气嘴和小型针形阀，实现流量控制，使泡剂小排量(5~10L/h)注入井内，可以使气井在较小的注气量下，复合利用泡排的作用，有效发挥气井产能(图3-5-8)。

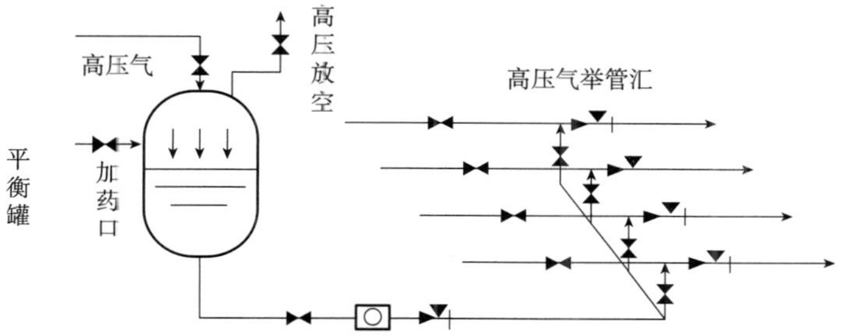

图3-5-8 平衡罐连续泡排流程示意图

5. 应用情况

主要在文23和户部寨气田31口井上实施推广应用，有效率83%，确保了气田长期稳定生产，提高了气田采收率，取得了良好的经济效益。

6. 存在不足与改进方向

(1)不足

加注泡沫剂的管线冬天易冻堵。

(2)改进方向

建议在平衡罐上游增加一套水套炉装置，加热进入平衡罐的高压气，防止泡剂在管线里冻堵。

第四章　分注工艺技术

随着中原油田开发进入中后期，油田开发挖潜的主攻方向转向了层间差异型剩余油。通过精细注采提高二、三类层的动用程度，是实现高效调整的重要工艺手段，但由于井下套管状况日益复杂，套变井、侧钻井逐渐增多，对分层注水工艺的安全性、可靠性、稳定性等性能提出了更高的要求。通过自主创新及技术引进，逐步形成了精细分注技术体系，分注管柱的稳定性和有效期逐步提高，油田注水井分注率及精细分注程度逐年上升。

第一节　中高渗油藏分注工艺技术

中原油田中高渗油藏含油层系多、非均质性严重、易出砂，日常生产中调水频繁，根据储层物性、压力差异以及长效细分、井况预防、高效测调等技术需求，形成了锚定支撑、常压多级细分、逐级解封、可洗井、无线智能等各具特色的精细分注技术。

一、锚定支撑分注技术

（一）技术背景

油田进入高含水期后期，分层注水是解决层间矛盾、保持地层能量、维持油田长期稳产高产的主要手段，也是目前最经济的开发手段。

分注管柱在井下的工作状态一般包括注水、停注、反洗井、高压酸化等，当不同工况间进行转换时，油管内外压力、温度会产生变化，进而影响井下管柱的受力，引起管柱蠕动，严重情况下导致封隔器密封失效。为降低管柱蠕动对封隔器密封性的影响，开发了锚定支撑分注技术，通过水力锚、Y221 封隔器或水力卡瓦等具有锚定功能的井下工具对管柱进行锚定、支撑，从而延长注水管柱尤其是高压注水管柱的有效期。

（二）技术原理

在分注管柱工具串的上端配套水力锚，水力锚在油套压差作用力下可以双向锚定管柱；管柱下端配套 Y221 封隔器或支撑卡瓦，Y221 封隔器、支撑卡瓦在坐封上提管柱预留坐封距，待卡瓦撑开后下放管柱完成坐封，水力锚在油套压差作用下可以双向锚定管柱，水力锚、Y221 封隔器或支撑卡瓦共同完成支撑、锚定管柱功能。

1. 分注管柱结构

根据分注工具组合类型，锚定支撑分注管柱可分为 Y221 型卡顶封分注管柱、Y221 型多级分注管柱、Y341 型多级分注管柱三类，如图 4－1－1 所示。

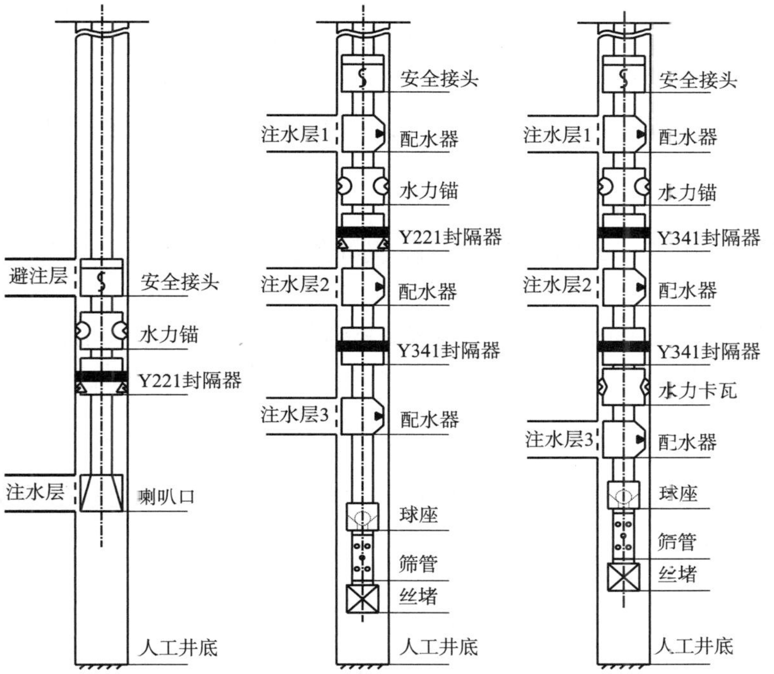

(a)Y221型卡顶封分注管柱　(b)Y221型多级分注管柱　(c)Y341型多级分注管柱

图4－1－1　锚定支撑分注管柱示意图

Y221 型卡顶封分注管柱组合：安全接头 + 水力锚 + Y221 封隔器 + 喇叭口，如图 4－1－1(a)所示。

Y221 型多级分注管柱组合(以两级三段分注管柱为例)：安全接头 + 配水器 + 水力锚 + Y221 封隔器 + 配水器 + Y341 封隔器 + 配水器 + 球座 + 筛管 + 丝堵。如图 4－1－1(b)所示。

Y341 型多级分注管柱组合(以两级三段分注管柱为例)：安全接头 + 配水器 + 水力锚 + Y341 封隔器 + 配水器 + Y341 封隔器 + 水力卡瓦 + 配水器 + 球座 + 筛管 + 丝堵，如图 4－1－1(c)所示。

2. 配套工具选配及要求

(1)安全接头

通常配置在管柱工具串上部，推荐配套在顶部封隔器以上 2 根油管位置，工作方式与封隔器坐封、解封方式相匹配，尺寸、连接方式满足后续修井、测试等工艺要求，抗拉、抗扭强度等机械性能及耐腐蚀性能满足井下工艺和环境要求。

(2)封隔器

卡顶封分注选用 Y221 封隔器，多级分注选用 Y221 封隔器或 Y341 封隔器。坐封位置应靠近上部油层底界，外径与注水井套管内径相适应，内径满足井下测试仪器及其他作业工具通过需要。封隔器与下一级偏心配水器之间的油管长度不小于 10m，与下一级同心或智能配水器之间的油管长度不小于 2m。

(3)配水器

注水压力≤25MPa 和井斜≤40°井，建议选择偏心配水器，要求隔层 10m 以上；注水压力＞25MPa 或井斜＞40°井，建议选择同心配水器或无线智能井下配水器，要求隔层 2m 以上。深层高压、出砂井及调驱井优先配置具有防返吐功能的配水器。

(4)水力锚

设置于管柱顶部封隔器以上、安全接头以下位置，也常与封隔器设计为一体，双向锚定管柱。

(5)水力卡瓦

设置在最下一级 Y341 封隔器下部位置，防止管柱向下蠕动。

(6)球座组合

结合分注管柱最小内通径选择投球球座及钢球规格，优先选择复合式球座，不具备后投球条件的井推荐选择预置球的球座，地层出油井推荐选择防进油球座。

3. 主要分注工具

(1)Y221 封隔器

Y221 封隔器是依靠上部管柱重量坐封、上提管柱解封的机械压缩式封隔器，可单独使用或配套其他液压式封隔器串接使用。

①结构特点。

Y221 封隔器主要由上接头、调节环、胶筒组合、锥体、中心管、卡瓦、卡瓦座、摩擦块、弹簧、轨道体及下接头等结构组成，如图 4－1－2 所示。坐封、解封操作简单，并可重复坐封，性能可靠。

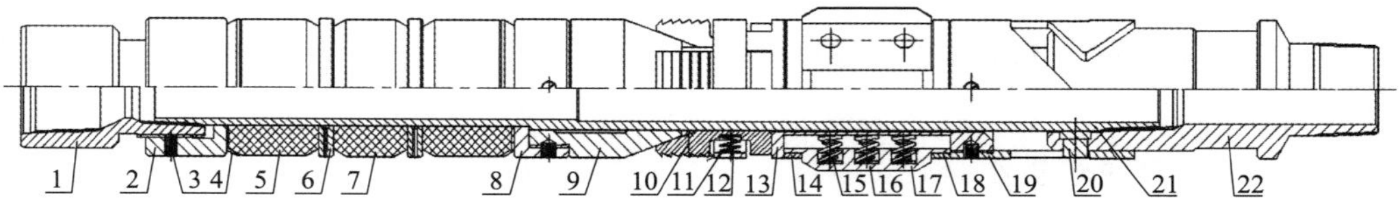

图 4－1－2 Y221 封隔器结构示意图

1—上接头；2—调节环；3—稳钉；4—防突；5—端胶筒；6—隔环；7—中胶筒；8—锥体套；9—锥体；10—卡瓦；11、12—卡瓦弹簧；13—卡瓦座；14—卡瓦座附件；15、17—摩擦块弹簧；16—摩擦块；18—挡环；19—轨道体；20—换向轨道销；21—中心管；22—下接头

②工作原理。

封隔器下井时，换向轨道销处于轨道体换向槽“J”形短轨道的下死点，当下至设计井深时，上提管柱一定距离，正转管柱 6～8 圈，换向轨道销借助摩擦块与套管的摩擦力，脱开换向槽短轨道进入长轨道；下放管柱，卡瓦被撑开并咬住套管壁，在管柱重力轴向压缩作用下，胶筒径向膨胀密封油套环空，封隔器坐封。需解封时，上提管柱一定距离，管柱重力轴向作用力消除，胶筒在自身弹性作用下恢复原尺寸，卡瓦回收至卡瓦座内，封隔器解封。

③主要技术参数。

油田常用 Y221 封隔器主要技术参数见表 4－1－1。

表 4－1－1 Y221 封隔器主要技术参数

项目	外径/mm	内径/mm	工作温度/℃	工作压差/MPa	坐封载荷/kN	解封载荷/kN
参数	110～114	≥46	≤130	≤35	100～140	20～50

(2) Y341 封隔器

Y341 封隔器是一种靠油管憋压坐封、上提管柱解封的水力压缩式封隔器。可单级或多级使用，多级使用时可一次打压坐封多级封隔器。

①结构特点。

图 4－1－3 所示是一种 Y341 平衡式封隔器，主要由上接头、中心管、胶筒组合、坐封机构、锁紧机构和平衡机构、下接头等组成。封隔器在承受较高上压时，上部平衡机构可对封隔器胶筒施加一定的上推力，从而提高封隔器承上压性能。

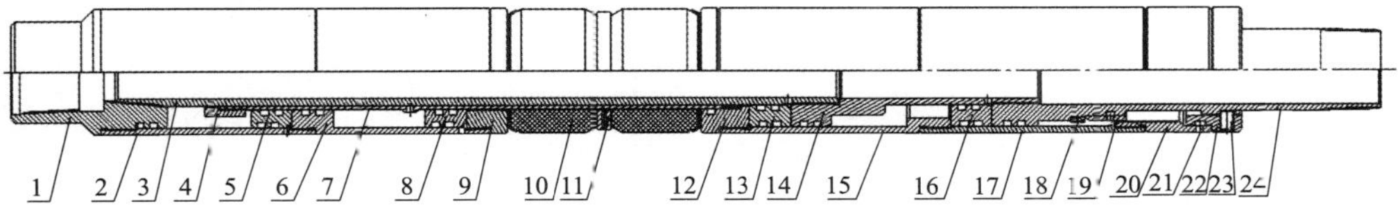

图 4－1－3　Y341 封隔器结构示意图

1—上接头；2—上平衡缸套；3—内中心管；4—顶环；5—上平衡活塞；6—下平衡缸套；7—外中心管；8—下平衡活塞；9—压环；10—胶筒；11—隔环；12—坐封环；13—上坐封活塞；14—下中心管；15—上坐封缸套；16—下坐封活塞；17—下坐封缸套；18—锁环；19—解封环；20—锁套；21—坐封剪钉；22—限位环；23—限位螺钉；24—下接头

②工作原理。

封隔器下至设计井深后，地面从油管内打压，高压液体推动上下两级坐封活塞上行，活塞推动坐封环压缩胶筒坐封，同时锁套锁紧，防止胶筒回弹。封隔器承受上压时，两级平衡活塞对坐封环、胶筒施加一定的上推力，抵消掉一部分上部压差对胶筒的下推力，防止封隔器承受过高上压导致密封失效。解封时，上提管柱释放解封环，解除对胶筒的轴向坐封力，胶筒在自身弹性作用下恢复原尺寸。

③主要技术参数。

油田常用 Y341 封隔器主要技术参数见表 4－1－2。

表 4－1－2　Y341 封隔器主要技术参数

项目	外径/mm	内径/mm	工作温度/℃	工作压差/MPa	坐封压力/MPa	解封载荷/kN
参数	110～114	≥46	≤130	≤35	15～25	20～50

(3) 偏心配水器

①结构特点。

偏心配水器由工作筒和堵塞器两部分组成，如图 4－1－4 所示。

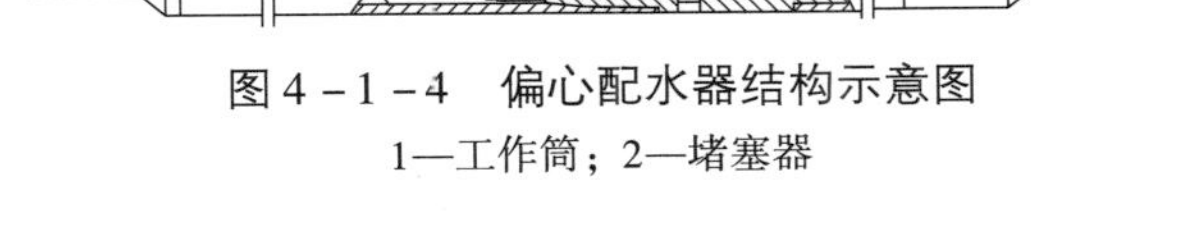

图 4－1－4　偏心配水器结构示意图

1—工作筒；2—堵塞器

工作筒主要由上接头、上连接套、扶正体、主体、下连接套、支架、导向体、下接头等组成，如图 4－1－5 所示。堵塞器主要由打捞杆、压盖、弹簧、主体、扭簧、轴、凸轮、水嘴、滤罩等组成，如图 4－1－6 所示。

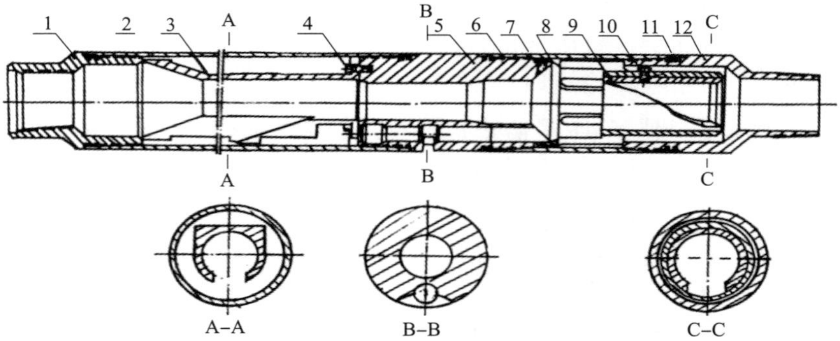

图 4－1－5　偏心配水器工作筒结构示意图

1—上接头；2—上连接套；3—扶正体；4、7、10—螺钉；5—主体；6—下连接套；7—螺钉；8—支架；9—导向体；10—螺钉；11—“O”形圈；12—下接头

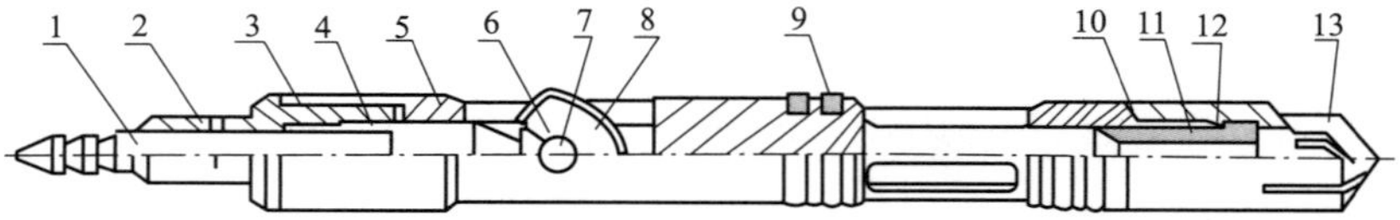

图 4－1－6　堵塞器结构示意图

1—打捞杆；2—压盖；3、9、10、12—“O”形圈；4—弹簧；5—主体；6—扭簧；7—轴；8—凸轮；11—水嘴；13—滤罩

②工作原理。

正常注水时，堵塞器主体上部台肩坐落于工作筒主体的偏孔上，凸轮卡在偏孔上部扩孔处，堵塞器下部上、下两组“O”形圈封住工作筒偏孔的出液槽，注入水通过堵塞器底部滤罩、水嘴，堵塞器主体出液槽和工作筒主体的偏孔注入地层。

③主要技术参数。

油田常用偏心配水器，主要技术参数见表 4－1－3。

表 4－1－3　偏心配水器主要技术参数

项目	外径/mm	内径/mm	工作温度/℃	工作压差/MPa	堵塞器最大外径/mm	偏孔直径/mm
参数	110～114	≥46	≤130	≤25	22	20

(4)水力锚

水力锚主要用于井下注水管柱锚定，避免封隔器等工具在管柱蠕动作用下产生轴向位移导致密封失效或解封。

①结构特点。

水力锚主要由锚体、衬管、锚爪、挡板、弹簧、螺钉和下接头等组成，如图 4－1－7 所示。

②工作原理。

当水力锚处管柱内部压力大于外部压力时，锚爪在管柱内外压差产生的推力作用下向外伸出，锚爪牙嵌入套管壁，实现管柱锚定。在管柱内部压力小于或等于外部压力时，锚爪在外部压差或弹簧作用力下复位，解除管柱锚定。

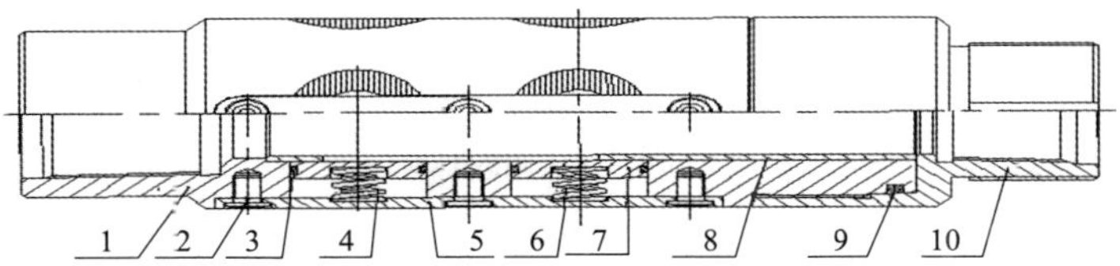

图 4－1－7　水力锚结构示意图

1—锚体；2—螺钉；3、9—“O”形圈；4、6—弹簧；5—挡板；7—锚爪；8—衬管；10—下接头

③主要技术参数。

油田常用水力锚主要技术参数见表 4－1－4。

表 4－1－4　水力锚主要技术参数

项目	外径/mm	内径/mm	工作温度/℃	工作压差/MPa	启动压力/MPa	锚定力/kN
参数	110～114	≥55	≤130	≤35	0.6～1.0	≥45

(5)水力卡瓦

水力卡瓦主要配置于液压封隔器下部，可支撑上部管柱重量，防止封隔器向下移动，避免封隔器失效。

①结构特点。

水力卡瓦由中心管、活塞、剪钉、楔形体、卡瓦和下接头等组成，如图 4－1－8 所示。坐封方式简单，应用范围广。

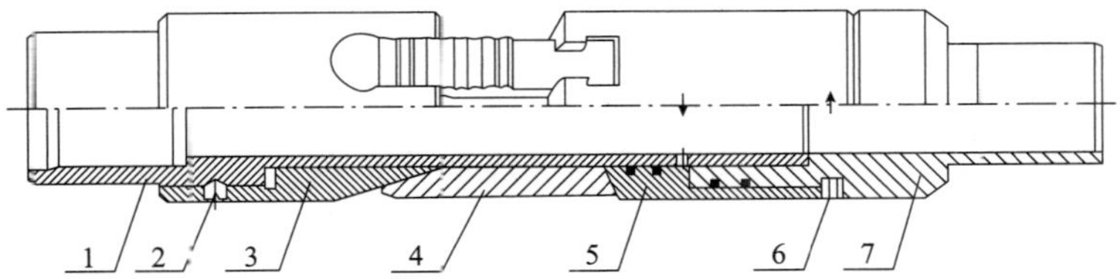

图 4－1－8　水力卡瓦结构示意图

1—中心管；2—稳钉；3—楔形体；4—卡瓦；5—活塞；6—剪钉；7—下接头

②工作原理。

水力卡瓦下到设计井深后，从油管打压，当油管内外压差达到一定值后，活塞移动剪断剪钉，卡瓦沿楔形体轨道上行并支撑在套管上，实现管柱向下锚定。解封时，上提管柱，卡瓦失去楔形体径向的约束力回到原位，水力卡瓦解封。

③主要技术参数。

油田常用水力卡瓦主要技术参数见表 4－1－5。

表 4－1－5　水力卡瓦主要技术参数

项目	外径/mm	内径/mm	工作温度/℃	最大压差/MPa	启动压力/MPa	锚定力/kN
参数	110～114	60	≤130	≤35	6～10	≥40

（三）适用场景

卡顶封分注管柱适用于井筒上部存在套漏、避注层或其他需要保护上部套管的注水井；多级分注管柱适用于井况良好、井斜≤40°的 5 ½in 及 4in 套管井三级四段以内分注。

（四）现场应用情况

锚定支撑分注技术适用性强、有效期长，是油田现场应用最为广泛的分注技术，应用比例约占分注井总数的 50%。

二、常压多级细分分注技术

（一）技术背景

对于注水压力低、层间压差小的注水井，井下活塞效应、温度效应、鼓胀效应等所引起的管柱蠕动程度较小，封隔器无须配套卡瓦也能够实现层间长效封隔。考虑 Y221 封隔器、Y241 封隔器及水力卡瓦等工具存在损伤套管问题，管柱结垢情况下卡管柱风险较大，可采用无卡瓦的 Y341 封隔器实现层间封隔，降低套管损伤，提高管柱安全性能。

（二）技术原理

采用无卡瓦的 Y341 封隔器封隔层位，每层位配套相应的配水器用于分层注水，仅在顶部 Y341 封隔器上部配套水力锚以锚定管柱，可有效降低对井下套管的损伤。

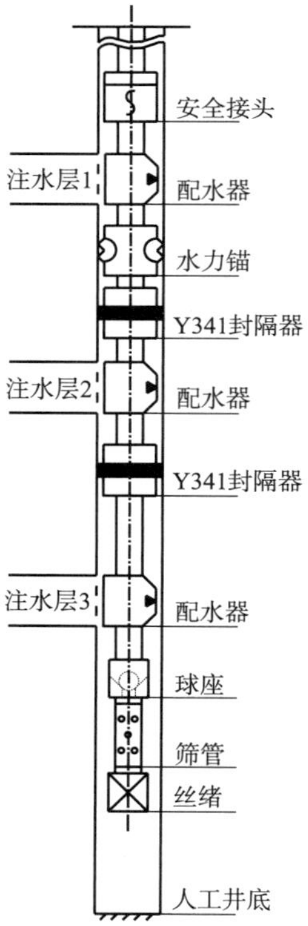

图 4－1－9　常压多级分注管柱示意图

1. 分注管柱结构

常压多级分注技术管柱组合（以两级三段分注管柱为例）：安全接头＋配水器＋水力锚＋Y341 封隔器＋配水器＋Y341 封隔器＋配水器＋球座＋筛管＋丝堵，如图 4－1－9 所示。

2. 配套工具选配及要求

Y341 封隔器：外径与套管内径相适应，内径满足测试要求；优先考虑具有可洗井功能的封隔器。

（三）适用场景

适用于注水压力≤18MPa、层间压差≤5MPa 的 5 ½in 及 4in 套管井两级三段以内分注。

（四）现场应用情况

常压多级分注技术主要应用于油田中低压注水井或斜度较大分注井，现场累计应用约 100 余井次。

三、逐级解封分注技术

（一）技术背景

常规多级分注管柱通常采用 Y221、Y241 及 Y341 等封隔器组合，此类封隔器解封方式均为上提管柱。在多级分注井起管柱时，上提力需同时传递至所有封隔器进行解封，分注管柱级数越多，封隔器的累积解封力越大，加上管柱自身质量后易超过地面作业设备提升载荷极限，造成解封作业失败。为降低多级管柱卡井风险，开发了逐级解封分注技术，实现了分注管柱封隔器自上而下逐级解封，有效降低了管柱整体解封载荷。

（二）技术原理

1. 分注管柱结构

根据配套封隔器类型，逐级解封分注管柱分为两类。

“多级 Y141 封隔器 + 支撑卡瓦”分注管柱组合（以两级三段分注管柱为例）：安全接头 + 配水器 + 水力锚 + Y141 封隔器 + 配水器 + Y141 封隔器 + 支撑卡瓦 + 配水器 + 球座 + 筛管 + 丝堵，如图 4－1－10（a）所示。

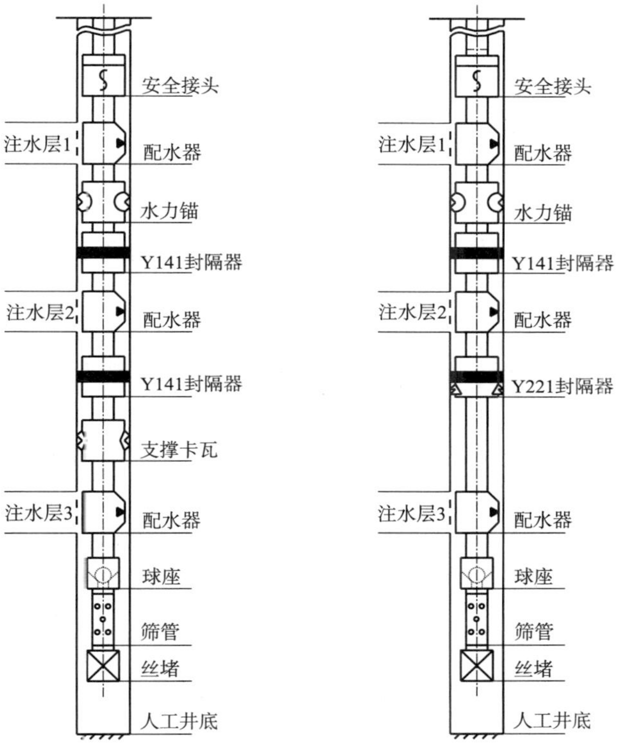

(a)多级Y141封隔器+支撑卡瓦　(b)多级Y141封隔器+Y221封隔器

图 4－1－10　逐级解封分注管柱示意图

“多级 Y141 封隔器 + Y221 封隔器”分注管柱组合（以两级三段分注管柱为例）：安全接头 + 配水器 + 水力锚 + Y141 封隔器 + 配水器 + Y221 封隔器 + 配水器 + 球座 + 筛管 + 丝堵，如图 4－1－10（b）所示。

2. 配套工具选配及要求

（1）注水封隔器

主要采用 Y141 逐级解封注水封隔器及配套 Y221 封隔器，最下一级 Y141 封隔器及支撑卡瓦的功能与 Y221 封隔器相同，均起支撑上部管柱和封隔作用。

（2）支撑卡瓦

坐封位置井斜 < 30°可选用机械或水力卡瓦，井斜≥30°情况下推荐选择水力卡瓦。

3. 主要分注工具(Y141 逐级解封分注封隔器)

(1)结构特点

Y141 逐级解封封隔器主要由上接头、内中心管、外中心管、胶筒组合、坐封环、锁块、剪钉、锁环、锁环座、锁套、连接套、上下活塞、下接头等组成，如图 4－1－11 所示。设计“分步式”解封结构，将解封上提管柱操作拆解为两步，第一步上提解封本级封隔器，第二步上提将解封力传递至下一级封隔器并使其解封。

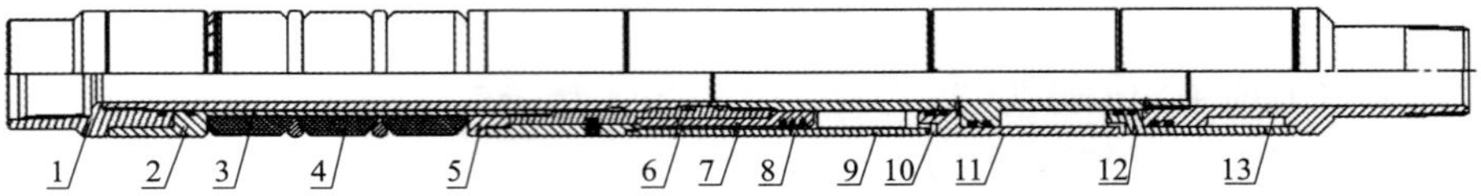

图 4－1－11　Y141 封隔器结构示意图

1—上接头；2—外中心管；3—内中心管；4—胶筒组合；5—坐封环；6—连接套；7—锁环座；8—锁环；9—锁套；10—活塞套；11—上坐封活塞；12—下坐封活塞；13—下接头

(2)工作原理

①坐封：使用时将封隔器、水力锚、安全接头、支撑卡瓦等配套工具组合下入井内设计深度，首先坐封管柱底部的支撑卡瓦或 Y221 封隔器，然后井口油管连接泵车打压至封隔器坐封压力，坐封活塞在液压作用下上行，推动锁套、坐封环上行压缩胶筒使其径向膨胀密封油套环空，同时锁套上的螺纹锁紧，防止锁套下行。

②解封：起管柱时，首先上提管柱一定距离，上提力传递至最上一级封隔器，上接头及内中心管在上提力作用下上行，解除锁环座连接，坐封环、锁套等机构失去限制，胶筒在自身弹力作用下恢复原尺寸，封隔器解封；继续上提管柱，上提力从内中心管依次通过外中心管、连接套、下接头、下部油管传递至下一级封隔器的上接头及内中心管，解封第二级封隔器；继续上提管柱，逐步解封剩余封隔器。

(3)主要技术参数

油田 5 ½in 套管注水井所用封隔器主要包括常规和可洗两种规格，其主要技术参数见表 4－1－6。

表 4－1－6　Y141 封隔器主要技术参数

型号规格	Y141－114(常规)	Y141－114(可洗)
适用套管	5 ½in 套管	5 ½in 套管
外径/mm	114	114
内径/mm	54	50
坐封压力/MPa	20	20
工作温度/℃	≤130	≤130
工作压差/MPa	≤35	≤35
解封载荷/kN	20～50	20～50

(三)适用场景

适用于分注级段多或井斜≤60°的分层注水井，满足 5 ½in 套管井四级五段、4in 套管井三级四段以内分注需求。

（四）现场应用及技术迭代情况

1. 现场应用

逐级解封分注技术现场应用45井次，工具最大下深3570m，最高达四级五段分注，工艺成功率100%，增加水驱动用储量30.4×10^4t。

2. 迭代升级情况

①针对Y141封隔器无法洗井问题，优化改进工具结构，增加了反洗井功能，实现了逐级解封管柱全井段可洗井。

②针对侧钻4in套井井斜大、常规多级分注管柱卡井风险高难题，研制了外径ϕ80mm的小直径逐级解封封隔器及配套支撑卡瓦。

四、可洗井分注工艺技术

（一）技术背景

注水井在注水过程中，水中携带的杂质、腐蚀产物等会逐渐沉积在井壁和井底，引起井筒及管柱结垢，堵塞注水通道，导致地层吸水能力下降、注水压力上升；油管内结垢严重时通道狭窄，易导致测试仪器遇阻。因此需要对井下管柱进行洗井，清除井内腐蚀物、污垢等杂质，保持井筒和地层清洁。

针对分注井定期洗井需求，开发了Y221封隔器、Y341封隔器等可洗井封隔器，形成了可洗井分注技术，实现了5½in套管注水井可洗井分注。

（二）技术原理

1. 分注管柱结构

管柱组合（以两级三段分注管柱为例）：安全接头+配水器+水力锚+Y221可洗井封隔器+配水器+Y341可洗井封隔器+配水器+坐封球座+筛管+丝堵，如图4－1－12所示。

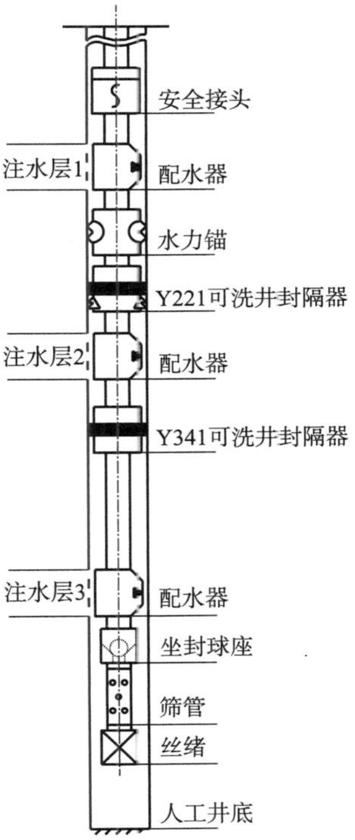

图4－1－12 可洗分注管柱示意图

2. 配套工具选配及要求

（1）可洗井封隔器

可洗井封隔器主要包括Y221可洗井封隔器及Y341可洗井封隔器，推荐选用具有自复位功能反洗机构的封隔器，降低反洗活塞密封不严风险。

（2）配水器

配水器选用防返吐功能配水器，避免反洗井时洗井液从配水器进入油管内造成下部管柱无法洗井。

3. 主要分注工具

（1）Y221可洗井封隔器

①结构特点：Y221可洗井封隔器主要由上接头、洗井活塞、胶筒组合、锥体、卡瓦、扶正机构、“J”形换向机构、中心管以及下接头等部分组成，如图4－1－13所示。

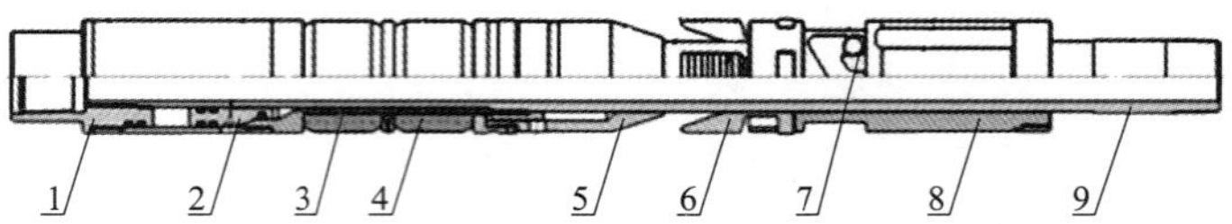

图 4-1-13 Y221 可洗井封隔器结构示意图

1—上接头；2—洗井活塞；3—中心管；4—胶筒组合；5—锥体；6—卡瓦；7—“J”形换向机构；8—扶正机构；9—下接头

②工作原理：Y221 可洗井封隔器坐封及解封原理与常规 Y221 封隔器一致，详见本节锚定支撑分注技术 Y221 封隔器工作原理说明。

反洗井：地面停注，向套管环形空间注入洗井液，当套压大于油压 0.5～2MPa 时，洗井活塞上行打开洗井通道，洗井液从洗井通道经封隔器双层中心管环空、下部洗井出口进入封隔器下部环空，依次经过所有可洗封隔器后从管柱底部进入油管返出井口。洗井结束后，洗井活塞在弹簧或者油套压差作用下回到原位，封闭洗井通道，保持层间封隔。

③主要技术参数：油田常用 Y221 可洗井封隔器主要技术参数见表 4-1-7。

表 4-1-7 Y221 可洗井封隔器主要技术参数

项目	外径/mm	内径/mm	工作温度/℃	工作压差/MPa	反洗开启力/MPa	坐封载荷/kN	解封载荷/kN
参数	110～114	≥46	≤130	≤50	0.5～2	80～120	20～40

(2) Y341 可洗井封隔器

①结构特点。

Y341 可洗井封隔器主要由上接头、洗井机构、胶筒组合、内中心管、外中心管、解封机构、坐封机构等组成，如图 4-1-14 所示。

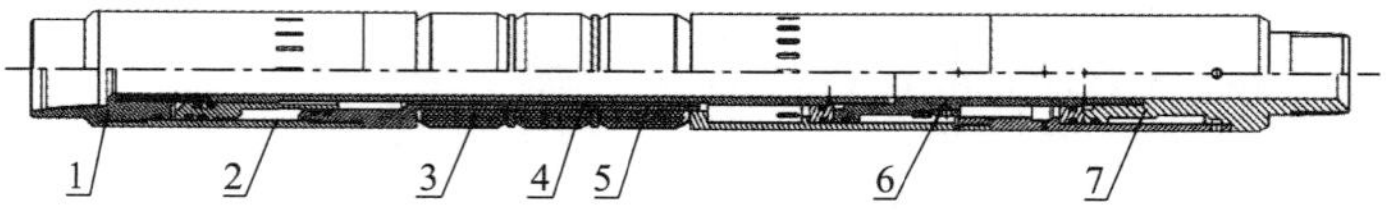

图 4-1-14 Y341 可洗井封隔器结构示意图

1—上接头；2—洗井机构；3—胶筒组合；4—内中心管；5—外中心管；6—解封机构；7—坐封机构

②工作原理。

Y341 可洗井封隔器坐封及解封原理与常规 Y341 封隔器一致，详见本节锚定支撑分注技术 Y341 封隔器工作原理说明。反洗井原理与 Y221 可洗井封隔器一致。

③主要技术参数。

油田常用 Y341 可洗井封隔器主要技术参数见表 4-1-8。

表 4-1-8 Y341 可洗井封隔器主要技术参数

项目	外径/mm	内径/mm	工作温度/℃	工作压差/MPa	反洗阀开启力/MPa	坐封压力/MPa	解封载荷/kN
参数	110～114	≥46	≤130	≤35	0.5～2	8～15	20～40

（三）适用场景

适用于井下套管完好、地层无出砂的 $5\frac{1}{2}$in 套管分注井。

（四）现场应用及迭代升级情况

1. 现场应用情况

近年来，可洗井分注工艺平均年应用 100 余井次，最高层段三级四段，最大下深 3548m，最高注水压力 37MPa。

2. 迭代升级情况

2022 年，油田研发了 Y521 可洗井封隔器，结构如图 4－1－15 所示。Y521 可洗井封隔器采用三重密封、双级洗井活塞结构设计，提高了洗井活塞密封稳定性；优化改进了洗井通道结构及尺寸，降低了洗井时被固相杂质堵塞的风险。现场已应用 130 余井次，最高三级三段，工艺成功率 100%。

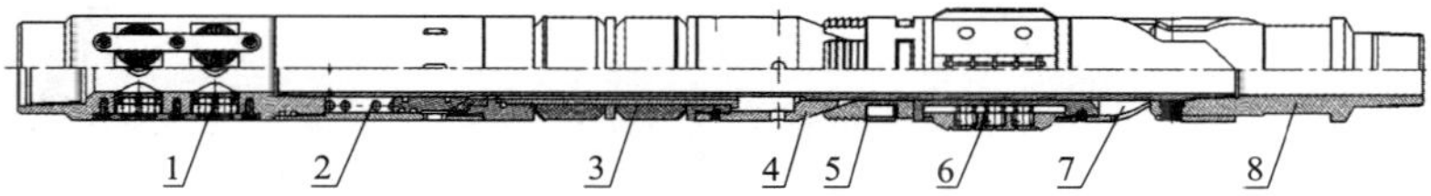

图 4－1－15　Y521 可洗井封隔器结构示意图

1—水力锚；2—反洗机构；3—胶筒组合；4—锥体；5—卡瓦；6—扶正体；7—换向机构；8—下接头

（五）存在不足及改进方向

（1）不足

目前油田自主研发的 Y521 可洗井封隔器只在现场进行了小规模推广应用。

（2）改进方向

下步需加快研发其他配套工具，完善可洗井分注工具体系，进一步提高可洗井分注管柱的可靠性及稳定性。

五、无线智能分注技术

（一）技术背景

常规偏心分注工艺在现场应用中存在以下问题：一是油田需要定期进行钢丝或电缆测调以保证分层配注合格率，工作量大，测调效率低；二是由于油田注入水矿化度较高，注水管柱内部普遍存在结垢问题，测调仪器遇阻频繁；三是受测调周期限制，不能长期、连续反映各小层吸水变化，分层注采分析难度大；四是不适应深井、大斜度井、高压井等特殊井况注水井分注测调。无线智能配水器工作原理示意如图 4－1－16 所示。

针对以上问题，开发了井下无线智能配水器及地面远程控制系统，形成了无线智能分注技术，可实现分注井"远程控制＋自主管理"无线智能配水、长寿命供电、实时监控、信息发送与连续测调。无线智能配水器工作原理示意如图 4－1－16 所示。

（二）技术原理

1. 分注管柱结构

管柱组合（以两级三段分注管柱为例）：安全接头＋智能配水器 1＋水力锚＋封隔器＋

智能配水器 2 + 封隔器 + 智能配水器 3 + 球座 + 筛管 + 丝堵，如图 4 - 1 - 17 所示。

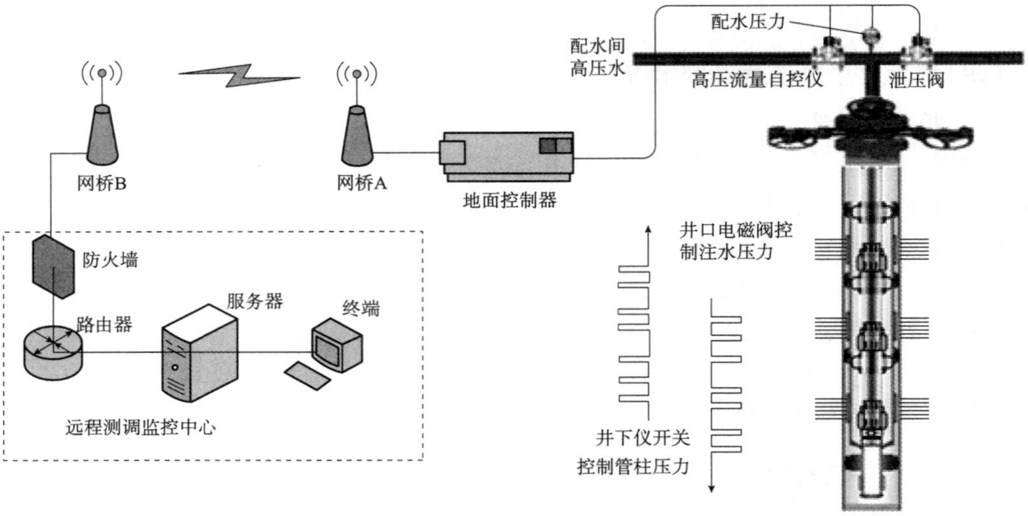

图 4 - 1 - 16　无线智能配水器工作原理示意图

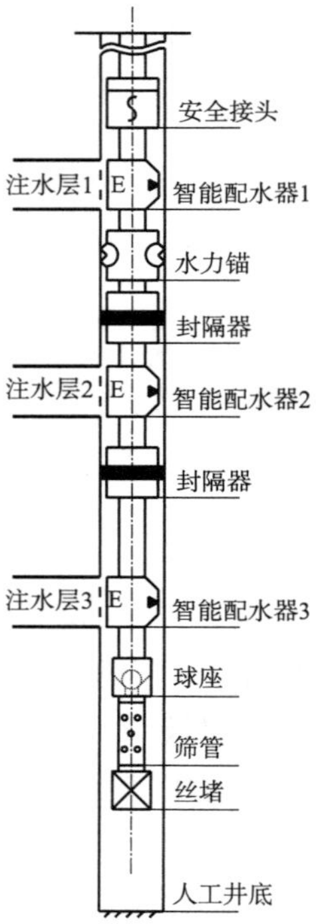

图 4 - 1 - 17　无线智能分注管柱结构示意图

2. 配套工具选配及要求

(1) 封隔器

根据开发要求、井况条件等选配 Y521 封隔器、Y341 封隔器等分注工具。

(2) 无线智能配水器

5 $^1/_2$in 套管正常井选用外径 ϕ114mm 智能配水器，5 $^1/_2$in 套变井选用外径 ϕ92mm 智能

配水器，4in 套管井选用外径 ϕ78mm 配水器。

3. 主要分注工具

(1)无线智能配水器

①结构特点。

无线智能配水器主要由流量计计量部分、水嘴、水嘴短节、验封短节、电机供电部分、电路板供电部分等组成，如图 4－1－18 所示。

图 4－1－18 无线智能配水器结构示意图

1—流量计计量部分；2—水嘴；3—水嘴短节；4—验封短节；5—电机供电部分；6—电路板供电部分

②工作原理。

流量测试原理：配水器采用差压法原理进行流量测量，无运动部件，结构牢固，不腐蚀锈蚀，性能稳定可靠，使用寿命长。

压控通信原理。数据下传：通过开关井口注水阀产生的压力和流量变化来实现信号的编码传输。数据上传：通过开关配水器水嘴产生的压力和流量变化来实现信号的编码传输。

井口向配水器下传命令过程：地面开关阀门，发送序列；管柱内压力或流量根据序列改变；井下配水器分析波形，判断命令并做回应。

井口向配水器读取数据：地面自控仪开关阀门，发送序列；管柱内压力或流量根据序列改变；井下配水器分析波形，判断命令并做回应；井下配水器开关水嘴，发送数据；井口压力受配水压和井下仪器开关控制；地面分析压力时序波形，解析井下数据。

③工具特色。

无须投放电缆和水嘴，施工方便；通信可靠，压力波与流量波双重保障；功耗小，耗电量不到电池总电量的 70%；适用于带压作业。

(2)地面控制系统

①系统组成：地面控制系统主要由地面控制器、高压流量自控仪、水井地面注水管线等组成，地面控制系统流程如图 4－1－19 所示。

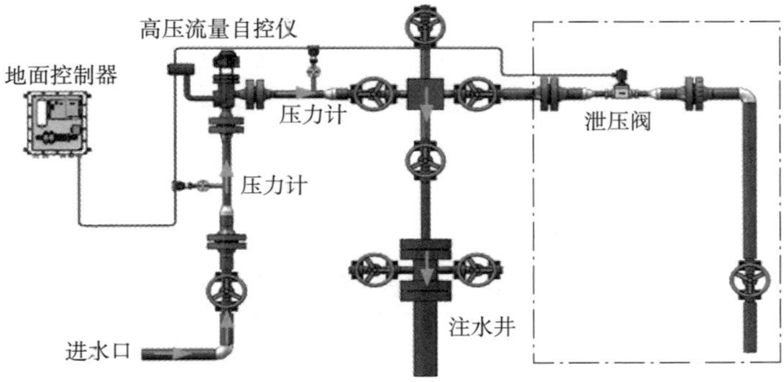

图 4－1－19 地面控制系统流程

②主要功能：实现地面和井下配水器的无线通信；设置各层配注流量，读取各层流量、压力等数据；通过上位机远程收发命令和数据。

(3)远程控制系统

远程控制系统主要功能包括：远程数据的接收(包括地面流量、压力、井下分层流量、压力等数据)；远程控制指令发布与传送；数据分析处理、存储和显示；注水井工作状态监控。其远程控制界面如图 4－1－20 所示。

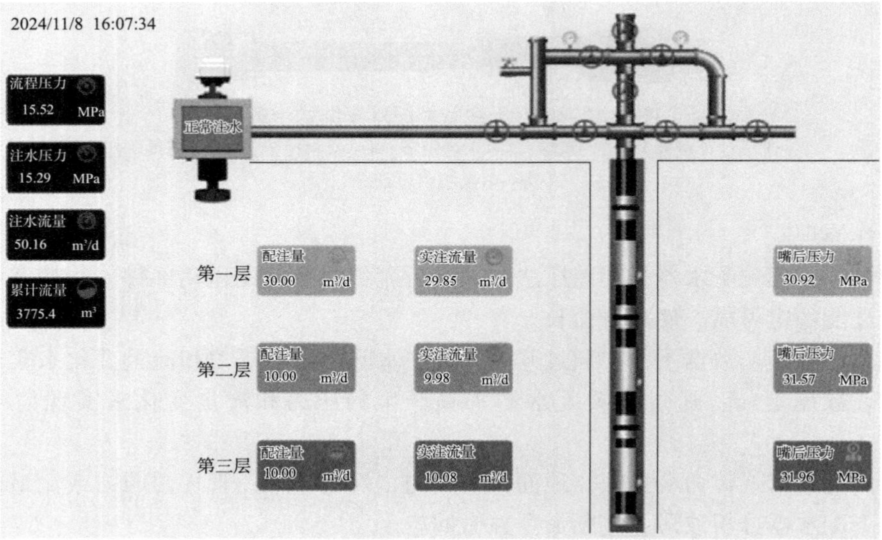

图 4－1－20　远程控制系统界面

(4)主要技术参数

油田常用智能配水器及地面控制器主要技术参数见表 4－1－9、表 4－1－10。

表 4－1－9　智能配水器主要技术参数

项目	参数		
钢体最大外径/mm	114	92	78
最小内通径/mm	46	30	/
总长度/mm	1343	1300	2150
工作压力/MPa	≤60		
工作温度/℃	－25～150		
持续工作时间/a	3		
流量调节范围/m^3	1～100		
精度/%	±2		

表 4－1－10　地面控制器主要技术参数

项目	参数
工作压力/MPa	≤35
工作温度/℃	－40～85

续表

项目	参数
流量测量范围/(m^3/d)	0～150(可选配)
流量测量精度/%	±1
玉力测试范围/MPa	0～40
压力测试精度/% FS	0.5
工作电压/V	交流 220
连接方式	焊接/法兰
通信方式	RS485/RJ45

(三)适用场景

适用于4in 及以上套管分注测调周期长、测调成功率低的高压、套变、大斜度井。工作温度≤150℃，耐压≤60MPa；封隔器坐封段井斜≤60°；管柱最大下深≤3500m。

(四)现场应用及迭代升级情况

1. 现场施工步骤

①将井下配水器根据现场要求设置好各项参数，与封隔器、水力锚等工具连接并下至设计深度，完成管柱坐封及井口安装。

②安装地面控制系统：焊接安装地面前阀(高压流量自控仪)及地面后阀(电磁阀)，安装地面控制器，包括通信电缆和电源线走线，连接远程操作平台。

2. 技术要求

①配水器下井时至坐封前水嘴必须处于完全关闭状态；

②配水器在搬运及安装过程中，下接头不能用钢管等硬物撬或敲击，防止损坏塑料天线组件；

③下井过程中不宜过快；

④配水器下井前设置好对应层位号，井下配水器绝对不允许有相同层位号出现；

⑤下井的配水器必须在地面测试一切正常后，方可下井。

3. 现场应用情况

现场应用35 井次，最大下深3395m，最大井斜54.5°，最高层段三级三段；增加注水段数24 段，增加水驱动用储量 25.5×10^4t 以上；累计开展调配 216 井次，测调成功率100%。

4. 迭代升级情况

①通过优化改进无线智能配水器电路板器件等措施，提高了测调成功率，降低了工艺成本30%以上。

②针对 ϕ114mm 智能配水器工具尺寸长在特殊井况易遇阻遇卡问题，对配水器的注水流道结构、流量计结构、水嘴出水口形状及尺寸等方面进行优化设计，使配水器尺寸缩减27%(长度由1343mm 优化为999mm)，流量调节精度提升2%，提高工具适应性。

③地面控制进水口增加过滤装置，确保不会堵住地面阀体和井下配水器水嘴，且方便拆装、清洗。

（五）存在不足及改进方向

（1）不足

智能配水器存在电池寿命低、耐压性能受限、4in 套井无法实施测剖等问题。

（2）改进方向

下步可开展有缆智能分注技术攻关，进一步提高测调准确性及分注管柱安全长效性能。

第二节　深层低渗油藏分注工艺技术

中原油田低渗油藏埋藏深，含油层系多，储层物性差，具有高温、高压、非均质性严重等特点，常规分注工艺有效期短、卡管柱风险高，无法满足低渗油藏安全长效分注要求。

针对低渗油藏深层高压地质特点和分注需求，形成了油套分注、大压差分注、插管式高压分注等技术，为低渗油藏开发动用提供了有效支撑。

一、油套分注技术

（一）技术背景

低渗油藏注水井一般具有层位深、压力高等特点，常规一级两段偏心分注工艺在这种深层高压工况下存在以下问题：一是管柱受力不平衡，封隔器承受上顶力较大，管柱有效期短；二是高压下测试仪器下入困难，投捞测试成功率低，分层计量准确度低；三是在堵塞器堵塞难以打捞情况下只能注单层或重新作业。针对以上问题，开发形成了地面油套分注技术。

（二）技术原理

油套分注技术采用封隔器将注水层隔开为上下两层，地面通过井口流程分别从油管和套管对下层和上层进行注水与计量，调配直观、准确，管柱受注水压力波动影响小。

1. 分注管柱结构

Y221 型管柱组合：安全接头 + 水力锚 + Y221 封隔器 + 喇叭口，如图 4－2－1（a）所示。

Y241 型管柱组合：安全接头 + 水力锚 + Y241 封隔器 + 球座 + 筛管 + 丝堵，如图 4－2－1（b）所示。

2. 配套工具选配及要求

（1）封隔器

油套分注管柱一般采用常规 Y221 封隔器或 Y241 封隔器，为防止层间压差造成洗井通道失效或串通，一般采用不可洗井封隔器。

（2）喇叭口/球座

管柱中只有 Y221 封隔器时管柱底部为喇叭口，如包含 Y241 封隔器则管柱底部应配坐封座（筛管 + 丝堵）。

3. 主要分注工具

Y241 封隔器属于压缩式封隔器，具有单向锚定功能，可单独使用，也可配套其他机械式或液压式封隔器组合使用。

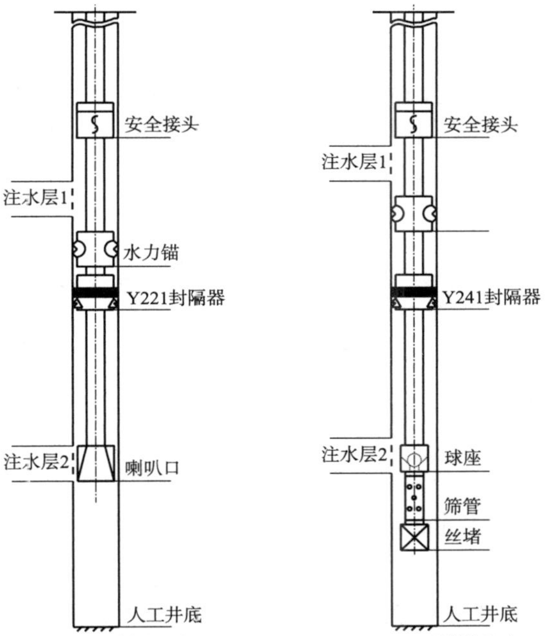

(a)Y221型管柱组合　(b)Y241型管柱组合

图 4－2－1　油套分注管柱结构示意图

(1)结构特点

图 4－2－2 所示是一种 Y241 封隔器，主要由上接头，内、外中心管，锁爪，解封环，锁套，上、下缸套，上、下承压座、胶筒组合，坐封环等组成。单向卡瓦可防止封隔器向下蠕动，提高了封隔器承上压性能。

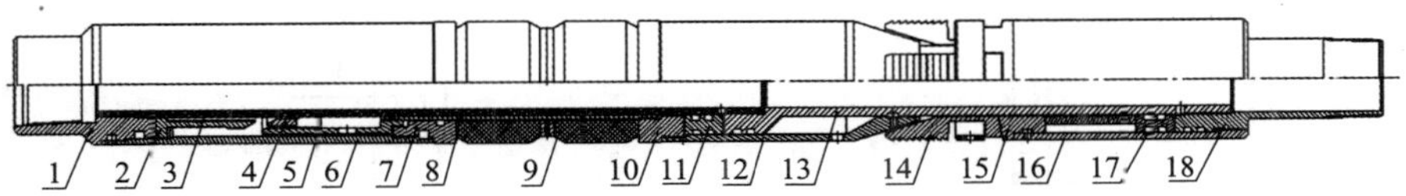

图 4－2－2　Y241 封隔器结构示意图

1—上接头；2—锁爪；3—内中心管；4—解封环；5—锁套；6—上缸套；7—上承压座；8—外中心管；9—胶筒组合；10—坐封环；11—上坐封活塞；12—锥体；13—连接套；14—卡瓦；15—卡瓦座；16—下缸套；17—下坐封活塞；18—下接头

(2)工作原理

封隔器下至设计井深后，地面从油管内打压，高压液体推动上下两级坐封活塞上行，活塞推动坐封环压缩胶筒坐封、卡瓦沿锥体径向伸出锚定于套管内壁，同时锁套锁紧在锁爪上保持胶筒密封状态。解封时，上提管柱使解封环解除锁爪对锁套的锁紧，胶筒失去轴向压缩力并在自身弹性作用下恢复原尺寸，卡瓦回收至卡瓦座内，封隔器解封。

(3)主要技术参数

油田常用 Y241 封隔器主要技术参数见表 4－2－1。

表 4－2－1 Y241 封隔器主要技术参数

项目	外径/mm	内径/mm	工作温度/℃	工作压差/MPa	坐封压力/MPa	解封载荷/kN
参数	110～114	≥46	≤130	≤35	15～25	20～50

(三)适用场景

常规油套分注适用于井深3500m以内的注水层间压差大、投捞测试困难的分注井，井斜≤45°推荐采用 Y221 封隔器，45°≤井斜≤60°推荐采用 Y241 封隔器。

(四)现场应用及迭代升级情况

1. 现场应用情况

油套分注工艺在油田中应用广泛，以 2023 年底数据为例，2023 年分注井总数 2143 口，油套分注井 513 口，占比约 24%。

2. 迭代升级情况

(1)双级密封油套分注技术

①管柱结构。

针对注入压力较高的油套分注井，将 Y521 封隔器设计为上下两级密封胶筒，上部增加水力锚；或者采用 Y111 封隔器 + Y221 封隔器组合，能够有效提升管柱耐压性能，耐压差最高可达到 50MPa。

Y521 双级胶筒密封封隔器管柱组合：安全接头 + 水力锚 + Y521 双级胶筒密封封隔器 + 喇叭口，如图 4－2－3(a)所示。

Y111 封隔器 + Y221 封隔器管柱组合：安全接头 + 水力锚 + Y111 封隔器 + Y221 封隔器 + 喇叭口，如图 4－2－3(b)所示。

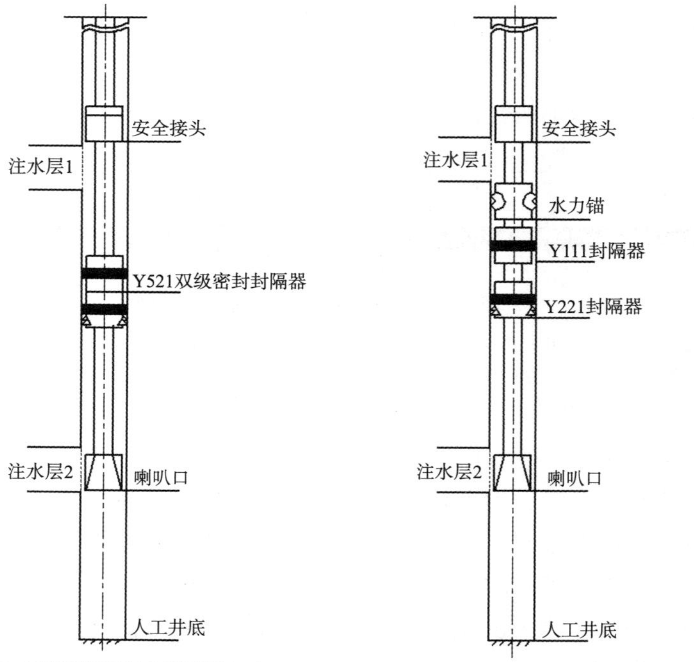

(a)Y521双级胶筒密封封隔器管柱组合　(b)Y111封隔器+Y221封隔器管柱组合

图 4－2－3 双级密封油套分注管柱结构示意图

②工作原理。

Y521 双级胶筒密封封隔器结构如图 4－2－4 所示，主要由水力锚、上胶筒组合、分隔机构、下胶筒组合、中心管、锥体、卡瓦、扶正换向机构等组成。当封隔器下至设计深度时，上提管柱一定距离，正转管柱 6～8 圈后缓慢下放封隔器，卡瓦被撑开并咬住套管壁，在管柱的重力轴向压缩作用下，上下两组胶筒均径向膨胀密封油套环空，两组胶筒之间形成一段密闭空腔，该空腔在封隔器承受较高下压时起到压力缓冲作用，分别使两组胶筒所承受压差降低一定程度，从而提高封隔器耐压差性能。上部水力锚在油套压差下锚定在套管内壁上，防止管柱蠕动。

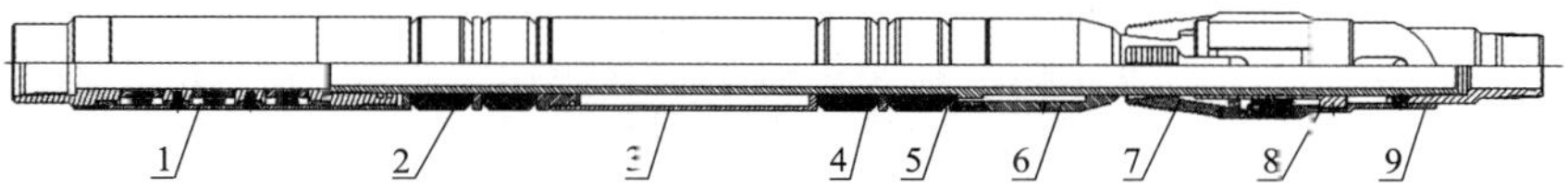

图 4－2－4　Y521 双级胶筒密封封隔器

1—水力锚；2—上胶筒组合；3—分隔机构；4—下胶筒组合；5—中心管；6—锥体；7—卡瓦；8—扶正换向机构；9—下接头

Y111 封隔器＋Y221 封隔器管柱组合：将水力锚、Y111 封隔器及 Y221 封隔器连接好后下至设计深度，上提并正转管柱使 Y221 封隔器卡瓦撑开至套管内壁，下放管柱压缩 Y221 封隔器胶筒密封油套环空，上部 Y111 封隔器的坐封剪钉在 Y221 封隔器坐封时剪断，上接头、中心管及支撑套下行压缩胶筒使其径向膨胀密封油套环空，与 Y221 封隔器形成双级密封。

Y111 封隔器结构如图 4－2－5 所示。

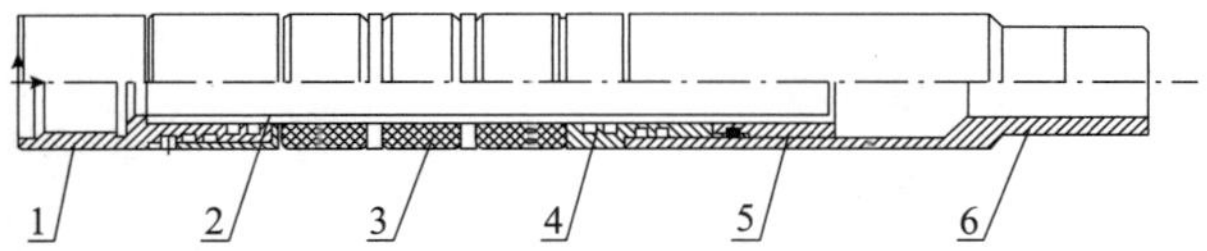

图 4－2－5　Y111 封隔器结构示意图

1—上接头；2—中心管；3—胶筒组合；4—胶筒座；5—支撑套；6—下接头

(2) 正洗井油套分注技术

常规油套分注管柱无洗井功能，易造成井下结垢严重、注水压力上升，增加管柱遇卡风险，因此研发了 Y521 正洗井封隔器，实现油套分注全管柱段洗井。

①管柱结构。

管柱组合：安全接头＋Y521 正洗井封隔器＋喇叭口，如图 4－2－6 所示。

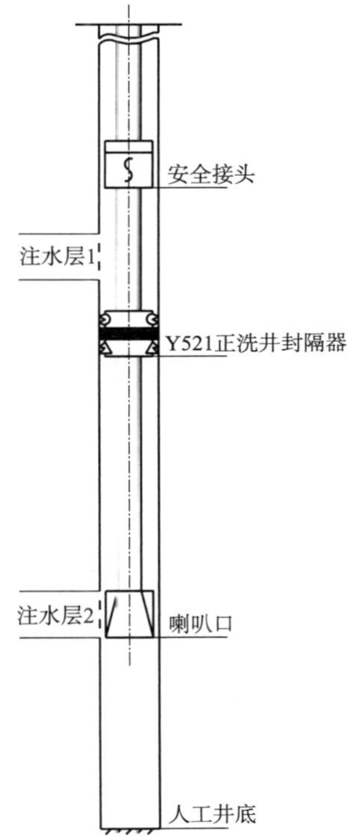

图 4－2－6　正洗井油套分注管柱

②工具结构。

Y521 正洗井封隔器由上接头、洗井活塞、中心管、胶筒组合、锥体、卡瓦、“J”形换向机构、扶正机构、下接头等组成，如图 4－2－7 所示。

③工作原理。

封隔器内部设有桥式过流通道，注水时通道处于关闭状态，洗井时向油管内先投入可溶球开启过流通道，洗井液经内过流通道从油管喇叭口、封隔器胶筒下部洗井通道入口、外过流通道进入胶筒上部油套环空，完成正洗井循环。洗井结束后，可溶球自动溶解，桥式过流通道在弹簧弹性力作用下关闭，恢复正常注水。

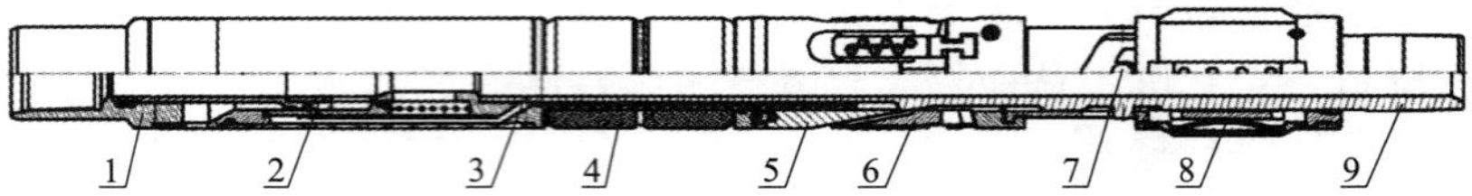

图4－2－7　Y521正洗井封隔器

1—上接头；2—洗井活塞；3—中心管；4—胶筒组合；5—锥体；6—卡瓦；7—“J”形换向机构；8—扶正机构；9—下接头

二、大压差分注技术

(一)技术背景

在多层系低渗油藏分注中，由于层间差异较大，需对吸水能力较强的层位实施节流降压，以实现各层位均衡注水。常规偏心分注工艺主要依靠不同尺寸的水嘴来实现不同层段的配注要求。现场跟踪结果显示：节流水嘴直径小于$\phi 2$mm容易堵塞、大于$\phi 2$mm节流效果不明显；当层间压差大于5MPa时，仅靠缩小水嘴直径已无法满足节流分注需要。针对此问题研制了节流降压偏心配水器及双级可调堵塞器，形成了大压差节流分注技术，实现了层间压差12MPa以内分层定量注水。

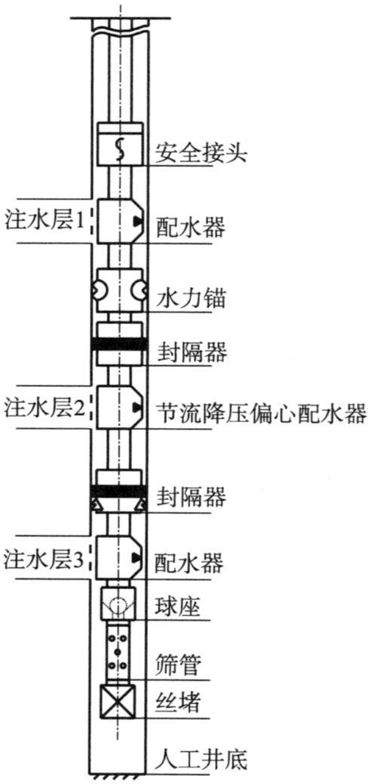

图4－2－8　大压差细分管柱示意图

(二)技术原理

1. 分注管柱结构

管柱组合(以两级三段分注管柱为例)：安全接头＋配水器＋水力锚＋封隔器＋节流降压偏心配水器＋封隔器＋配水器＋球座＋筛管＋丝堵，如图4－2－8所示。

2. 配套工具选配及要求

配水器：节流层位采用多级节流降压偏心配水器或配套双级可调堵塞器，其余层位采用偏心配水器，要求隔层10m以上。

3. 主要分注工具

(1)多级节流降压偏心配水器

①结构特点。

多级节流降压偏心配水器由上接头、外筒、上中心管、堵塞器工作筒、多级节流阀、下中心管、下接头等组成，如图4－2－9所示。

②工作原理。

在不改变偏心配水器的整体结构及投捞方式前

提下，在堵塞器出水孔后增加节流装置，单级节流压差5MPa，两级节流压差达到10MPa，可根据实际情况单级使用或双级使用。加上水嘴的节流压力，节流压差可达到12MPa以上，同时具有防返吐功能。

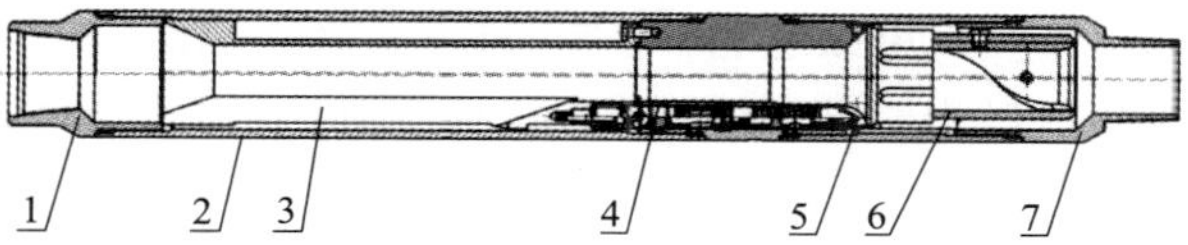

图4－2－9 多级节流降压偏心配水器结构示意图

1—上接头；2—外筒；3—上中心管；4—多级节流阀；5—堵塞器工作筒；6—下中心管；7—下接头

③主要技术参数。

油田用多级节流降压偏心配水器主要技术参数见表4－2－2。

表4－2－2 多级节流降压偏心配水器主要技术参数

项目	外径/mm	内径/mm	工作温度/℃	工作压差/MPa	一级节流压差/MPa	二级节流压差/MPa
参数	110～114	≥46	≤130	≤25	5	10

(2)双级可调堵塞器

①结构特点。

双级可调堵塞器由打捞头、压盖、上主体、可调+固定水嘴、下主体、压帽、滤罩等组成，如图4－2－10所示。

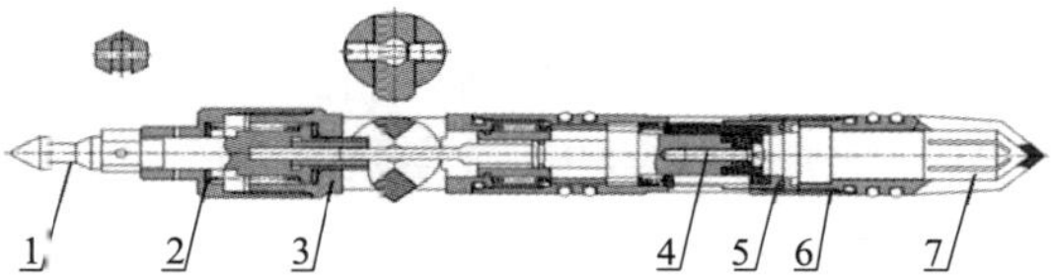

图4－2－10 双级可调堵塞器结构图

1—打捞头；2—压盖；3—上主体；4—可调+固定水嘴；5—下主体；6—压帽；7—滤罩

②工作原理。

可调+固定水嘴：通过固定水嘴节流降低调节压差后，再通过可调水嘴实现井下调节，调节压差在单级水嘴的基础上增加了3～5MPa。

常规一级节流堵塞器一般压差在5MPa以内，通过试验，二级节流正常压差可达6～15MPa。

③主要技术参数。

油田用双级可调堵塞器主要技术参数见表4－2－3。

表4－2－3 双级可调堵塞器主要技术参数

项目	外径/mm	工作温度/℃	工作压差/MPa	一级节流压差/MPa	两级节流压差/MPa
参数	22	≤130	≤25	5	10

(三)适用场景

适用于层间压差15MPa以内的多级分注井。

(四)室内试验

多级节流降压偏心配水器按照如下步骤进行了室内试验，检验其节流效果：

(1)装一级节流阀，连接试压泵进行试验，记录节流压差值；

(2)装二级节流阀，连接试压泵进行试验，记录节流压差值；

(3)在二级节流阀的基础上，投堵装有 2mm 水嘴的堵塞器，然后连接试压泵进行试验，记录节流压差值。试验结果见表 4－2－4。

表 4－2－4　多级降压偏心配水器试验结果

序号	试验条件	节流压差/MPa	试验结果
第 1 次	单级阀，无堵塞器	5.5	多级节流降压偏心配水器本体节流效果明显，试压泵排量有限，未体现出 2mm 水嘴节流效果
第 2 次	双级阀，无堵塞器	7.5	
第 3 次	双级阀＋2mm 水嘴	7.5	

(五)现场应用情况

双级可调堵塞器现场试验 4 井次，节流压差最大 12MPa。

三、插管式高压分注技术

(一)技术背景

高压注水井通常采用水力锚＋Y221 封隔器注水管柱组合，如果封隔器上部存在套漏或避注层，封隔器以上套管环空液柱不足以平衡封隔器下部压差，易造成封隔器承受下压过大超过胶筒额定工作压差，严重影响管柱有效期限。高压注水井洗井困难，在长期不动管柱情况下井下易结垢，增加卡井风险。针对以上难题，开发了插管式高压注水技术，可实现快速检管作业，降低管柱卡井风险。

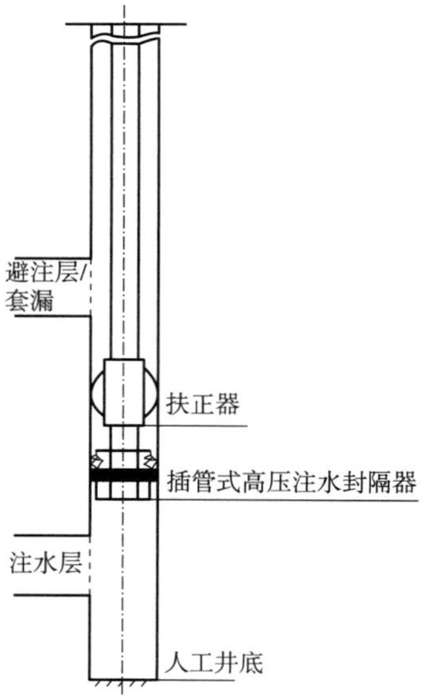

图 4－2－11　插管式高压注水管柱示意图

(二)技术原理

1. 分注管柱结构

管柱组合：油管＋扶正器＋插管＋插管式高压注水封隔器，如图 4－2－11 所示。

2. 配套工具选配及要求

(1)插管式高压注水封隔器

材质为易钻铸铁，可磨铣钻除；上部设有带锁紧的回插筒，便于插管回插后密封和锁紧。

(2)插管组件

与封隔器回插筒适配，具有锚定锁紧及密封功能。

(3)扶正器

可采用常规 $2\,{}^{7}/_{8}$in 油管扶正器。

3. 主要分注工具

(1)插管式高压分注封隔器

①结构特点。

插管式高压分注封隔器主要由回接筒、坐封座、中心管、上卡瓦、上锥体、背圈总成、胶筒、下卡瓦、下锥体、底座、引鞋等组成，如图4-2-12所示。

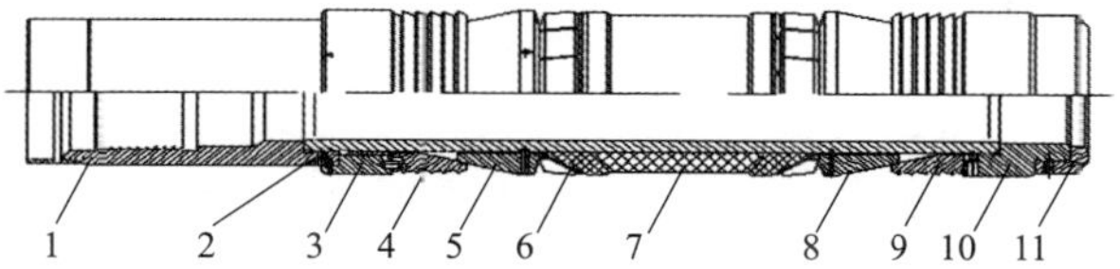

图4-2-12　插管式高压分注封隔器结构示意图

1—回接筒；2—中心管；3—坐封座；4—上卡瓦；5—上锥体；6—背圈总成；7—胶筒；8—下锥体；9—下卡瓦；10—底座；11—引鞋

②工作原理。

插管式高压分注封隔器坐封由上部坐封工具完成，坐封工具工作时产生的下推力作用于上卡瓦，拉力作用于上接头，通过上下锥体对密封胶筒施以上压下拉两个力，在一定拉力范围内，封隔器上下卡瓦破裂并镶嵌在套管内壁上，胶筒膨胀并密封，完成坐封。当拉力持续上升达到一定值时，上接头上的释放环被拉断，坐封工具与封隔器脱离，完成丢手。

坐封丢手完成后，下入插管组件插入封隔器上接头内锚定密封，从而对封隔器以下层位进行注水。

③主要技术参数。

油田用插管式高压分注封隔器主要技术参数见表4-2-5。

表4-2-5　插管式高压分注封隔器主要技术参数

项目	外径/mm	内径/mm	工作温度/℃	工作压差/MPa	插入载荷/kN
参数	110	49	≤130	≤50	50~100

(2)插管组件

①工具结构

封隔器插管由上接头、锁紧卡瓦、芯轴、上下密封组合、下接头等组成，如图4-2-13所示。

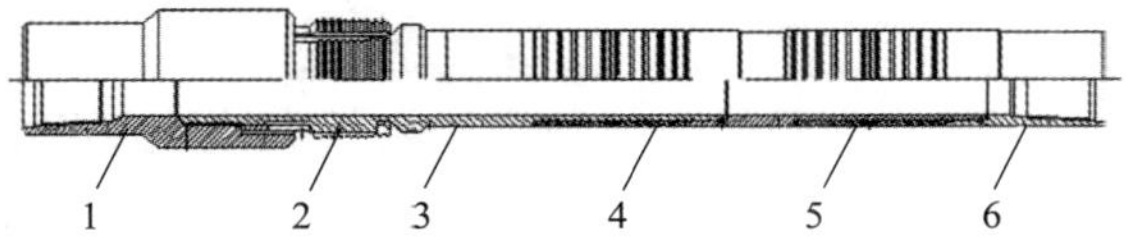

图4-2-13　封隔器插管组件结构示意图

1—上接头；2—锁紧卡瓦；3—芯轴；4—上密封组合；5—下密封组合；5—下接头

②工作原理。

插入：将插管与扶正器、安全接头等工具连接好后下至封隔器上部约10m位置，缓慢下放管柱，观察指重表，当管柱悬重开始减少时，说明插管已插入封隔器内。为验证插管是否到位，可以上提管柱，如果悬重超过插入管柱悬重，说明插管已成功锚定。

取出：上提管柱一定高度，使管柱恢复到原悬重或过提不超过10kN，正转管柱使扭矩传递到插管锁紧卡瓦，正转10～15圈后上提管柱并观察悬重，如果悬重保持不变，说明插管成功取出。

（三）适用场景

适用于注水压力高、浅层套漏或上部层位避注的5 $\frac{1}{2}$in套管井，封隔器坐封段井斜≤60°。

（四）室内试验

根据标准SY/T 5106—2019《石油天然气钻采设备 封隔器规范》对封隔器胶筒开展130℃下承压50MPa工况试验。其胶筒高温承压试验条件见表4－2－6。

表4－2－6 胶筒高温承压试验条件

项目	试验温度/℃	最大承压压力/MPa	套管规格/in	坐封力/kN	中心管外径/mm	套管内径/mm	封隔器外径/mm
参数	130	50	5 $\frac{1}{2}$	100	92	124	110

升温130℃保温2h，缓慢施压100kN坐封吨位稳压1min无变动。

试验结论：封隔器耐温、耐压差指标合格（耐温130℃，耐压差50MPa），变形量满足要求。

（五）现场应用情况

现场试验2井次，封隔器最大下深3365m，最高承压47MPa。

（六）存在不足及改进方向

（1）不足

目前插管式高压分注封隔器下部无法连接管柱，检管作业前仍然需要先放溢流，影响作业效率。

（2）改进方向

下步应改进封隔器结构，使管柱具备防返吐功能，停注或检管作业时对下部高压地层保持封隔。

第三节 特殊井况分注工艺技术

油田进入开发后期，水井井况恶化，部分老井套管发生变形，侧钻和悬挂4in套井逐年增加；东濮老区边远位置和内蒙古区块部分注水管网不完善，建站成本高。针对此类特殊井况注水井分注难题，研制了小直径封隔器、扩张式封隔器等分注工具，形成了4in套、大斜度井、套变井、潜油电泵同井采注等分注工艺技术。

一、4in套分注技术

（一）技术背景

中原油田经过40余年开发生产，部分水井套管逐渐产生变形、破漏甚至错断问题。

1997 年后油田广泛使用了在原 5 ½in 套管内下入 4in 套管重新固井的办法，取得了良好的效果(主要为下部悬挂 4in 套管)。近年来随着注水井井况恶化严重，4in 套注水井呈现逐年递增趋势。

4in 套管内径 ϕ86mm，且多数为侧钻井，井斜较大，分注管柱安全风险高。针对 4in 套管精细分注难题，先后研制了 Y221－80 封隔器、Y341－80 封隔器和 Y141－80 逐级解封封隔器等分注配套工具，形成了 4in 套井精细分注技术系列，实现了 4in 套水井三级三段以内长效安全精细分注。

(二)技术原理

1. 分注管柱结构

4in 套分注管柱主要包括油套分注、锚定支撑、集成封隔配水、逐级解封等类型。4in 油套分注管柱按照封隔器类型分为 Y221 型和 Y241 型两种。

Y221 型管柱组合：安全接头＋SLM－80 水力锚＋Y221－80 封隔器＋喇叭口，如图 4－3－1(a)所示；

Y241 型管柱组合：安全接头＋SLM－80 水力锚＋Y241－80 封隔器＋球座＋筛管＋丝堵，如图 4－3－1(b)所示。

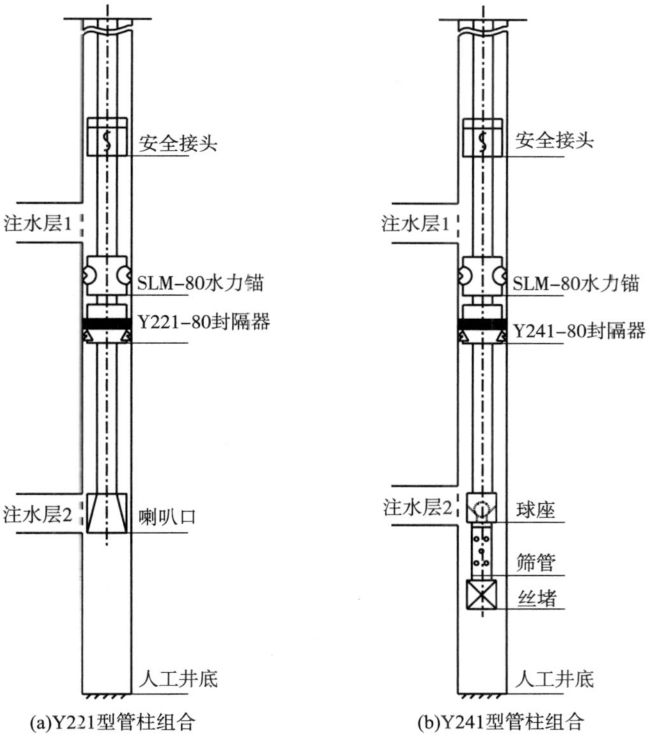

图 4－3－1　4in 套油套分注管柱示意图

锚定支撑分注管柱根据工具组合类型，可分为卡顶封、多级分注管柱两类。

卡顶封分注管柱：安全接头＋Y221 封隔器＋喇叭口，如图 4－3－2(a)所示。

多级分注管柱：安全接头＋配水器＋水力锚＋Y221－80 封隔器＋配水器＋Y341－80 封隔器＋配水器＋球座＋筛管＋丝堵，如图 4－3－2(b)所示。

逐级解封管柱组合：安全接头 + 配水器 + SLM - 80 水力锚 + Y141 - 80 封隔器 + 配水器 + Y141 - 80 封隔器 + 支撑卡瓦 + 配水器 + 球座 + 筛管 + 丝堵，如图 4 - 3 - 3 所示。

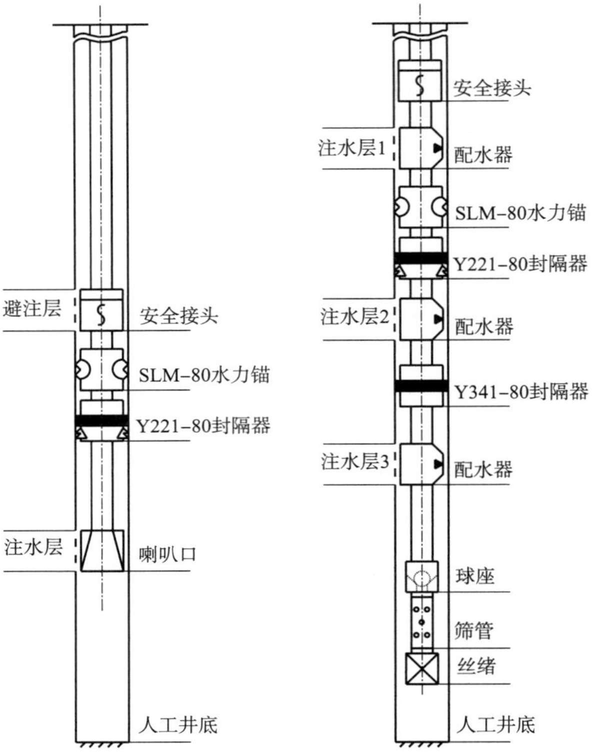

(a)卡顶封分注管柱　(b)多级分注管柱

图 4 - 3 - 2　4in 套锚定支撑分注管柱示意图

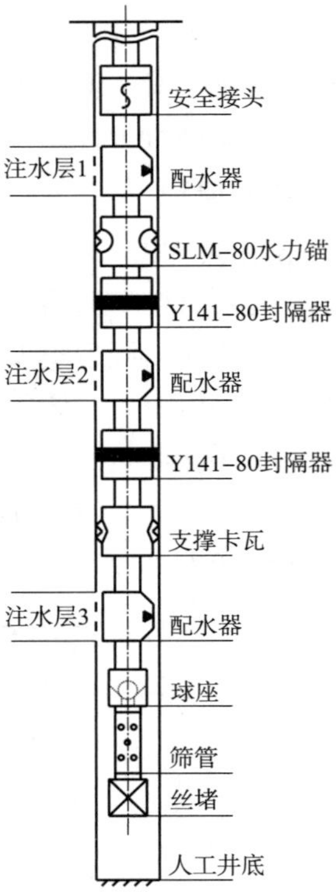

图 4 - 3 - 3　4in 套逐级解封分注管柱示意图

2. 配套工具选配及要求

受 4in 套管内径限制，分注封隔器、配水器、水力锚、安全接头等最大外径均 ≤ 80mm；偏心、同心等多级分注井入井工具内径满足测试工具通过要求。

3. 主要分注工具

(1) Y221 - 80 封隔器

油田常用 Y221 - 80 封隔器主要技术参数见表 4 - 3 - 1。

表 4 - 3 - 1　Y221 - 80 封隔器主要技术参数

项目	外径/mm	内径/mm	耐温/℃	耐压差/MPa	坐封载荷/kN	解封载荷/kN	备注
参数	80	≥32	≤130	≤35	80 ~ 120	15 ~ 40	卡封、油套分注用
	80	42	≤130	≤35	80 ~ 120	15 ~ 40	多级分注用

(2) Y241 封隔器

油田常用 Y241 - 80 封隔器主要技术参数见表 4 - 3 - 2。

表 4-3-2 Y241-80 封隔器主要技术参数

项目	外径/mm	内径/mm	耐温/℃	耐压差/MPa	坐封压力/kN	解封载荷/kN
参数	80	42	≤130	≤35	15~25	15~40(可调)

(3)Y341-80 封隔器

油田常用 Y341-80 封隔器主要技术参数见表 4-3-3。

表 4-3-3 Y341-80 封隔器主要技术参数

项目	外径/mm	内径/mm	耐温/℃	耐压差/MPa	坐封压力/kN	解封载荷/kN
参数	80	42	≤130	≤35	15~25	15~40(可调)

(4)水力锚

油田常用 4in 套小直径水力锚主要技术参数见表 4-3-4。

表 4-3-4 水力锚主要技术参数

项目	外径/mm	内径/mm	耐温/℃	耐压差/MPa	启动压力/MPa	锚定力/kN
参数	80	≥35	≤130	≤35	0.6~1.0	≥45

(5)Y141-80 封隔器

4in 套 Y141-80 封隔器主要技术参数见表 4-3-5。

表 4-3-5 Y141-80 封隔器主要技术参数

项目	外径/mm	内径/mm	工作温度/℃	工作压差/MPa	坐封压力/MPa	解封载荷/kN
参数	80	42	≤130	≤35	20	20~50

(三)适用场景

油套分注、卡顶封分注管柱适用于两段以内压力较高分注井，锚定支撑多级分注管柱适用于井斜≤45°的三级三段以内分注，逐级解封分注管柱适用于井斜≤60°的三级三段以内分注。

(四)现场应用及迭代升级情况

1. 现场应用情况

4in 套多级分注技术现场应用 100 余井次，工艺成功率 90% 以上，最高注水压力 28MPa，最大下深 3250m，最多三级三段。

2. 迭代升级情况

封隔器内通径由 38mm 扩大到 42mm，更适应测调仪器测试作业需要。

(五)存在不足及改进方向

(1)不足

4in 套分注工艺技术无法实现全井段洗井，只能通过在封隔器上部配套液压洗井阀进行上部管柱洗井，洗井阀密封有效期短。

(2)改进方向

应研发具有洗井功能的小直径分注工具。

二、大斜度井分注技术

(一)技术背景

Y221 封隔器结构简单、性能可靠、有效期长，是注水井最常用的封隔器，但在井深 2500m 以上、井斜角≥45°的大斜度井中，其旋转重力坐封管柱负荷不够，存在封隔器坐不牢、卡瓦没完全撑开导致管柱有效期短的问题。因此，研制出了扶正居中器、斜井封隔器等斜井分注工具，形成了大斜度井分注技术，具有对套管伤害小、管柱受力均衡、易于投捞等特点，实现了 5 $\frac{1}{2}$in 套管大斜度井两级三段以内精细分注。

(二)技术原理

1. 分注管柱结构

管柱组合：安全接头 + 水力锚 + 斜井配水器 + 斜井封隔器 + 扶正居中器 + 斜井配水器 + 斜井封隔器 + 扶正居中器 + 斜井配水器 + 扶正居中器 + 球座 + 筛管 + 丝堵等组成，如图 4 – 3 – 4 所示。

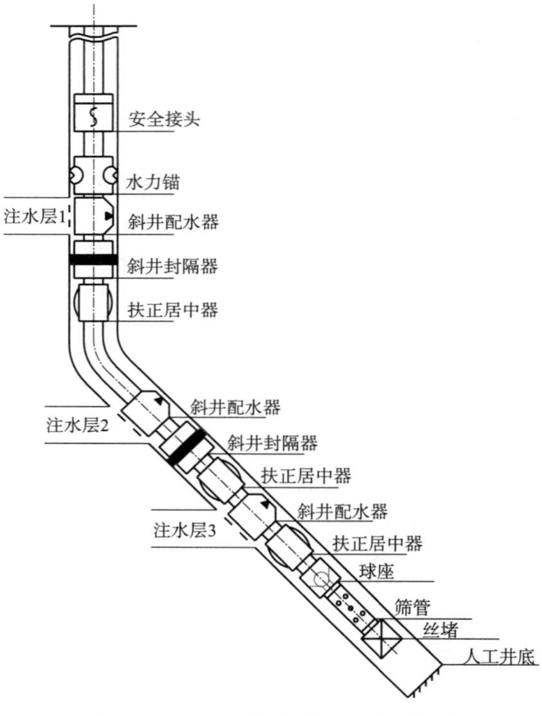

图 4 – 3 – 4　大斜度分注管柱示意图

2. 配套工具选配及要求

(1)斜井封隔器

推荐采用 Y341 斜井注水封隔器，内外径满足安全起下及测试作业要求。

(2)配水器

井斜≤30°可以采用偏心配水器，井斜≤45°推荐采用同心配水器或无线智能配水器，井斜≥45°推荐采用无线智能配水器。

(3)扶正防磨器、居中器

斜井应使用扶正防磨器、居中器确保管柱在套管中居中。扶正居中器设置于两个封隔器之中；底部封隔器以下可根据需要配置扶正防磨器。

(4)球座

优先选用斜井球座，结合管柱最小内通径选择投球球座规格，推荐选择预置球的单流球座，采用弹簧限位居中结构，坐封前可以实现反洗井作业。

3. 主要分注工具

(1)斜井分注封隔器

①结构特点。

斜井分注封隔器主要由上接头、洗井机构、内中心管、外中心管、锁紧机构、坐封机构、扶正软卡瓦和下接头组成，如图4－3－5所示。扶正软卡瓦既能扶正居中封隔器，又不损伤套管，保证了封隔器完全坐封。

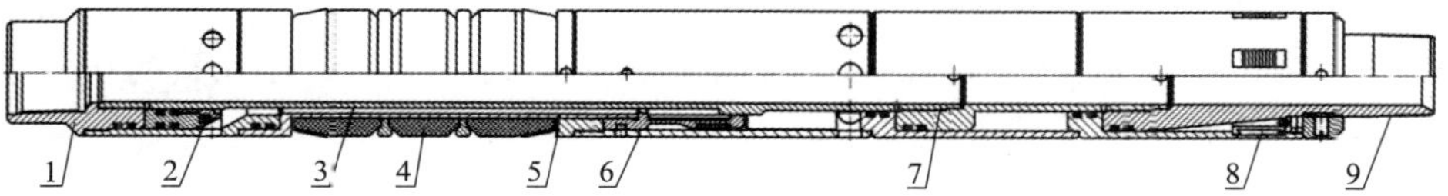

图4－3－5　斜井分注封隔器结构示意图

1—上接头；2—洗井机构；3—内中心管；4—胶筒组合；5—外中心管；6—锁紧机构；7—坐封机构；8—扶正软卡瓦；9—下接头

②工作原理。

坐封：从中心管加液压，在液压的作用下反洗活塞下行坐在洗井密封套上，密封上、下层的洗井通道。同时坐封活塞在液压的作用下上行，并带动扶正软卡瓦沿下接头的斜面伸出，紧贴套管内壁，强力扶正封隔器并自锁。继续升压，扶正组件与坐封活塞脱开，压缩胶筒，使胶筒居中坐封，密封油套环空，锁爪与锁套锁紧，阻止了胶筒的回缩，达到始终密封的状态。加液压15～20MPa后，完成坐封。

洗井：洗井液从套管注入，反洗活塞在套压的作用下向上移动，让开洗井通道，上、下层连通，洗井液沿洗井通道下行直到管脚，然后再从油管内部返出井口。

解封：上提管柱，外中心管与洗井活塞套、内中心管发生相对位移，锁爪被释放，胶筒在摩擦力和本身回弹力的作用下推动锁套、活塞及扶正软卡瓦下行，恢复原始状态，实现封隔器解封。

③主要技术参数。

油田用斜井分注封隔器主要技术参数见表4－3－6。

表4－3－6　斜井分注封隔器主要技术参数

项目	外径/mm	内径/mm	工作温度/℃	工作压差/MPa	坐封压力/MPa	解封载荷/kN
参数	112	50	≤130	≤35	20	20～40

(2)扶正居中器

①结构特点。

扶正居中器由上接头、复位弹簧、上锥体、扶正体、下锥体、下接头等组成，如

图 4 -3 -6 所示。设计“液压自锁”的结构，扶正居中器始终对管柱起到强力扶正的作用。

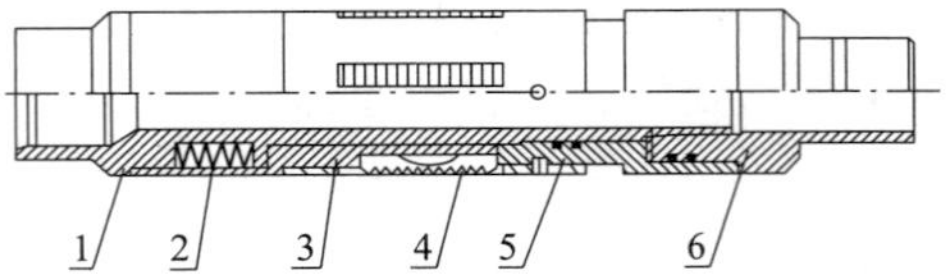

图 4 -3 -6 扶正居中器结构示意图

1—上接头；2—复位弹簧；3—上锥体；4—扶正体；5—下锥体；6—下接头

②工作原理。

坐封：从油管内打压，打开单流阀，液体推动下锥体上行，剪断剪钉，下锥体继续上行，压缩复位弹簧储存能量，并均衡推出扶正体，紧贴套管内壁，强行扶正偏向一边的管柱，使封隔器居中安全坐封，扶正居中器完成管柱的扶正。泄压后单流阀关闭，居中器液压自锁。

解封：需要起出时，上提管柱，解锁剪钉被剪断，中心管上移，单流阀泄压，解除液压锁紧状态，复位弹簧释放弹力，回推下锥体，扶正体失去支撑，在片簧的作用下收回，扶正居中器复原，解除扶正。

③主要技术参数。

油田用扶正居中器主要技术参数见表 4 -3 -7。

表 4 -3 -7 扶正居中器主要技术参数

项目	外径/mm	内径/mm	工作温度/℃	工作压差/MPa	最大居中力/kN
参数	114	50	≤130	≤35	60

(3)斜井球座

①结构特点。

斜井球座主要由球座本体、弹簧、球座挡块、钢球、下接头组成，如图 4 -3 -7 所示。可以在任意角度实现封隔器坐封。

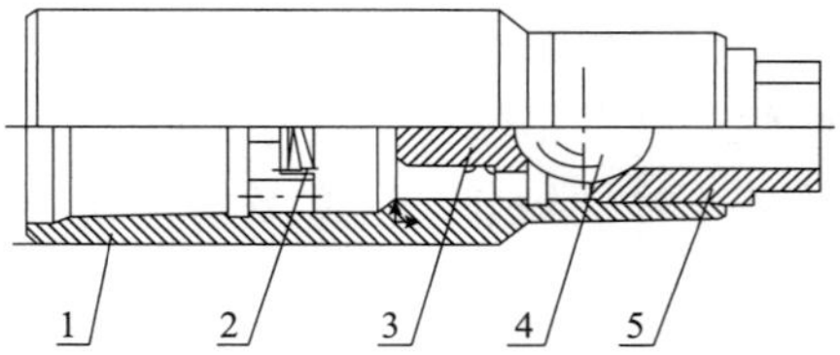

图 4 -3 -7 斜井球座结构示意图

1—球座本体；2—弹簧；3—球座挡块；4—钢球；5—下接头

②工作原理。

直接接在筛管上部，在管柱下井时，单流阀允许套管内的液体单向通过进入油管，使油套压力基本维持平衡。坐封时，从油管内打压，此时单流阀关闭，油管内外建立起压差，封隔器液缸工作，实现坐封。

③主要技术参数。

油田用斜井球座主要技术参数见表 4 -3 -8。

表4-3-8　斜井球座主要技术参数

项目	外径/mm	内径/mm	工作温度/℃	工作压差/MPa	启动压差/MPa
参数	90	32	≤130	≤35	0.2～0.3

(三)适用场景

适用于井斜≤60°的5 $\frac{1}{2}$in套管井两级三段以内分注。

(四)现场应用及迭代升级情况

1. 现场应用情况

现场应用25井次，最高注水压力34MPa，工具最大下深3390m，最高两级三段，最大斜度58.5°，工艺成功率100%，测试成功率100%，投捞成功率95%。

2. 迭代升级情况

①优化封隔器胶筒材料配方，封隔器耐温、耐压差指标由最初的耐温120℃、耐压差30MPa提升到耐温130℃、耐压差35MPa。

②增加了扶正防磨器，选用碳纤维复合材料，具有高耐磨性、高强度、耐腐蚀性能好、膨胀系数低、摩擦系数小等优点。

(五)存在不足及改进方向

(1)不足

由于大斜度井井况复杂、卡管柱风险大，两段以上分注工艺实施风险高。

(2)改进方向

开展逐级解封斜井封隔器设计，降低大斜度井多级分注管柱解封力，提高管柱安全性能，进一步提升大斜度精细分注程度。

三、套变井分注技术

(一)技术背景

注水井在长期服役条件下，由于套管外部长期受地层流体的腐蚀和地层应力的轴向作用，套管内部受各类作业工具损伤、电化学腐蚀、结垢腐蚀等多重作用影响，逐渐发生变形甚至错断。对于轻微套变井(套变段通道>ϕ107mm)主要采用外径105mm的Y221封隔器、Y341封隔器等小直径封隔器，但其在未套变的5 $\frac{1}{2}$in套管内锚定及耐压性能差，管柱有效期短；对于套变严重、套变段通道≤ϕ107mm的套变井，只能采取光管笼统注水或在套变段上部卡封分注方式，无法满足油田精细分注开发要求。

针对以上问题，研制了小直径扩张式封隔器及浮动式水力锚，形成了套变井精细分注技术，实现了5 $\frac{1}{2}$in套变水井三级三段以内精细分注。

(二)技术原理

1. 分注管柱结构

按照分注级段和配套分注工具的不同，可分为卡封分注及多级分注两种管柱，其管柱组合如下。

(1)卡封分注管柱组合

安全接头+浮动式水力锚+K341 封隔器+机械卡瓦+球座+筛管+丝堵，如图 4-3-8(a)所示。

(2)多级分注管柱组合(以两级三段分注管柱为例)

安全接头+小直径可调配水器+浮动式水力锚+K341 封隔器+小直径可调配水器+K341 封隔器+小直径可调配水器+球座+筛管+丝堵，如图 4-3-8(b)所示。

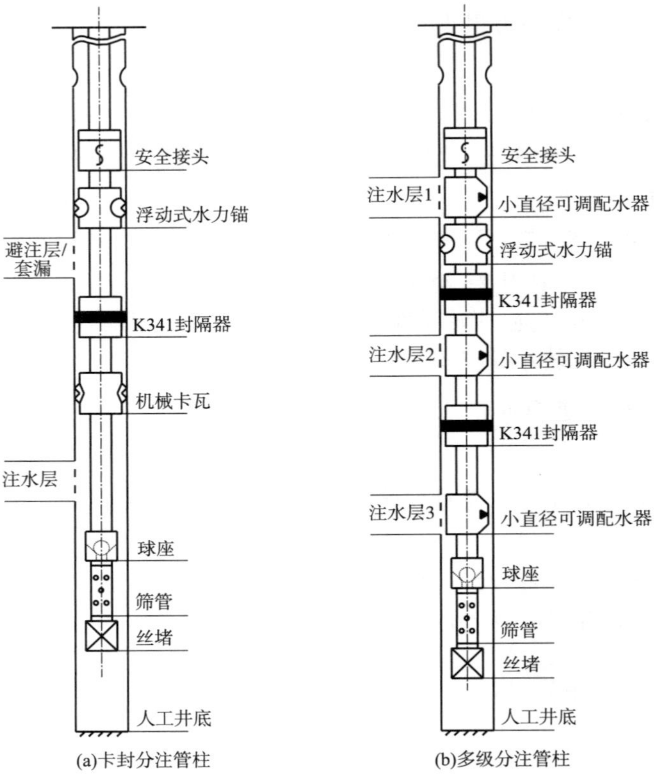

图 4-3-8　套变井分注管柱示意图

2. 配套工具选配及要求

(1)注水封隔器

采用小直径 K341-100 注水封隔器，液压坐封，上提解封，内径满足测调工具要求。

(2)配水器

采用小直径同心配水器及无线智能井下配水器，外径≤100mm。

(3)水力锚、卡瓦

采用浮动式水力锚，配置于顶部封隔器以上、安全接头以下位置；底部封隔器以下可根据需要配置机械或水力支撑卡瓦，井斜角≥30°情况下推荐选择水力卡瓦。

3. 主要分注工具

(1)扩张式分注封隔器

①结构特点。

扩张式分注封隔器主要由上接头、中心管、单向进液阀、扩张式胶筒、浮动接头、下接头等机构组成，如图 4－3－9 所示。单向进液阀确保封隔器坐封后胶筒始终保持长效密封状态，扩张式胶筒内部设计有钢带支撑，长度达 800mm，在套管轻微变形、腐蚀等工况下依然可以保证有效密封。

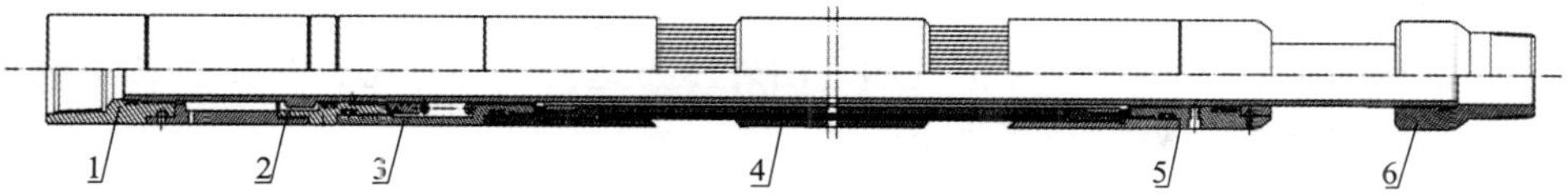

图 4－3－9　扩张式分注封隔器结构示意图

1—上接头；2—中心管；3—单向进液阀；4—扩张式胶筒；5—浮动接头；6—下接头

②工作原理。

坐封：扩张式封隔器下至设计深度后，地面从油管打压，油管内液体通过单向进液阀进入胶筒内腔迫使胶筒向外膨胀，胶筒膨胀的同时对下部的浮动接头施加向上的拉力，当拉力达到一定值时浮动接头上的坐封剪钉被剪切，浮动接头失去限制在拉力作用下向上运行，胶筒充分膨胀紧贴在套管内壁上密封油套环空，坐封完成。在单向阀作用下，即使油管内压力降低，胶筒内腔的液体也会保持压力恒定，保障胶筒密封性能可靠。

解封：上提管柱剪断解封剪钉，封隔器上接头、中心管上行，当中心管下部的泄压槽上行至胶筒内腔底部时，胶筒内腔的高压液体从泄压槽释放至胶筒外部，胶筒内外压力平衡，在钢带弹性作用下胶筒缓慢收缩至坐封前尺寸，坐封状态解除，封隔器解封。

③主要技术参数。

K341 封隔器主要技术参数见表 4－3－9。

表 4－3－9　K341 封隔器主要技术参数

项目	外径/mm	内径/mm	工作温度/℃	工作压差/MPa	坐封压力/MPa	解封载荷/kN
参数	100	46	≤130	≤45	20	20～40

(2)浮动式水力锚

①结构特点。

浮动式水力锚主要由锚体、压帽、小销钉、卡簧环、弹簧、活动式压板、锚爪、小压板和大销钉等组成，如图 4－3－10 所示。采用悬浮式压板结构设计，锚爪伸缩空间大，自由状态下外径 114mm，最小可缩径到 100mm，实现锚体过内径≥100mm 的套变段。

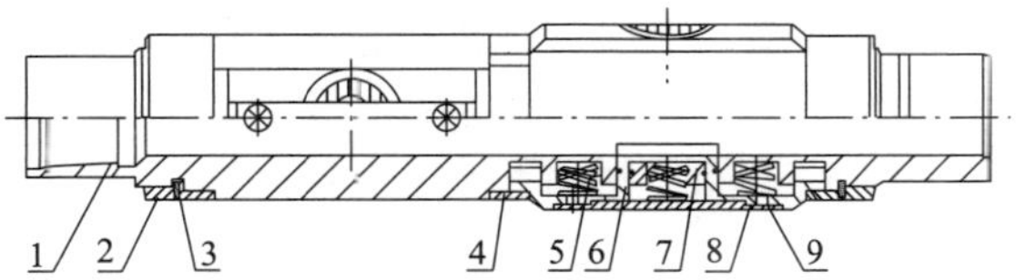

图 4－3－10　浮动式水力锚结构示意图

1—锚体；2—压帽；3—小销钉；4—卡簧环；5—弹簧；6—活动式压板；7—锚爪；8—小压板；9—大销钉

②工作原理。

入井：浮动式水力锚自由状态下外径为 114mm，在通过套变段时，在套变套管内壁挤压下，浮动式水力锚的扶正块向内收缩挤压弹簧，从而顺利通过套变段，在正常套管段时扶正块失去外部挤压，在弹簧力作用下向外弹出恢复至原尺寸。

锚定：在下至设计深度后，地面从油管内打压坐封封隔器时，在压力作用下水力锚的锚爪向外推出直至锚定于套管内壁上，油管内外压差越大，作用于锚爪上的锚定力越大，管柱锚定越牢固。

解封：起管柱时，浮动式水力锚处油管内外压力达到平衡状态，水力锚锚爪在内部弹簧力作用下向内部收缩，解除套管锚定。

③主要技术参数。

油田用浮动式水力锚主要技术参数见表 4－3－10。

表 4－3－10　浮动式水力锚主要技术参数

项目	外径/mm	内径/mm	工作温度/℃	工作压差/MPa	启动压力/MPa
参数	100～114	40	≤130	≤45	0.5

(3)双级扶正支撑器

①结构特点。

双级扶正支撑器主要由上接头、锥体、卡瓦、片簧、扶正体、摩擦块、弹簧、轨道体、销钉、中心管和下接头等组成，如图 4－3－11 所示。可实现停井、洗井和注水状态下对管柱的锚定；操作简单、安全可靠，解锚简单可靠。

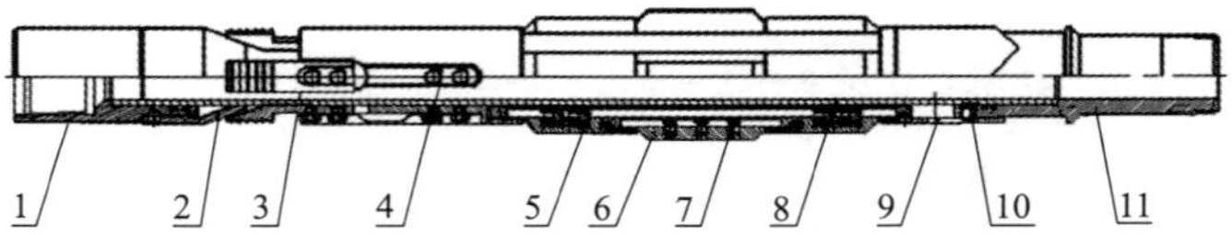

图 4－3－11　双级扶正支撑器结构示意图

1—上接头；2—锥体；3—卡瓦；4—片簧；5—扶正体；6—摩擦块；7—弹簧；8—中心管；9—轨道体；10—销钉；11—下接头

②工作原理。

入井：双级扶正支撑器自由状态下扶正体外径为 129mm，在通过套变段时最大可收缩至 100mm，从而顺利通过套变段。

锚定：将机械支撑器下到预定位置，上提管柱后正转管柱，轨道销钉换向，从短轨道进入长轨道，扶正器的双级摩擦块与套管保持静止状态，依靠管柱自重下放管柱，支撑器的锥体将卡瓦撑开，支撑到套管壁，完成管柱支撑锚定。

解封：上提管柱，上接头、中心管及锥体上行，卡瓦在弹簧作用下回收至原位置，支撑器解封。

③主要技术参数。

支撑器主要技术参数见表 4－3－11。

表 4－3－11　支撑器主要技术参数

项目	外径/mm	内径/mm	工作温度/℃	工作压差/MPa	坐封载荷/kN	解封载荷/kN
参数	100～129	46	≤130	≤45	80～120	20～40

（三）适用场景

适用于套变段内径 > 105mm、井斜≤45°的 5 ½in 套管三级三段以内分注。

（四）现场应用及迭代升级情况

1. 现场应用情况

套变井分注技术现场应用 14 井次，工艺成功率 100%，增加水驱动用储量 7.4×10^4t，最多两级三段，最大下深变形套管内径最大缩径至 106mm。

2. 迭代升级情况

①耐温耐压差性能优化：通过优化调整胶筒结构及配方，封隔器性能提升到耐温 130℃，耐压差 45MPa。

②浮动式水力锚拱弧形大压板结构优化：增加弹簧支撑座及双向弹簧套装设计，降低弹簧塑性变形；优化整体结构和工具材质，水力锚耐压指标从 35MPa 提升到 45MPa。

四、潜油电泵同井采注技术

（一）技术背景

中原油田地面注水设备主要采用大型地面离心泵站或柱塞泵，利用注水管网进行注水，以保持油层压力及油井产能。东濮老区边远井区、内蒙古区块等偏远位置，受管网管输距离、建站成本等条件制约，注水只能采用车辆拉运等方式，效率低，也无法保证足够配注量。针对以上问题开发了潜油电泵同井采注技术，实现注水井井下采出水回注，有效节约地面注水设施建设费用。

（二）技术原理

1. 同井采注工艺管柱

根据油藏不同的油水层对应关系，同井采注管柱分为采上注下及采下注上两种。采上注下即将同一井中上层水源层的水通过潜油电泵注入下层注入层，采下注上即将同一井中下层水源层的水通过潜油电泵注入上层目的层。

（1）采上注下

将顶置潜油电泵机组各部件按油管、排出口、封隔器、吸入口、电泵机组（自下而上）的连接顺序连接下井（见图 4－3－12），机组安放位置应在水源层以下、注水层以上。用封隔器封隔水源层和注水层，地面动力由动力电缆传递给潜油电机，启动顶置潜油电泵机组上部的顶置电机，顶置电机高速旋转，并通过相互连接的轴将动力传递给下部的离心泵，带动泵高速转动，将水由泵上部的吸入口抽进泵内，经逐级增压后，由离心泵下部的排出口排到封隔器以下的油管中，再注入注水层。

（2）采下注上

采下注上分两种形式：

①将顶置潜油电泵机组各部件按油管、排出口、封隔器、吸入口、电泵机组（自下而上）的连接顺序连接下井（见图 4－3－13），用封隔器封隔水源层和注水层，采用离心泵将下部水源层的水提压后，注入上部注水层。

②采用常规潜油电泵，从下至上按排出口、常规电泵机组、吸入口、过电缆封隔器的

连接顺序连接下井(见图4－3－14)，封隔器隔开注水层和水源层，水由泵下部的吸入口吸入泵内，经由离心泵上部的油管抽到地面管线，经过计量之后，再进入油套环形空间注入注水层。

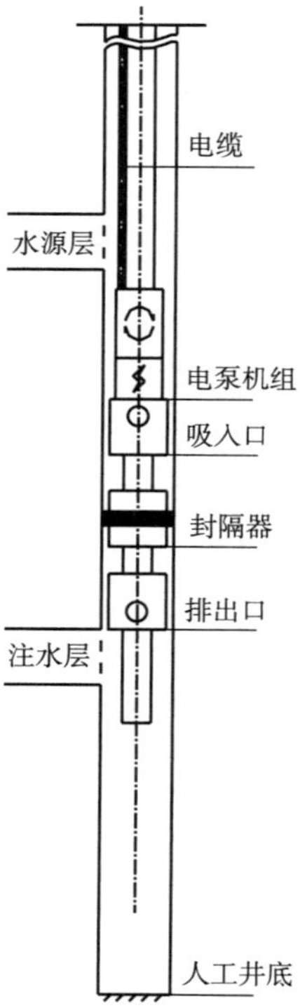

图4－3－12　采上注下原理示意图

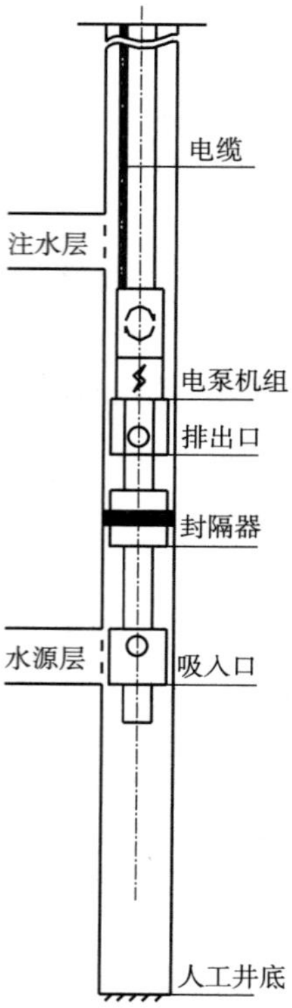

图4－3－13　顶置潜油电泵采下注上工艺原理示意图

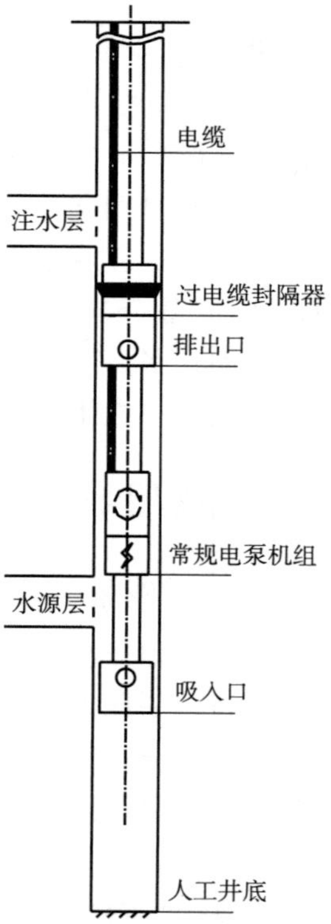

图4－3－14　常规潜油电泵采下注上工艺原理示意图

2. 配套工具选配及要求

(1)过电缆皮碗封隔器

采上注下管柱在水源层附近电泵机组的上部配置一个皮碗封隔器，便于在下部水层出砂情况下测试和冲砂。

(2)过电缆注水封隔器

设计采用Y211型封隔器＋穿越器的结构，采用管柱重力坐封、上提解封方式。位置应靠近上部油层底界，两个注水层间距满足15m以上。

(3)止回阀

设置于管柱底部、电泵机组下部位置，主要用于停泵时防止地层水返吐，同时具有防砂功能。

3. 主要分注工具

(1)过电缆皮碗封隔器

①结构特点。

过电缆皮碗封隔器主要由上接头、胶筒、中心管、皮碗剪钉、下接头等组成，如图4－3－15所示。可有效阻隔因产层出砂、停泵上层返吐造成的砂子沉降，避免出现砂卡电泵、烧电泵等故障；同时防止上部沉降物落于过电缆封隔器上部，降低封隔器砂埋卡管柱风险。

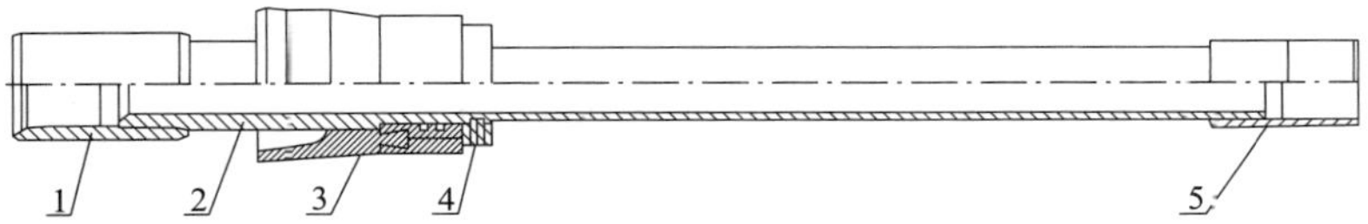

图4－3－15　过电缆皮碗封隔器结构示意图

1—上接头；2—中心管；3—皮碗胶筒组合；4—剪钉；5—下接头

②工作原理。

坐封：使用时将所用封隔器与顶置潜油电泵机组、封隔器、滑套开关等配套工具组合下入井内，在注水管柱下至设计深度后，利用皮碗胶筒与套管内壁间的摩擦力封隔油套环空，V形敞口设计，便于阻隔砂子。

解封：需要起管时，上提管柱负荷大于皮碗胶筒与套管内壁间的摩擦力，封隔器即可解封。

③主要技术参数。

过电缆皮碗封隔器主要技术参数见表4－3－12。

表4－3－12　过电缆皮碗封隔器主要技术参数

项目	胶筒外径/mm	内径/mm	工作温度/℃	工作压差/MPa	解封载荷/kN
参数	130	30	≤120	≤8	20～40

(2)过电缆注水封隔器

①结构特点。

过电缆注水封隔器是一种井下用电缆穿越的封隔工具。主要由过电缆上接头、胶筒组合、中心管、扶正换向机构、过电缆下接头等部分组成，如图4－3－16所示。

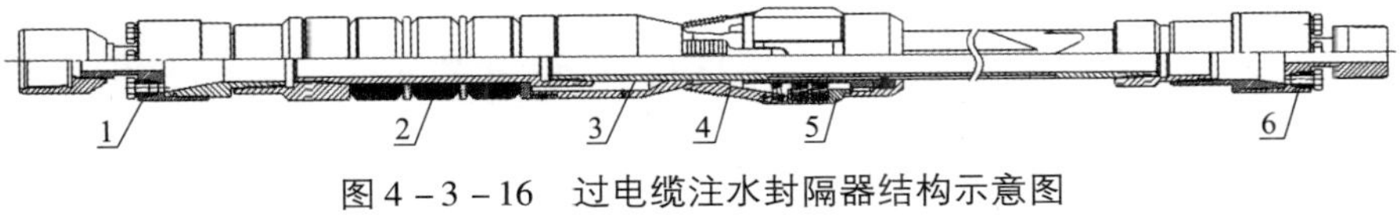

图4－3－16　过电缆注水封隔器结构示意图

1—过电缆上接头；2—胶筒组合；3—中心管；4—锚定机构；5—扶正换向机构；6—过电缆下接头

②工作原理。

坐封：封隔器下到位后，上提管柱，扶正换向机构由短轨道切换至长轨道，下放管柱，锚定机构卡瓦张开并卡在套管壁上，继续下放管柱，管柱自身重力压缩胶筒使其径向膨胀密封油套环空，完成坐封。

解封：需要起管时，上提管柱，封隔器即可解封。

③主要技术参数。

过电缆注水封隔器主要技术参数见表4－3－13。

表4－3－13　过电缆注水封隔器主要技术参数

项目	外径/mm	内径/mm	工作温度/℃	工作压差/MPa	解封载荷/kN
参数	114	30	≤120	≤30	20～40

（三）适用场景

适用于采下注上和采上注下的 5 ½in 套管注水井，采注层间距≥25m，管柱最大下深≤2500m。

（四）现场应用及迭代升级情况

1. 现场应用情况

潜油电泵同井采注工艺技术现场应用 4 井次，工艺成功率 100%，电泵最长正常运行 200d 以上，平均单井注水量 45m^3/d，增油约 1000t。

2. 迭代升级情况

（1）底部单流阀结构优化

常规的单流阀由于有弹簧力的作用，需要一定的开启压力，在试验中发现：当水源层含有油砂时，容易造成管柱砂堵，将弹簧压紧底部单向球改成井下止回阀，球阀打开不需要开启压力，有效防止了砂堵现象的发生。

（2）皮碗封隔器优化

在封隔器上部增加一个堵塞器的坐落球座，配套堵塞器可达到注水层测试要求。

附件　分注工具检验要求

1. 封隔器

(1)通用检验要求

金属及非金属材料检验、尺寸检验、连接螺纹检验、外观检验按照 SY/T 5106—2019《石油天然气钻采设备 封隔器规范》7.1 条执行。

①封隔器主要受力、承压件及控制件金属材料进行理化试验、超声波和磁粉无损检测，金属卡瓦、锚爪等锚定零件进行表面硬度检测。

②橡胶材料进行拉伸应力应变性能检测、撕裂强度检测、硬度检测及抗老化性能试验。

③封隔器最大外径及内通径、总长等尺寸应符合封隔器设计要求。

④封隔器与油管连接螺纹应按 GB/T 9253—2022《石油天然气工业套管、油管和管线管螺纹的加工、测量和检验》进行检验。

⑤封隔器橡胶件采用目视法检测合格。

(2)通用性能试验

封隔器整体密封、坐封、常温密封、高温密封、强度、解封等性能试验按照 SY/T 5106—2019《石油天然气钻采设备 封隔器规范》7.2 条执行。

①液压封隔器按照额定工作压力开展整体密封试验，稳压 15min，稳压期间应无可见渗漏。

②常温密封性能试验：将封隔器坐封于试验套管中，依次向封隔器上端、下端分别施加额定工作压差，稳压 15min，稳压结束时压降不大于额定工作压差值的 1%，上下打压循环不低于 3 次。

③常温密封性能试验：将封隔器下入试验套管中，加温至额定工作温度后坐封。依次向封隔器上端、下端分别施加额定工作压差，稳压 15min，稳压结束时压降不大于额定工作压差值的 1%，上下打压循环不低于 3 次。

④强度试验：对封隔器施加 1.5 倍额定工作压力，稳压 5min，封隔器应无渗漏、无变形及损坏。

⑤解封试验：解封封隔器，解封参数值应在(设计值 ±10%)范围内。

(3)压缩式封隔器及桥塞

①压缩式胶筒外观要求应符合附表 1。

附表 1　压缩式胶筒外观要求

序号	缺陷名称	质量要求
1	脱层、裂纹、裂口、孔眼、杂质、气泡、缺胶、填充物脱层	不允许

续表

序号	缺陷名称	质量要求
2	胶边	胶边宽度不应大于1.5mm，长度不应大于周长的1/3
3	橡胶流痕	内表面接头痕迹深度不应大于0.5mm，宽度不大于1mm，长度不限

②卡瓦破裂试验：将卡瓦、锥体、支撑套、套管、芯轴等按要求放置在万能试验机上，测试卡瓦初裂载荷，达到设计最大坐封力时停止加载。环状卡瓦初裂载荷应为30～80kN，达到最大坐封力时的裂开片数应≥3片。

③卡瓦锚定试验：去除支撑套，继续垂直加载至设计最大锚定力，锚定力、轴向移动量及套管咬入深度符合设计要求。

④钻铣试验：以20～30kN的钻压、30～50r/min的转速转动钻铣工具钻铣可钻封隔器或桥塞，其解封或失去约束的纯钻时间应不大于300min。

(4)扩张式封隔器

①扩张式封隔器外观要求应符合附表2。

附表2　扩张式封隔器外观要求

序号	缺陷名称	质量要求
1	脱层、分层	橡胶材料与骨架之间不允许脱层，内外胶表面不允许分层
2	裂纹、裂口、孔眼、露织物或骨架	不允许
3	杂质	长度不大于2mm，宽度不大于1mm，高度或深度不大于0.5mm，在表面积350mm^{2}之内不多于2处
4	气泡	长度不大于3mm，高度或宽度不大于0.5mm，在表面350mm^{2}之内不多于3处
5	橡胶接头痕迹	橡胶接头痕迹深度不应大于0.5mm，宽度不应大于1mm，数量不多于3处
6	缺胶	两头缺胶不允许露出骨架材料，斜面以内缺胶深度不大于1mm，总面积不大于40mm^2

②胶筒叠片沿宽度两边不应有卷边，支撑环内外表面及圆角处不应有划痕及损伤；工作井径中胶筒爆破压力不小于其工作压力的2倍。

③注水用扩张式封隔器应满足通用性能试验，其坐封和解封试验次数不少于8次，稳压时间20min；强度试验压力选用1.5倍，稳压时间10min；疲劳试验10次，稳压时间30min；承压试验次数10次，稳压时间60min。

2. 配水器

配水器室内性能试验按照SY/T 5275—2014《注水用配水器》第6章执行。

①外观及尺寸检验：光洁无坑洞、锈蚀，测量数据符合设计要求；

②阀面硬度不小于HRC55；

③抗滑脱强度试验：施加轴向拉伸载荷，达到320kN时稳定5min，重复3次，油管螺纹不滑脱，卸载后无变形；

④配水器工作筒和堵塞器分别施加额定工作压力的1.5倍，稳压5min，重复3次，不渗不漏；

⑤偏心配水器堵塞器投入力和捞出力应为100～200N。

3. 水力锚室内试验

①对水力锚施加额定工作压差和工作温度，稳压5min，反复10次，无渗漏；

②水力锚启动压差应符合设计要求，锚定力大于1.6倍额定锚定力；

③水力锚泄压后1min内应恢复原状，锚爪牙齿不应高出锚体。

后　　记

在油田教材编制委员会统一领导下，组织编写了《油田企业强“三基”实战型培训系列教材》，本书是其中一本。在油田工程技术管理部组织协调下，本书经石油工程技术研究院、采油气工程服务中心等单位数十名专家一年多的艰苦努力，终于成稿付印。

本书集中了中原油田工程技术多年来的研究成果，是50年来油田工程技术人员智慧的结晶。内容涉及钻井、采油、采气、分注等工程技术，旨在提升中原油田(东濮、内蒙古油区)技术人员的油气工程技术能力。

本书重点阐述钻完井工艺以及采油气工程技术，共分四章，包括钻完井技术、采油技术、采气工程技术、分注工艺技术。参加第一章编写的人员有谢慧华、李华照、何国军、高宏、赵敬奎、孙立彬、吴小丁、刘宏伟、苗留洁、皇甫景龙、崔千军、吴广军、黑继虎、郑玉朝、郭明玉；参加第二章编写的人员有石军、方前程、马广杰、吴坤琪、唐玉成、黄增长、彭红波、宋宁、尹依娜、文辉祥、石懋峘、马香丽、谢越、曹学雨；参加第三章编写的人员有陈永浩、刘书权、魏瑞玲、盛建明、李宗林、魏风玲、任垒、石子明、曾令锐、刘芳、刘唯贤、刘广玉、陈山、郑培煦；参加第四章编写的人员有魏鲲鹏、赵效锋、张雷、张艳勋、张余贵、高才松、李永清、宋钢飞、李肇星、马俊、郭保卫。

本书由魏世举、魏瑞玲、魏风玲统稿，牛保伦、朱德智、龚险峰、李建雄审核，张庆生、王飞对终稿做最后审定。在编写过程中，得到了中原石油工程公司、中原测控公司、油田领导和同事们的大力支持和帮助。在此，向所有为本书的编写和出版作出贡献的个人和单位表示衷心的感谢。

本书编写委员会

2025 年 5 月